"985 工程"

现代冶金与材料过程工程科技创新平台资助

"十二五"国家重点图书出版规划项目
现代冶金与材料过程工程丛书

钴矿石微生物浸出新技术及钴产品

杨洪英　佟琳琳　刘　伟　李海军　著

科 学 出 版 社

北 京

内 容 简 介

本书系统介绍了钴矿石微生物湿法浸出和钴产品制备的理论和新工艺技术研究成果。本书以钴矿石工艺矿物学特征研究为基础，提出了钴矿物微生物腐蚀动态过程、矿物生物反应途径、硫铜钴的转化规律、生物浸出作用机理、生物浸钴液界面污物形成机理、生物浸出液除铁中心复合设计、含细菌蛋白体系中钴电积过程结晶晶体优势取向等新理论和新观点。有关工艺技术，重点介绍了浸钴微生物驯化和浸钴菌种技术、钴矿石微生物浸出新方法和活性炭强化微生物浸出新工艺技术。有关生物浸出液处理流程，系统介绍了含钴溶液净化、针铁矿法除铁、铜萃取、含细菌蛋白溶液钴萃取和电积技术以及碳酸钴、四氧化三钴、草酸钴、硫化钴和乙酸钴等钴产品的制备方法。

本书可供从事钴（含铜）矿石提取冶金工艺技术研究、生物冶金和生物化工的科研和技术人员参考，也可供高等院校冶金专业、生物化工专业的师生参考。

图书在版编目（CIP）数据

钴矿石微生物浸出新技术及钴产品/杨洪英等著. —北京：科学出版社，2017

（现代冶金与材料过程工程丛书）

"十二五"国家重点图书出版规划项目

ISBN 978-7-03-053479-8

Ⅰ. 钴… Ⅱ. 杨… Ⅲ. 钴矿物-生物浸出 Ⅳ. TD864

中国版本图书馆 CIP 数据核字（2017）第 135109 号

责任编辑：张淑晓 高 微 / 责任校对：高明虎
责任印制：肖 兴 / 封面设计：蓝正设计

科 学 出 版 社 出版

北京东黄城根北街 16 号
邮政编码：100717
http://www.sciencep.com

北京通州皇家印刷厂 印刷
科学出版社发行 各地新华书店经销
*

2017 年 6 月第 一 版 开本：720 × 1000 1/16
2017 年 6 月第一次印刷 印张：21 3/4
字数：411 000

定价：128.00 元

（如有印装质量问题，我社负责调换）

《现代冶金与材料过程工程丛书》编委会

《现代冶金与材料过程工程丛书》序

21世纪世界冶金与材料工业主要面临两大任务：一是开发新一代钢铁材料、高性能有色金属材料及高效低成本的生产工艺技术，以满足新时期相关产业对金属材料性能的要求；二是要最大限度地降低冶金生产过程的资源和能源消耗，减少环境负荷，实现冶金工业的可持续发展。冶金与材料工业是我国发展最迅速的基础工业，钢铁和有色金属冶金工业承载着我国节能减排的重要任务。当前，世界冶金工业正向着高效、低耗、优质和生态化的方向发展。超级钢和超级铝等更高性能的金属材料产品不断涌现，传统的工艺技术不断被完善和更新，铁水炉外处理、连铸技术已经普及，直接还原、近终形连铸、电磁冶金、高温高压溶出、新型阴极结构电解槽等已经开始在工业生产上获得不同程度的应用。工业生态化的客观要求，特别是信息和控制理论与技术的发展及其与过程工业的不断融合，促使冶金与材料过程工程的理论、技术与装备迅速发展。

《现代冶金与材料过程工程丛书》是东北大学在国家"985工程"科技创新平台的支持下，在冶金与材料领域科学前沿探索和工程技术研发成果的积累和结晶。丛书围绕冶金过程工程，以节能减排为导向，内容涉及钢铁冶金、有色金属冶金、材料加工、冶金工业生态和冶金材料等学科和领域，提出了计算冶金、自蔓延冶金、特殊冶金、电磁冶金等新概念、新方法和新技术。丛书的大部分研究得到了科学技术部"973"、"863"项目，国家自然科学基金重点和面上项目的资助（仅国家自然科学基金项目就达近百项）。特别是在"985工程"二期建设过程中，得到1.3亿元人民币的重点支持，科研经费逾5亿元人民币。获得省部级科技成果奖70多项，其中国家级奖励9项；取得国家发明专利100多项。这些科研成果成为丛书编撰和出版的学术思想之源和基本素材之库。

以研发新一代钢铁材料及高效低成本的生产工艺技术为中心任务，王国栋院士率领的创新团队在普碳超级钢、高等级汽车板材以及大型轧机控轧控冷技术等方面取得突破，成果令世人瞩目，为宝钢、首钢和攀钢的技术进步做出了积极的贡献。例如，在低碳铁素体/珠光体钢的超细晶强韧化与控制技术研究过程中，提出适度细晶化（3～5μm）与相变强化相结合的强化方式，开辟了新一代钢铁材料生产的新途径。首次在现有工业条件下用200MPa级普碳钢生产出400MPa级超级钢，在保证韧性前提下实现了屈服强度翻番。在研究奥氏体再结晶行为时，引入时间轴概念，明确提出低碳钢在变形后短时间内存在奥氏体未再结晶区的现象，为低碳钢的控制轧制提供了理论依据；建立了有关低碳钢应变诱导相变研究的系统而严密的实验方法，解决了低碳钢高温变形后的组织固定问题。适当控制终轧温度和压下量分配，通过控制轧后冷却和卷取温度，利用普通低碳钢生产出铁素体晶粒为 3～5μm、屈服强度大于 400MPa，具有良好综合性能的超级钢，并成功地应用于汽车工业，该成果获得 2004 年国家科技进步奖一等奖。

宝钢高等级汽车板品种、生产及使用技术的研究形成了系列关键技术（如超低碳、氮和氧的冶炼控制等），取得专利 43 项（含发明专利 13 项）。自主开发了 183 个牌号的新产品，在国内首次实现高强度 IF 钢、各向同性钢、热镀锌双相钢和冷轧相变诱发塑性钢的生产。编制了我国汽车板标准体系框架和一批相关的技术标准，引领了我国汽车板业的发展。通过对用户使用技术的研究，与下游汽车厂形成了紧密合作和快速响应的技术链。项目运行期间，替代了至少 50% 的进口材料，年均创利润近 15 亿元人民币，年创外汇 600 余万美元。该技术改善了我国冶金行业的产品结构并结束了国外汽车板对国内市场的垄断，获得 2005 年国家科技进步奖一等奖。

提高 C-Mn 钢综合性能的微观组织控制与制造技术的研究以普碳钢和碳锰钢为对象，基于晶粒适度细化和复合强化的技术思路，开发出综合性能优良的 400～500MPa 级节约型钢材。解决了过去采用低温轧制路线生产细晶粒钢时，生产节奏慢、事故率高、产品屈强比高以及厚规格产品组织不均匀等技术难题，获得 10 项发明专利授权，形成工艺、设备、产品一体化的成套技术。该成果在钢铁生产企业得到大规模推广应用，采用该技术生产的节约型钢材产量到 2005 年年底超过 400 万 t，到 2006 年年底，国内采用该技术生产低成本高性能钢材累计产量超过 500 万 t。开发的产品用于制造卡车车轮、大梁、横臂及建筑和桥梁等结构件。由于节省了合金元素、降低了成本、减少了能源资源消耗，其社会效益巨大。该成果获 2007 年国家技术发明奖二等奖。

首钢 3500mm 中厚板轧机核心轧制技术和关键设备研制，以首钢 3500mm 中厚板轧机工程为对象，开发和集成了中厚板生产急需的高精度厚度控制技术、TMCP 技术、控制冷却技术、平面形状控制技术、板凸度和板形控制技术、组织性能预测与控制技术、人工智能应用技术、中厚板厂全厂自动化与计算机控制技术等一系列具有自主知识产权的关键技术，建立了以 3500mm 强力中厚板轧机和加速冷却设备为核心的整条国产化的中厚板生产线，实现了中厚板轧制技术和重大装备的集成和集成基础上的创新，从而实现了我国轧制技术各个品种之间的全面、协调、可持续发展以及我国中厚板轧机的全面现代化。该成果已经推广到国内 20 余家中厚板企业，为我国中厚板轧机的改造和现代化做出了贡献，创造了巨大的经济效益和社会效益。该成果获 2005 年国家科技进步奖二等奖。

在国产 1450mm 热连轧关键技术及设备的研究与应用过程中，独立自主开发的热连轧自动化控制系统集成技术，实现了热连轧各子系统多种控制器的无隙衔接。特别是在层流冷却控制方面，利用有限元素流分析方法，研发出带钢宽度方向温度均匀的层冷装置。利用自主开发的冷却过程仿真软件包，确定了多种冷却工艺制度。在终轧和卷取温度控制的基础之上，增加了冷却路径控制方法，提高了控冷能力，生产出了×75管线钢和具有世界先进水平的厚规格超细晶粒钢。经过多年的潜心研究和持续不断的工程实践，将攀钢国产第一代1450mm热连轧机组改造成具有当代国际先进水平的热连轧生产线，经济效益极其显著，提高了国内热连轧技术与装备研发水平和能力，是传统产业技术改造的成功典范。该成果获2006年国家科技进步奖二等奖。

以铁水为主原料生产不锈钢的新技术的研发也是值得一提的技术闪光点。该成果建立了K-OBM-S冶炼不锈钢的数学模型，提出了铁素体不锈钢脱碳、脱氮的机理和方法，开发了等轴晶控制技术。同时，开发了K-OBM-S转炉长寿命技术、高质量超纯铁素体不锈钢的生产技术、无氩冶炼工艺技术和连铸机快速转换技术等关键技术。实现了原料结构、生产效率、品种质量和生产成本的重大突破。主要技术经济指标国际领先，整体技术达到国际先进水平。K-OBM-S平均冶炼周期为53min，炉龄最高达到703次，铬钢比例达到58.9%，不锈钢的生产成本降低10%～15%。该生产线成功地解决了我国不锈钢快速发展的关键问题——不锈钢废钢和镍资源短缺，开发了以碳氮含量小于120ppm的409L为代表的一系列超纯铁素体不锈钢品种，产品进入我国车辆、家电、造币领域，并打入欧美市场。该成果获得2006年国家科技进步奖二等奖。

以生产高性能有色金属材料和研发高效低成本生产工艺技术为中心任务，先后研发了高合金化铝合金预拉伸板技术、大尺寸泡沫铝生产技术等，并取得显著进展。高合金化铝合金预拉伸板是我国大飞机等重大发展计划的关键材料，由于合金含量高，液固相线温度宽，铸锭尺寸大，铸造内应力高，所以极易开裂，这是制约该类合金发展的瓶颈，也是世界铝合金发展的前沿问题。与发达国家采用的技术方案不同，该高合金化铝合金预拉伸板技术利用低频电磁场的强贯穿能力，改变了结晶器内熔体的流场，显著地改变了温度场，使液穴深度明显变浅，铸造内应力大幅度降低，同时凝固组织显著细化，合金元素宏观偏析得到改善，铸锭抵抗裂纹的能力显著增强。为我国高合金化大尺寸铸锭的制备提供了高效、经济的新技术，已投入工业生产，为国防某工程提供了高质量的铸锭。该成果作为"铝资源高效利用与高性能铝材制备的理论与技术"的一部分获得了2007年的国家科技进步奖一等奖。大尺寸泡沫铝板材制备工艺技术是以共晶铝硅合金（含硅12.5%）为原料制造大尺寸泡沫铝材料，以A356铝合金（含硅7%）为原料制造泡沫铝材料，以工业纯铝为原料制造高韧性泡沫铝材料的工艺和技术。研究了泡沫铝材料制造过程中泡沫体的凝固机理以及生产气孔均匀、孔壁完整光滑、无裂纹泡沫铝产品的工艺条件；研究了控制泡沫铝材料密度和孔径的方法；研究了无泡层形成原因和抑制措施；研究了泡沫铝大块体中裂纹与大空腔产生原因和控制方法；研究了泡沫铝材料的性能及其影响因素等。泡沫铝材料在国防军工、轨道车辆、航空航天和城市基础建设方面具有十分重要的作用，预计国内市场年需求量在 20 万 t 以上，产值 100 亿元人民币，该成果获 2008 年辽宁省技术发明奖一等奖。

围绕最大限度地降低冶金生产过程中资源和能源的消耗，减少环境负荷，实现冶金工业的可持续发展的任务，先后研发了新型阴极结构电解槽技术、惰性阳极和低温铝电解技术和大规模低成本消纳赤泥技术。例如，冯乃祥教授的新型阴极结构电解槽的技术发明于 2008 年 9 月在重庆天泰铝业公司试验成功，并通过中国有色工业协会鉴定，节能效果显著，达到国际领先水平，被业内誉为"革命性的技术进步"。该技术已广泛应用于国内 80%以上的电解铝厂，并获得"国家自然科学基金重点项目"和"国家高技术研究发展计划（'863'计划）重点项目"支持，该技术作为国家发展和改革委员会"高技术产业化重大专项示范工程"已在华东铝业实施 3 年，实现了系列化生产，槽平均电压为 3.72V，直流电耗 12 082kW·h/t Al，吨铝平均节电 1123kW·h。目前，新型阴极结构电解槽的国际推广工作正在进行中。初步估计，在 4～5 年内，全国所有电解铝厂都能将现有电解槽改为新型电解槽，届时全国电解铝厂一年的节电量将超过我国大型水电站——葛洲坝一年的发电量。

在工业生态学研究方面，陆钟武院士是我国最早开始研究的著名学者之一，因其在工业生态学领域的突出贡献获得国家光华工程大奖。他的著作《穿越"环境高山"——工业生态学研究》和《工业生态学概论》，集中反映了这些年来陆钟武院士及其科研团队在工业生态学方面的研究成果。在煤与废塑料共焦化、工业物质循环理论等方面取得长足发展；在废塑料焦化处理、新型球团竖炉与煤高温气化、高温贫氧燃烧一体化系统等方面获多项国家发明专利。

依据热力学第一、第二定律，提出钢铁企业燃料（气）系统结构优化，以及"按质用气、热值对口、梯级利用"的科学用能策略，最大限度地提高了煤气资源的能源效率、环境效率及其对企业节能减排的贡献率；确定了宝钢焦炉、高炉、转炉三种煤气资源的最佳回收利用方式和优先使用顺序，对煤气、氧气、蒸气、水等能源介质实施无人化操作、集中管控和经济运行；研究并计算了转炉煤气回收的极限值、转炉煤气的热值、回收量和转炉工序能耗均达到国际先进水平；在国内首先利用低热值纯高炉煤气进行燃气-蒸气联合循环发电。高炉煤气、焦炉煤气实现近"零"排放，为宝钢创建国家环境友好企业做出重要贡献。作为主要参与单位开发的钢铁企业副产煤气利用与减排综合技术获得了 2008 年国家科技进步奖二等奖。

另外，围绕冶金材料和新技术的研发及节能减排两大中心任务，在电渣冶金、电磁冶金、自蔓延冶金、新型炉外原位脱硫等方面都取得了不同程度的突破和进展。基于钙化-碳化的大规模消纳拜耳赤泥的技术，有望攻克拜耳赤泥这一世界性难题；

钢焖渣水除疤循环及吸收二氧化碳技术及装备，使用钢渣循环水吸收多余二氧化碳，大大降低了钢铁工业二氧化碳的排放量。这些研究工作所取得的新方法、新工艺和新技术都会不同程度地体现在丛书中。

总体来讲，《现代冶金与材料过程工程丛书》集中展现了东北大学冶金与材料学科群体多年的学术研究成果，反映了冶金与材料工程最新的研究成果和学术思想。尤其是在"985 工程"二期建设过程中，东北大学材料与冶金学院承担了国家Ⅰ类"现代冶金与材料过程工程科技创新平台"的建设任务，平台依托冶金工程和材料科学与工程两个国家一级重点学科、连轧过程与控制国家重点实验室、材料电磁过程教育部重点实验室、材料微结构控制教育部重点实验室、多金属共生矿生态化利用教育部重点实验室、材料先进制备技术教育部工程研究中心、特殊钢工艺与设备教育部工程研究中心、有色金属冶金过程教育部工程研究中心、国家环境与生态工业重点实验室等国家和省部级基地，通过学科方向汇聚了学科与基地的优秀人才，同时也为丛书的编撰提供了人力资源。丛书聘请中国工程院陆钟武院士和王国栋院士担任编委会学术顾问，国内知名学者担任编委，汇聚了优秀的作者队伍，其中有中国工程院院士、国务院学科评议组成员、国家杰出青年科学基金获得者、学科学术带头人等。在此，衷心感谢丛书的编委会成员、各位作者以及所有关心、支持和帮助编辑出版的同志们。

希望丛书的出版能起到积极的交流作用，能为广大冶金和材料科技工作者提供帮助。欢迎读者对丛书提出宝贵的意见和建议。

赫冀成　张廷安

2011 年 5 月

前　　言

钴是一种非常重要的战略元素，具有熔点高、耐磨性好、机械强度高、磁性强等优点，是制造各种高温合金、磁性材料、防腐合金、充电电池、催化剂等的重要原料，广泛应用于航空、航天、电器、机械制造、化工、陶瓷等工业部门。钴在自然界中分布很广，目前已知自然界中钴矿物约有 30 种，主要以独立钴矿物、类质同象、显微包裹体、吸附等赋存状态存在。全世界钴资源十分丰富，不但陆地上钴资源量丰富，而且大洋深海底和海山区的锰结核和锰结壳中也含有大量的钴资源。现有储量和储量基础的静态保证年限很长，而且潜在资源量很大。世界上钴资源主要分布在刚果（金）、乌干达、澳大利亚、古巴、赞比亚、新喀里多尼亚、摩洛哥、俄罗斯和加拿大等国。我国钴矿资源主要分布在甘肃、新疆、青海、四川、山东、云南、河北、山西、湖北、安徽、吉林、海南等省区，尽管分布广泛，但我国仍然是钴资源匮乏的国家，开发和综合利用钴资源意义重大。

传统的钴矿石冶炼工艺方法繁多，工艺流程复杂，主要分为两大类：火法冶炼和湿法工艺。火法冶炼主要是通过预处理进行钴的初步富集，之后采用湿法工艺浸出脱除杂质，最终提取钴产品；湿法工艺就是直接用各种溶剂溶解处理含钴原料，主要包括水浸、酸浸和氨浸，在浸出过程中还分为常压浸出与高压浸出，浸出后浸出液需要脱除杂质和净化，最终提取钴产品。微生物湿法浸钴技术是一种利用浸矿微生物的新冶金工艺，已经获得工业应用。该技术的特点是环境清洁、操作简单、成本可控。当今我国钴矿石资源稀少、冶炼生产环境污染严重，更凸显了微生物浸出——环境友好冶金技术的优势和地位。

本书共分 11 章，第 1 章由杨洪英、刘伟、李海军撰写，第 2 章由杨洪英、佟琳琳、刘伟撰写，第 3 章由佟琳琳、刘伟撰写，第 4 章和第 5 章由刘伟撰写，第 6 章由杨洪英、刘伟撰写，第 7 章由佟琳琳、李海军撰写，第 8 章和第 9 章由李海军、佟琳琳撰写，第 10 章和第 11 章由李海军撰写。

本书的研究工作是在中国有色矿业集团有限公司大力支持和帮助下完成的，在此表示衷心的感谢！同时还要感谢在科研和撰稿阶段提供帮助的王德全教授、张勤副教授、陈国宝讲师！感谢为本书提供了大量实验研究数据和分析内容的王思惠、马致远、周立杰、李伟涛、杜剑熊等研究生！感谢协助校对的陈雅静等博士生！

微生物冶金属于多学科交叉研究领域，涉及面广，由于水平和时间有限，书中难免存在不妥之处，恳请读者批评指正。

目　录

第 1 章　概　　述

1.1　钴的性质及应用

钴在自然界中分布很广，在地壳中的含量为 0.0023%，居第 34 位。钴是具有银灰色和金属光泽的硬质金属，属于元素周期表中第ⅧB 族。在常温下钴为六方紧堆结构（α-Co），当温度超过 417℃时会缓慢吸热而转变成面心立方结构（β-Co）。钴的密度为 8.8～8.9g·cm^{-3}，熔点为 1495℃，沸点为 2870℃。钴具有铁磁性和延展性，力学性能比铁优良，电导率约为铜的 27.6%。与铁、镍一样，钴能吸收氢，在细粉状态和高温时能吸附的氢为钴体积的 50～150 倍。钴是中等活泼金属，化学性质与铁、镍相似。钴的抗腐蚀性能好，常温时，水、空气、碱及有机酸与钴均不发生反应。但在加热时，特别是粉末状态的钴在加热时，能与氧、硫、氢、溴发生剧烈反应，还能与硅、磷、砷、锑、铝等形成一系列的化合物[1]。

钴是一种非常重要的战略元素，具有熔点高、耐磨性好、机械强度高、磁性强等优点，是制造各种高温合金、磁性材料、防腐合金、充电电池、催化剂等的重要原料，广泛应用于航空、航天、电器、机械制造、化工、陶瓷等领域。其中，75%～80%的钴用于制造各种含钴合金，20%～25%的钴以各种化合物形态用于化工行业[1-6]。含钴 50%以上的司太立硬质合金即使加热到 1000℃也不会失去原有的硬度，是制造金属切割工具的最重要材料；在航空、航天领域，航空涡轮机的结构材料使用含铬 20%～27%的钴基合金，不需要保护覆层就能使材料具有高抗氧化性；钴是磁化一次就能保持磁性的少数金属之一，居里点为 1150℃，因此作为磁性材料的开发应用也十分广泛，主要用于生产 Sm-Co 合金、Al-Ni-Co 合金以及稀土强力永磁性材料；四氧化三钴是制作锂电池阴极材料 $LiCoO_2$、$LiCo_xO_y$、$LiCo_xMn_yO_2$ 的主要原料；钴除了在工业上的应用，对人体健康也有重要作用，是人、畜不可缺少的微量营养元素之一，含钴的维生素 B_{12} 可以防治恶性贫血病，同位素 ^{60}Co 放射出的 γ 射线可用来治疗癌症。

1.2　钴矿资源概况

自然界中钴的存在形式主要分为三种：独立钴矿物，呈类质同象或显微包裹体存在于某一矿物中，呈吸附形式存在于某些矿物表面，其中第二种存在形式最为普遍[7]。目前，已知的钴矿物约有 30 种，在这些矿物中钴元素是主要组成部分，如砷钴矿、方钴矿、硫铜钴矿、硫钴矿、卡硫钴矿、水钴矿、钴土矿等。钴具有强迁移能力，在地壳中约 90%呈分散状态。同时，由于钴具有亲铁亲硫的双重特性，所以其多以伴生金属产出，很少形成独立或以钴为主的工业矿床。单独钴矿床一般分为砷化钴矿床、硫化钴矿床、钴土矿床三类。伴生钴矿资源主要分散在夕卡岩型铁矿、钒钛磁铁矿、热液多金属矿、各种类型铜矿、沉积钴锰矿、硫化铜镍矿、硅酸镍矿等矿床中[7]。

1.2.1 世界钴矿资源概况

世界钴资源十分丰富，现有储量和储量基础的静态保证年限很长，而且潜在资源量很大。目前已查明的陆地钴资源量达 1500 万 t 以上，同时大洋深海底和海山区的锰结核和锰结壳中（主要分布在太平洋海域）也含有大量的钴资源[8]。陆地上的钴矿资源主要是伴生矿，大部分伴生于红土型镍矿床、岩浆型铜镍硫化矿床和砂岩型铜矿床中，少量伴生于多金属热液脉型矿床、夕卡岩型铁铜矿床和基性、超基性火山岩型铜矿中[9]。

世界钴资源主要分布在刚果（金）、乌干达、澳大利亚、古巴、赞比亚、新喀里多尼亚、摩洛哥、俄罗斯和加拿大等国，钴储量总和占世界总储量的 95%以上。刚果（金）、乌干达、赞比亚等国的钴资源主要赋存在砂岩型铜钴矿中，含钴品位多为 0.5%~2.0%，储量约占世界钴储量的 50%，是目前世界钴的主要来源。其次为加拿大、俄罗斯和澳大利亚，其钴资源主要赋存在硫化铜镍矿床中。世界钴矿山生产高度集中，历史上世界矿山钴产量的 70%来自非洲的砂岩型铜矿床，作为铜精矿生产的副产品。目前，世界矿山钴产量中，砂岩型铜矿床约占 40%，岩浆型铜镍矿床约占 40%，红土型镍钴矿、钴土矿和其他类型矿床约占 20%。9 个主要钴资源国家钴产量占世界钴原料总产量 95%以上[8-11]。世界钴储量分布及新开发的大型钴矿山项目见表 1-1 和表 1-2[1, 8]。

表 1-1 世界钴储量分布[1]

国家名称	主要矿床类型	储量/万 t	
		2011 年	2012 年
刚果（金）	砂岩型铜矿床	340	340
澳大利亚	铜镍硫化矿床	140	120
古巴	红土型镍矿床	50	50
新喀里多尼亚	红土型镍矿床	37	37
赞比亚	砂岩型铜矿床	27	27

续表

国家名称	主要矿床类型	储量/万 t	
		2011 年	2012 年
俄罗斯	铜镍硫化矿床	25	25
加拿大	铜镍硫化矿床	13	14
中国	铜镍硫化矿床	8	8
巴西	铜镍硫化矿床	8.7	8.9

表 1-2 世界新开发的大型钴矿山项目[8]

矿山名称	矿床类型	所在国家	储量及品位			生产能力/(t·a⁻¹)	投产年份
			矿石储量/亿 t	品位/%	金属量/万 t		
Tenke Fungurume	砂岩型铜钴矿	刚果（金）	5.47	Cu 3.50 Co 0.27	Cu 1900 Co 148	Cu 100000 Co 5000	2010
Kolwezi Tailing	尾矿处理项目	刚果（金）	1.13	Cu 1.49 Co 0.32	Cu 170 Co 36	Cu 30000 Co 7000	2006
Bian Kouna Sipilou	砂岩型铜钴矿	科特迪瓦	2.96	Cu 1.43 Co 0.11	Cu 430 Co 32	Cu 40000 Co 2000	2010
Murrin Murrin	红土型镍钴矿	澳大利亚	3.06	Ni 1.04 Co 0.06	Ni 300 Co 19.6	Ni 45000 Co 3000	2001
Syerston	红土型镍钴矿	澳大利亚	9.60	Ni 0.69 Co 0.12	Ni 660 Co 115	Ni 20000 Co 5000	2006
Marlborough	红土型镍钴矿	澳大利亚	7.24	Ni 0.82 Co 0.06	Ni 600 Co 43	Ni 25000 Co 2000	2006
Goro	红土型镍钴矿	新喀里多尼亚	3.23	Ni 1.60 Co 0.17	Ni 592 Co 34	Ni 60000 Co 2700	2008
Nakety	红土型镍钴矿	澳大利亚	0.83	Ni 1.41 Co 0.12	Ni 122 Co 9.6	Ni 34500 Co 2700	2008
Rama River	红土型镍钴矿	巴布亚新几内亚	1.45	Ni 0.91 Co 0.10	Ni 69 Co 7.6	Ni 33000 Co 3200	2008
Voisey's Bay Ovoid 矿带	铜镍硫化矿床	加拿大	0.32	Ni 2.83 Co 0.12	Ni 90 Co 3.8	Ni 55000 Co 3000	2005

1.2.2 中国钴矿资源概况

我国是钴资源匮乏国家，截至 2012 年年底，钴储量为 8 万 t，仅占世界钴资源储量的 1.1%。我国钴矿资源分布较为分散，主要分布在甘肃、新疆、青海、四川、山东、云南、河北、山西、湖北、安徽、吉林、海南等 12 个省区。其中，甘肃省储量最多，占全国总储量的 29.8%，四川、青海等省次之。我国主要的钴矿床有金川铜镍硫化物矿床、东天山图拉尔根矿床、青海肯德可克矿床、山西恒曲铜矿峪矿床、赣西五宝山矿床和海南石碌矿床等[9, 12-15]。

我国钴资源的特点是：

（1）大多数是伴生矿，以伴生元素形式存在于铜、镍、铁等矿床中，单独的钴矿床极少。我国单一的钴矿为钴土矿，其储量只占全国总储量的 2%左右。而且我国钴矿平均品位低，仅为 0.02%，个别高的为 0.05%～0.08%。非洲刚果（金）、赞比亚等钴资源大国的铜钴矿，钴品位一般为 0.1%～0.5%，高的可达到 2%～3%，比我国高十几倍到几十倍。

（2）很多伴生钴矿都难以利用，即使可以开发利用的钴矿资源也因其品位低、回收工艺复杂而选冶回收率低，生产成本高。目前，开发利用比较好的矿区主要有：金川、喀拉通克、磐石铜镍矿；中条山、铜录山、凤凰山、武山铜矿；大冶、金岭、莱芜铁矿等。

（3）可利用的钴矿资源主要伴生于铜镍矿床中，其探明储量占全国总储量的50%左右。已开发的铜镍矿床有甘肃金川的白家嘴子、吉林磐石的红旗岭、新疆的喀拉通克等矿床。甘肃金川为我国主要产钴地，钴储量为 14.42 万 t。可利用的钴矿资源其次伴生于铜铁矿床中，目前已开发的有山西中条山铜矿、湖北大冶铁矿、山东金岭铁矿、四川拉拉厂铜矿和海南石碌铁铜矿等[12-15]。

根据含矿岩系以及矿床成因分类，我国钴矿可分为岩浆型 Ni-Cu-Co 硫化物矿床、热液及火山成因钴多金属矿床、沉积岩容矿型 Cu-Co 矿床、风化型红土 Ni-Co矿床 4 大类型[13, 15]。岩浆型 Ni-Cu-Co 硫化物矿床是我国钴产量最多的矿床类型，主要分布在甘肃北部、新疆东北部、吉林和四川南部等地区。此类矿床分为与超镁铁岩-镁铁岩小侵入体密切相关的 Ni-Cu-Co 硫化物矿床及与大陆溢流玄武岩有关的钒钛磁铁矿矿床两种。前者产于大陆边缘和显生宙造山带环境中，如甘肃金川白家嘴子、吉林磐石红旗岭、新疆喀拉通克、哈密黄山和云南金平白马寨等矿床。后者典型矿床有四川的攀枝花、红格、白马、太和等。热液及火山成因钴多金属矿床是我国另一种重要的钴矿类型，分布十分广泛，遍及全国，主要产于造山带及裂陷带中的细碎屑岩、碳酸盐岩及海相火山-沉积建造之中。此类矿床是多种亚类型的综合，包括夕卡岩型、海底喷流沉积（改造）型、火山岩块状硫化物型、火山气液-火山沉积型、浅成热液型、斑岩型等。沉积岩容矿型 Cu-Co 矿床在我国发现得较少，主要产于古陆块边缘裂谷或裂陷槽环境中，主要分布在滇中、吉南和辽东一带。风化型红土 Ni-Co 矿床主要分布在我国南方炎热、潮湿、高降雨量地区，由橄榄玄武岩和超基性岩体风化作用形成。

1.3　传统钴冶炼工艺

从含钴原料中提取钴的方法繁多，工艺流程也较复杂，并且每个工艺流程也各不相同，但是按照其生产方法大致可将这些工艺分为两大类[16]：①采用火法冶炼预处理进行钴的初步富集，继而用湿法浸出脱除杂质和提取钴产品；②直接用湿法流程处理含钴原料提取钴产品。

1.3.1　火法冶炼工艺

在钴冶炼过程中，火法往往作为一种湿法浸出前的预处理和钴初步富集的手段，在早期几乎所有的含钴原料都采用火法冶炼进行预处理，包括铜钴矿、砷钴矿、含钴黄铁矿及铜镍冶炼系统中的含钴副产品等。火法冶炼包括还原熔炼与焙烧。还原熔炼是以碳作还原剂，在高温条件下使钴、镍、铜等有价金属还原进入锍或合金中。硫化铜钴、镍钴精矿的还原熔炼是使矿石中的钴、铜、镍、贵金属以及部分铁还原进入铜镍钴锍中，二氧化硅、氧化镁、氧化钙以及铁的氧化物等脉石成分与溶剂造渣而和锍分离；砷钴矿熔炼的目的在于使钴、镍等金属富集于黄渣（砷化物与金属的共晶合金）中，脉石及铁造渣而与锍和黄渣分离；含钴氧化矿的还原熔炼是使钴、镍、铜等有价金属还原进入合金中。焙烧可分为硫酸化焙烧、还原焙烧、氯化焙烧、脱砷焙烧等，其目的是使钴、镍、铜等金属化合物转化成为相应的可溶性硫酸盐类、金属、氯化物或除去砷等有害物质，而后焙砂用水、酸、氨等溶剂浸出钴、镍、铜等有价金属[1, 16-18]。

火法冶炼技术由于工艺复杂、生产成本高、环境污染等因素的影响，虽然近年来发展有所减缓，呈现出逐渐被湿法冶炼取代的趋势，但钴的火法冶金仍然占有十分重要的地位，有众多研究人员积极开展此方面的研究工作[19-24]。喻正军等[25]考察研究了镍转炉渣还原硫化生产钴冰铜过程中还原剂焦炭与转炉渣质量比、硫化剂黄铁矿与转炉渣的质量比及熔炼温度和保温时间对金属钴、镍、铜回收率的影响。研究结果表明，还原剂焦炭用量对金属钴、镍的回收率有影响，而对铜的回收率影响不明显；增大硫化剂黄铁矿用量、提高贫化温度及延长保温时间均有利于有价金属钴、镍、铜的回收；当还原剂、硫化剂与炉渣的质量百分比分别为 3.5%和 25%，熔炼温度为 1360℃，保温时间为 3h 时，钴、镍、铜的回收率分别为 91.50%、96.08%、92.89%。熊崑等[26]研究了还原剂种类、还原温度、还原剂加入量及还原时间等因素对从生产粗铜所产出的水淬渣中回收金属钴、铜的影响。研究结果表明，以粉煤作为还原剂进行还原熔炼时，金属钴、铜的回收率高于以焦炭作还原剂；在还原温度为 1300℃、粉煤配入量为 15%、还原时间为 1h、石灰加入量为 3%~5%的条件下，金属钴、铜的回收率分别为 97.06%和 93.42%。

1.3.2　湿法浸出工艺

湿法冶金过程是镍钴提取冶金的重要方法，浸出过程是依靠加入某种适当的溶剂使矿物选择性溶解，并使需要提取的金属离子稳定存在于溶液中。近年来，随着湿法冶金技术的不断发展，采用湿法冶金技术提取含钴物料中的金属钴越来越受到人们的关注，众多学者开展了大量的研究[27-31]。根据含钴物料的性质与成分不同，湿法浸出工艺可分为水浸、酸浸、氧化酸浸、还原酸浸和氨浸，在浸出过程中还分为常压浸出与高压浸出[1, 16-18]。

1. 水浸

水浸工艺是以水作为溶剂溶解矿物的一种简单浸出方法。经过硫酸化焙烧、氯化焙烧处理的含钴物料，钴、镍等金属化合物已转化为相应的可溶性盐类，通过水浸即可溶解进入溶液中，从而实现与其他杂质分离的目的。

2. 酸浸

酸浸溶剂主要为硫酸与盐酸，其中硫酸的价格低廉，因此在工业上的应用更为广泛。含钴合金、含钴氧化物料、砷钴矿焙砂、高镍锍等常采用硫酸浸出。如在砷钴矿焙砂硫酸浸出时，焙砂中钴主要以氧化物和少量砷化物、砷酸盐、铁酸盐等形式存在。由于钴的低价氧化物与稀硫酸作用很容易溶解，而钴的高价化合物和砷化物在稀硫酸中很难溶解，因此工业上采用两段浸出。一段浸出原液为二段浸出后的溶液，二段浸出原料为一段浸出后的钴渣。

钴的低价氧化物与稀硫酸作用反应式为

$$CoO + H_2SO_4 == CoSO_4 + H_2O \qquad (1-1)$$

$$Co_3(AsO_4)_2 + 3H_2SO_4 == 3CoSO_4 + 2H_3AsO_4 \qquad (1-2)$$

难溶的高价化合物和砷化物与浓硫酸作用反应式为

$$Co_2O_3 + 2H_2SO_4 == 2CoSO_4 + 2H_2O + \frac{1}{2}O_2 \qquad (1-3)$$

$$Co_3As_2 + 3H_2SO_4 + 2O_4 == 3CoSO_4 + 2H_3AsO_4 \qquad (1-4)$$

$$CoO \cdot SiO_2 + H_2SO_4 == CoSO_4 + H_2SiO_3 \qquad (1-5)$$

$$CoO \cdot Fe_2O_3 + 4H_2SO_4 == CoSO_4 + Fe_2(SO_4)_3 + 4H_2O \qquad (1-6)$$

3. 氧化酸浸

硫化钴是经化学处理后富集的中间产品，其溶度积很小，一般不溶于无氧化性的酸中。因此在进行常压酸浸时，要加入适当的氧化剂。在氧化剂存在条件下，硫化钴中的低价态元素硫氧化生成单质硫,进而使硫化钴溶解生成可溶的硫酸钴。目前,工业上常用的氧化剂为 $NaClO_3$。为使浸出有理想的结果,并且抑制生成氯气、氢气、硫化氢等副反应的发生,在浸出过程中必须控制溶浸液酸度及适量的氧化剂。浸出过程中的主要反应为

$$3CoS + NaClO_3 + 3H_2SO_4 === 3CoSO_4 + NaCl + 3S + 3H_2O \qquad (1-7)$$

$$3FeS + NaClO_3 + 3H_2SO_4 === 3FeSO_4 + NaCl + 3S + 3H_2O \qquad (1-8)$$

$$6FeSO_4 + NaClO_3 + 3H_2SO_4 === 3Fe_2(SO_4)_3 + NaCl + 3H_2O \qquad (1-9)$$

4. 还原酸浸

在镍电解液净化过程中产生的钴渣中,钴、铜、镍、铁主要以氢氧化物的形态存在。它们均具有一定的氧化还原电势,若在浸出过程中加入还原剂,可使浸出反应具有巨大的推动力。SO_2 具有较强的还原性,在浸出过程中转变为硫酸,不会污染溶浸液,因此是一种理想的还原剂。在还原浸出过程中,$Co(OH)_3$、$Ni(OH)_3$ 溶解生成 Co^{2+}、Ni^{2+} 进入溶液,铁则以 Fe^{2+}、Fe^{3+} 形式存在于溶液中。浸出过程中的主要反应为

$$2Co(OH)_3 + SO_2 + H_2SO_4 === 2CoSO_4 + 4H_2O \qquad (1-10)$$

$$2Ni(OH)_3 + SO_2 + H_2SO_4 === 2NiSO_4 + 4H_2O \qquad (1-11)$$

5. 氨浸

常压氨浸镍红土矿是在空气存在的条件下,利用 NH_3-$(NH_4)_2CO_3$ 溶液浸出还原焙烧后的矿石,其最大优点是浸出过程中使用的碳酸铵溶剂易于从浸出液中蒸发回收。浸出时,还原焙烧后产生的金属钴、镍生成钴氨络合物进入溶液。金属铁则先生成二价铁氨络合物,然后被氧化成三价,再水解生成 $Fe(OH)_3$ 沉淀。浸出过程中的主要反应为

$$(Co, Ni) + 6NH_3 + CO_2 + \frac{1}{2}O_2 === [(Co, Ni)(NH_3)_6]^{2+} + CO_3^{2-} \qquad (1-12)$$

$$Fe + \frac{1}{2}O_2 + nNH_3 + CO_2 === [Fe(NH_3)_n]^{2+} + CO_3^{2-} \qquad (1-13)$$

$$[Fe(NH_3)_n]^{2+} + \frac{5}{2}H_2O + \frac{1}{4}O_2 === Fe(OH)_3 + (n-2)NH_3 + 2NH_4^+ \qquad (1-14)$$

高压氨浸硫化镍精矿是在一定压力和温度下的 NH_3-$(NH_4)_2SO_4$ 体系中,当有氧存在时,精矿中的金属硫化物能与溶解的 O_2、NH_3、H_2O 发生反应,金属镍、钴、铜生成可溶性的氨络合物进入溶液。在此过程中,高钴物料易生成三价钴的复盐沉淀而造成钴浸出率降低,为此需要在六氨络合物浸出条件下,即自由氨与镍之比大于等于 6 的条件下,使钴以六氨络合硫酸盐的形式完全溶解进入溶液。铁则以不溶性的水解产物的形式留于浸出渣中。其主要反应为

$$(Ni, Co, Cu)S + nNH_3 + 2O_2 \rightleftharpoons [(Ni, Co, Cu)(NH_3)_n]^{2+} + SO_4^{2-} \quad (1\text{-}15)$$

$$2CoS + \frac{9}{2}O_2 + 10NH_3 + (NH_4)_2SO_4 \rightleftharpoons [Co(NH_3)_6]_2[SO_4]_3 + H_2O \quad (1\text{-}16)$$

$$2FeS + \frac{9}{2}O_2 + 4NH_3 + (2+m)H_2O \rightleftharpoons Fe_2O_3 \cdot mH_2O + 2(NH_4)_2SO_4 \quad (1\text{-}17)$$

1.4　生物浸钴新工艺

1.4.1　生物冶金技术

1. 生物冶金的发展概况

生物冶金是利用浸矿细菌或其代谢产物对矿物和元素所具有的氧化、还原、溶解、吸收（吸附）等作用，将金属从矿石中溶浸出来的一种冶金工艺。生物冶金是一种既古老又年轻的冶金工艺，早在腓尼基及罗马时代，人类就开始利用酸性矿坑水从矿石中浸出铜。但是当时人们仅凭经验，并不知道有细菌的存在。直到 20 世纪 40 年代，Bryner 等的研究才使得人们开始全面认识细菌的作用。Colmer 等在 1947 年首次从酸性矿坑水中分离出一种能够氧化硫化矿物的细菌，即氧化亚铁硫杆菌（*Acidithiobacillus ferrooxidans*），并指出这种细菌在金属硫化矿物的氧化和矿山坑道水酸化过程中起着重要作用。Zimmerley 等在 1955 年首次申请了生物堆浸的专利，并将此项专利委托给美国肯尼科特（Kennecott）公司。该公司的犹他（Utah）矿实施了该项技术，利用细菌浸出硫化铜矿并取得了成功，开始了生物湿法冶金的现代工业应用。从 20 世纪 60 年代起，生物浸铜技术已正式应用于工业生产[32-34]，并获得了良好的经济效益。

20 世纪 50 年代到 80 年代是生物冶金技术发展的摇篮时期，在这一时期国内外研究人员积极研究与探索，对生物浸矿的机理及工业应用均进行了大量的研究，并取得了巨大进步。在 80 年代中期，生物冶金技术开始推广到铜以外的其他金属，相继在铀、金、镍、锌、钴等行业实现产业化生产[35-37]。近 20 年来生物冶金的研究工作非常活跃，研究人员对生物浸矿工艺、浸矿细菌的分离和鉴定方法、浸矿细菌的生长测定、浸矿菌种的驯化与改良、浸出动力学及浸出机理等进行了深入研究，生物冶金技术日趋成熟与完善。

目前，生物冶金技术主要应用于难处理金矿的生物预氧化处理[38-42]，次生与原生硫化铜矿的生物浸出[43-47]，黄铁矿的生物浸出[48-52]，金属铀[53-57]、镍[58-62]、锌[63-67]、钴[68-72]的生物浸出等。随着高品位、易处理资源的不断减少及环境问题日益严重，生物冶金技术将是冶金领域极具竞争力的技术之一，前景十分广阔。

2. 生物浸出机理研究现状

细菌氧化硫化矿物的作用机理一直是生物冶金领域的研究热点，多年来国内外学者对其进行了大量的研究，目前仍存在争议。其中，直接作用-间接作用机理与间接作用-间接接触作用机理被大多数学者接受。

1）直接作用-间接作用机理

1964 年，Silverman 与 Ehrlich 提出了两种生物浸出机理：直接作用机理和间接作用机理[73]。直接作用机理是指在酸性条件下，吸附在矿物表面的细菌通过酶（如铁氧化酶、硫氧化酶等）的作用直接将矿物氧化，破坏矿物晶格并释放出金属离子，同时从中获得能量供细菌生长繁殖所需。直接作用机理可描述为

$$MeS + \frac{1}{2}O_2 + 2H^+ \xrightarrow{\text{细菌}} Me^{2+} + S^0 + H_2O$$

在直接作用机理中，细菌在矿物表面的吸附是必要条件。大量的研究证实了细菌在矿物表面的吸附，并指出细菌在矿物表面的吸附不是随意的，而是较多地吸附在矿物表面的晶体离子镶布点、位错点和矿物表面的缺陷处[74-79]。Schaeffer 等[80]研究认为细菌是通过化学作用吸附在矿物表面上，而 Takakuwa 等[81]则认为细菌在矿物表面的吸附是物理吸附。

间接作用机理是指矿物的溶解是通过细菌的代谢产物，如硫酸铁（III）、硫酸及其他有机酸、过氧化物等氧化进行的。细菌在浸出过程中的作用只是将 Fe^{2+} 氧化成 Fe^{3+}，使得氧化剂再生。间接作用可描述为

$$MeS + 2Fe^{3+} \longrightarrow Me^{2+} + 2Fe^{2+} + S^0 \qquad (1-18)$$

$$Fe^{2+} + \frac{1}{4}O_2 + H^+ \xrightarrow{\text{细菌}} Fe^{3+} + \frac{1}{2}H_2O \qquad (1-19)$$

Brierley 和 Lockwood[82]研究指出，在浸出过程中，虽然细菌可以直接氧化溶解硫化矿物，但是细菌氧化再生的 Fe^{3+} 是硫化矿物浸出的关键。Mcdonald 等[83, 84]研究了 Fe^{3+} 在黄铜矿浸出过程中的作用，结果表明 Fe^{3+} 对黄铜矿具有较好的浸出作用。Mccready 等[85]进行酸性条件下细菌浸出铀矿的研究时指出，细菌不能直接对 UO_2 矿物进行氧化作用，而是溶浸液中的 Fe^{3+}、MnO_2、H_2O_2 以及硝酸等氧化剂将 U^{4+} 氧化为 U^{6+}，细菌在浸出过程中的作用只是将 Fe^{2+} 氧化成 Fe^{3+}。Fowler 等[86]在进行氧化亚铁硫杆菌浸出黄铁矿的动力学及浸出机理研究时，采用电化学的方法控制溶浸液中 $[Fe^{3+}]/[Fe^{2+}]$ 的比例并使其恒定不变，在其他条件不变的情况下对比了有菌与无菌对铁浸出速率的影响。结果表明，两种条件下铁的浸出速率完全相同，说明黄铁矿的氧化溶解以间接作用为主。以上的研究结果均为间接作用机理提供了论证。

2）间接作用-间接接触作用机理

　　直接作用-间接作用机理为生物冶金技术的发展提供了重要的理论支持，但是随着研究的不断深入以及相关学科的发展，人们逐渐发现直接作用-间接作用机理已经不能很好地解释细菌与矿物之间复杂的化学/电化学/生物化学行为。Tributsch[87]研究发现吸附于矿物表面的细菌存在两种形式（图 1-1[88]）：一种是紧贴在矿物表面能氧化硫的细菌（如氧化硫硫杆菌），氧化矿物分解出的 HS^-、S^0 与 $S_2O_3^{2-}$ 获得能源；另一种是能氧化亚铁离子的细菌，如氧化亚铁硫杆菌。细菌吸附到矿物表面后在其表面会生成一层胞外聚合物（EPS）并与矿物表面形成一个氧化空间。该 EPS 层将 Fe^{3+} 与 H^+ 富集于矿物界面处，促进了矿物的氧化溶解[89-91]。溶浸液中的游离细菌的作用是氧化 Fe^{2+}，提供充足的 Fe^{3+} 来源和保持适宜的酸度。因此，Tributsch 等认为细菌与矿物之间的"直接作用"是不存在的，并建议用"接触作用"代替"直接作用"机理。

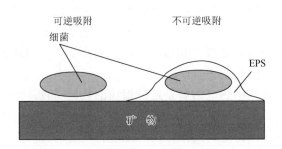

图 1-1　细菌在矿物表面的两种吸附模式

　　2003 年，Crundwell[92]对 Tributsch 等提出的理论进行了修饰，将"接触作用"机理重新描述为"直接接触作用"与"间接接触作用"机理。"直接接触作用"主要体现在氧化硫硫杆菌对硫化矿物的作用，吸附在矿物表面的细菌产生的胞外聚合物中的蛋白质和有机酸能够氧化分解硫化矿物，从而产生细菌生长所需的营养物质。但是由于氧化硫硫杆菌对硫化矿物的氧化速率极其缓慢，在生物浸出过程中的作用很小，因此不被研究者所重视。目前，研究者普遍认为在生物浸出过程中"间接作用"与"间接接触作用"均存在，即"合作作用"机理（图 1-2[93]）。

1.4.2　生物浸钴研究现状

　　自从 20 世纪 50 年代 Young[94]首次提出利用浸矿细菌浸出含钴矿物的概念以来，国内外众多学者利用氧化亚铁硫杆菌（*Acidithiobacillus ferrooxidans*）、氧化

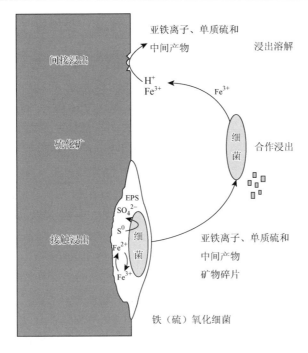

图 1-2　合作作用机理示意图

硫硫杆菌（*Acidithiobacillus thiooxidans*）和氧化亚铁钩端微螺菌（*Leptospirillum ferrooxidans*）等浸矿细菌，对各种含钴矿物的生物浸出进行了深入研究，内容涉及基础理论和工业应用[95-100]。Ahonen 与 Tuovinen[101]在柱式反应器中研究了由黄铜矿、镍黄铁矿、黄铁矿、磁黄铁矿和闪锌矿按不同比例组成的混合矿样的生物浸出行为，发现在低 pH 及低氧化还原电位条件下，Co、Cu、Zn 的浸出速率具有随可溶性铁浓度增加而增加的趋势，而 Ni 的浸出速率与溶液中 Fe^{3+} 浓度无关。溶液中细菌的显微镜计数显示，在该试验条件下氧化亚铁硫杆细菌浓度有增加的趋势。在一定试验条件下，Co、Cu、Ni 和 Zn 有不同的浸出速率。同时，在低 pH 条件下，降低矿石粒度能够强化金属浸出速率。d'Hugues 等[102]在四级连续搅拌槽中进行高矿浆浓度的含钴黄铁矿连续性生物浸出试验。研究结果表明，在没有氧气浓度限制的条件下含钴黄铁矿的氧化与细菌生长的新陈代谢没有直接的联系，但是在生物浸出第一阶段细菌的数量对钴的浸出效率有很大影响，高的搅拌速率能够影响细菌的氧化能力。使用铵盐代替尿素有利于细菌附着在矿物表面，提高生物浸出效率。氧化含钴黄铁矿的耗氧量为平均每千克矿石消耗 0.89kg O_2。经过半个世纪的不懈努力，生物浸钴技术无论是在产业化还是基础理论研究都取得了长足的进展。继铜、铀、金之后，钴是第 4 个采用生物浸出技术实现产业化生产的金属[103]。1999 年法国的 BRGM 公司在乌干达建成投产了第一座利用生物浸出技术浸出含钴黄铁矿并回收钴的工厂。该工厂每年处理 110 万 t 含钴黄铁矿，年产 1000t 阴极钴[104]。

虽然国内含钴矿物生物浸出研究的开展相对较晚，但是经过众多学者的不懈努力依然取得了许多成果。李浩然和冯雅丽[105]进行了氧化亚铁硫杆菌和黄铁矿浸出大洋锰结核的研究。结果表明，锰结核中的 Co 和 Ni 同时被浸出，浸出 9 天后钴浸出率可达 95.52%。刘建等[106]进行了低品位钴矿的细菌浸出试验，研究结果表明，在矿浆浓度小于 20%、浸出时间少于 10 天的条件下，用氧化亚铁硫杆菌进行浸出，钴的浸出率可达 55%～60%。温建康和阮仁满[107]针对某地高砷硫低镍钴硫化矿进行了浸矿细菌的选育与生物浸出研究。采用现代微生物驯化育种技术，选育抗毒性强、适合浸出该矿石的浸矿菌种 Retech 三代驯化菌。并采用亚铁离子氧化速率法、生物显微镜直接计数法及氧化还原电位法测定该菌种的浸矿活性。研究结果表明，Fe^{2+}氧化速率可达 $1.4g \cdot L^{-1} \cdot h^{-1}$，菌液氧化还原电位可达 600mV。采用摇瓶细菌浸出方法研究了浸出介质 pH、细菌接种量、浸出周期、矿浆浓度、浸出温度等因素对生物浸出的影响，获得了生物浸出最佳工艺参数，镍和钴的浸出率分别达到 85.46% 和 99.23%。蒋金龙和汪模辉[108]在浸出温度为 30℃、浸出介质 pH 为 2.0、矿浆浓度为 5%、接种量为 10%的条件下，用氧化亚铁硫杆菌进行了有菌和无菌浸矿对比试验。结果表明细菌对矿物的浸出有促进作用，其金属浸出率远远超过无菌浸出时的浸出率。东北大学杨洪英教授在铜钴混合矿、钴精矿等含钴矿石生物浸出方面进行了大量研究，也取得了许多研究成果。在采用特有的耐钴菌种对赞比亚钴精矿进行生物浸出时，钴浸出率可达 80%以上[109]。当添加催化剂时，钴浸出率可达 90%以上[110]，而浸出周期可缩短 1/3[111]。

1.5 生物浸出强化研究

生物冶金是一种绿色冶金工艺，其特点是条件温和、易于操作、无高温高压作业、无有毒气体产生、环境污染小，对于处理低品位、难处理矿产资源具有巨大的优势。在环境问题日益严重的今天，生物冶金技术是一种极具竞争力的冶炼工艺，可以为我国冶炼工业提供一条新的发展道路。但是，生物冶金工艺的缺陷也十分明显，即浸出速率慢、浸出周期长。为了加快浸出速率、缩短浸出周期，提高金属回收率，研究者从生物学、电化学、冶金学等角度出发，探索各种强化生物浸矿的方法。比较有代表性的方法有利用原电池效应、添加各种金属离子、添加表面活性剂、微波预处理等。

1.5.1 原电池效应强化

金属硫化矿物的生物浸出过程实质上是一种电子得失的电化学氧化还原反应。在阳极,硫化矿物中的低价态金属离子失去电子被氧化为高价离子,或硫离子失去电子被氧化为元素硫或硫酸根;在阴极,氧化剂 O_2、Fe^{3+} 等则得到电子而被还原。伴随着电子的转移,有价金属离子从固相进入浸出介质中。天然的硫化矿物具有半导体特性,在浸出介质中具有其相应的电极电位。在生物浸出过程中,当两种具有不同电极电位的硫化矿物接触时,两者会组成原电池对。静电位较高的矿物,如磁黄铁矿、黄铁矿、辉锑矿等作阴极,静电位较低的矿物作阳极。通过原电池效应,阳极硫化矿物溶解加速,金属浸出率提高,阴极硫化矿物则受到阴极保护而不溶或溶解速率减慢[112]。以黄铜矿与黄铁矿为例,两种具有不同电极电位的硫化矿物之间的原电池效应可由图 1-3 表示。

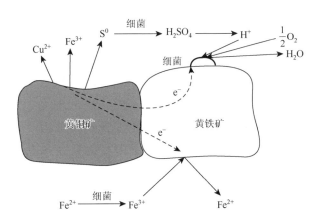

图 1-3 黄铜矿(CuFeS$_2$)与黄铁矿(FeS$_2$)原电池效应示意图

李宏煦等[113]研究了黄铜矿与黄铁矿混合矿生物浸出过程中的原电池效应。研究结果表明,当黄铜矿细菌浸出过程中加入黄铜矿及活性炭时,金属铜的浸出率大大提高。浸出 30 天时,铜浸出率可达 40%。单一黄铁矿细菌浸出时,黄铁矿会被大量氧化分解,而当与黄铜矿混合浸出时,黄铜矿氧化速率加快,黄铁矿氧化速率降低。加入活性炭及黄铁矿与黄铜矿混合时,由于接触电位的影响,黄铜矿氧化反应电流增大、反应起始电位负移,反应加剧,而黄铁矿的氧化反应受到抑制。da Silva 等[114]研究了在方铅矿存在条件下,闪锌矿生物浸出过程中的电化学纯化现象。研究结果表明,在浸出过程中方铅矿被选择性氧化成硫酸铅,进而促进了闪锌矿的溶解。这种选择性溶解是两种矿物间的原电池作用引起的。在这一过程中，方铅矿被氧化生成硫酸铅吸附在闪锌矿表面而使闪锌矿表面被钝化。

1.5.2　金属离子强化

　　大多数金属硫化物的氧化反应速率都很慢，而加入一些适当的催化离子可使反应明显加速，尤其是在金属硫化矿物的生物浸出过程中。硫化物溶度积很小的金属阳离子如 Ag^+、Bi^{2+}、Co^{3+}、Hg^+ 等对金属硫化物的生物浸出均有催化作用。在浸出过程中，当金属离子吸附在矿物表面后能够改变矿物表面的电化学行为，并形成氧化还原电极，促进金属硫化矿物在浸出介质中的电化学反应，进而硫化矿物氧化溶解加速[115, 116]。金属离子的催化必须满足两个条件：一是催化离子可取代硫化矿物表面晶格中的待溶金属，使硫化物晶体激活；二是催化离子必须能够组成氧化还原电极，参与硫化矿物和氧化剂之间的化学反应[117]。

　　Ag^+ 催化黄铜矿的生物浸出是金属离子催化作用的典型例子。在生物浸出过程中，黄铜矿表面会生成一层不导电的致密元素硫层，形成扩散屏障，使电子传递困难，抑制黄铜矿的溶解。添加 Ag^+ 后，生成的 Ag_2S 与元素硫形成多孔疏松的混合层，大大提高黄铜矿溶解速率，金属铜的浸出率提高[118-121]。Ag^+ 强化黄铜矿生物浸出的催化效应模型为

$$CuFeS_2 + 4Ag^+ \longrightarrow 2Ag_2S + Cu^{2+} + Fe^{2+} \tag{1-20}$$

$$2Ag_2S + O_2 + 4H^+ \longrightarrow 4Ag^+ + 2S^0 + 2H_2O \tag{1-21}$$

$$Ag_2S + 2Fe^{3+} \longrightarrow 2Ag^+ + 2Fe^{2+} + S^0 \tag{1-22}$$

　　科研工作者除了对 Ag^+ 的催化作用进行了详细的研究外，还考察了其他阳离子，如 Hg^{2+}、Co^{2+}、Bi^{3+}、As^{5+}、Sn^{2+} 等离子对硫化矿物生物浸出过程的影响，其中很多离子对硫化矿物的溶解反应速率、金属浸出率以及浸出产物的性质均有重要影响。Elsherief[122]研究了 Fe^{2+}、Cu^{2+} 和 Pb^{2+} 在酸性环境条件下对黄铜矿浸出的影响。研究结果表明，当加入 Fe^{2+}、Cu^{2+} 和 Pb^{2+} 时，黄铜矿溶解速率明显加快，金属铜的浸出率提高。Pina 等[123]研究了 Fe^{3+} 与 Fe^{2+} 对嗜酸中温菌 *Acidithiobacllus* sp.生物浸出闪锌矿的影响。研究结果表明，在浸出初期 Fe^{3+} 的存在可促进闪锌矿溶解加速。当添加 $5g \cdot L^{-1}$ Fe^{3+} 时，浸出 12h，锌的浸出率可达 33%，比不添加 Fe^{3+} 的浸出体系的锌浸出率高出 3 倍，且对细菌的生长没有不利影响。Fe^{2+} 的最佳添加量为 $2g \cdot L^{-1}$，超过 $2g \cdot L^{-1}$ 后，锌的浸出率及细菌的数量随着 Fe^{2+} 浓度的增加变化不大。

1.5.3　表面活性剂强化

　　在生物浸出过程中，氧化剂与细菌存在于溶浸液中，因此溶浸液与矿石的接

触、润湿和渗透是影响生物浸矿速率的一个关键因素。矿物表面性质、溶浸液自身的表面张力在一定程度上阻碍溶浸液与矿石的接触，降低浸出速率[124]。为了解决这一问题，研究者考虑加入表面活性剂。表面活性剂具有特殊的双亲结构，易于吸附、定向于物质界面上，从而降低表面张力，增强物质界面的渗透性、润湿性等性能。研究表明，添加表面活性剂可以改变矿物表面性质，降低界面张力，增强矿物的亲水性。促进中间产物 S 在矿物表面的分散，提高硫颗粒的亲水性，有利于细菌在硫颗粒表面的吸附，进而加速矿物表面元素硫层的氧化溶解[125-128]。

吴爱祥等[124]的研究结果表明，在浸出过程中添加表面活性剂可使溶浸液与矿物表面的接触角减小，提高矿物表面的润湿性、渗透性，有利于溶浸液在矿石表面的铺展及在矿石裂隙间的渗透，同时减小矿石表面的液膜厚度，加快传质过程和对流扩散过程，从而加快矿物溶解反应速率，金属浸出率提高。龚文琪等[129]研究了吐温（Tween）20、吐温 60 及吐温 80 对嗜酸氧化硫硫杆菌浸出磷矿的影响。研究结果表明，浸出过程中添加这三种表面活性剂均可以使磷矿生物浸出效果得到改善，最佳用量分别为 $10g \cdot m^{-3}$、$10g \cdot m^{-3}$、$100g \cdot m^{-3}$。其中，吐温 60 的催化效果最佳，当其用量为 $10g \cdot m^{-3}$ 时磷的浸出率提高约 15%。Lan 等[130]研究了邻苯二胺（OPD）对生物浸出铁闪锌矿的影响。研究结果表明，添加适量的表面活性剂可以提高硫颗粒的亲水性，增强细菌在硫颗粒表面的吸附，促进细菌氧化矿物表面的元素硫层。通过对生物浸出渣的化学分析与能量色散 X 射线谱（EDX）分析发现，金属锌被选择性地浸出，且与不添加表面活性剂试验相比浸出率大幅度提高。

1.5.4　微波预处理强化

微波是一种频率在 $3 \times 10^8 \sim 3 \times 10^{11} Hz$ 之间的电磁波，可以被介电材料吸收并产生电场，致使材料中的自由电子和束缚电子运动，反抗这种电子运动的作用力导致材料发生介电损耗，由此产生热。当介电性质各向异性的物质采用微波加热时，微波选择加热高损耗相，而低损耗相则没有明显的吸收，进而相界面产生很大的温度梯度，导致在相界面上产生裂缝、裂纹。在冶金领域，待处理矿物往往是共生、连生、相互包裹的复杂矿物，这些矿物的介电常数各不相同，因此微波可选择性加热的特点使其在处理此类矿物方面具有巨大优势。近年来，微波在冶金领域的应用研究越来越受到关注，逐渐成为研究热点[131-134]。

Olubambi[135]通过研究矿物学特点对微波预处理改善低品位复杂硫化矿生物浸出行为的机理影响，解释了矿物学、微波预处理和生物浸出过程三者之间的相互关系，并通过生物浸出试验和电化学技术，研究了微波辐射对生物浸出行为的影响以及低品位复杂硫化矿在 1100W 家用微波炉中微波加热 5min 的过程中发生的反应过程。研究结果表明，微波预处理改善了矿石的生物浸出行为，对铜、铁浸出的影响大于对锌、铅浸出的影响。经微波处理的样品和未经微波处理的样品，虽然有相同的电化学行为，但经过微波处理的样品有更高的反应性、溶解率、溶解电流及电流密度，并且分化电阻降低。Olubambi 认为经过微波处理后，样品的溶解率升高是因为矿石的相变激发了体系内的原电池反应，降低了元素硫的含量，并且微波加热产生了更多的裂隙，使电化学场增加。

1.6　生物浸出液特点

1.6.1　浸矿细菌

生物浸出流程不仅关系到金属离子的浸出情况，同时也影响后续的分离过程。生物浸出流程是利用嗜酸菌属细菌对二价铁及金属硫化物的氧化能力使矿石中的有价金属得以溶解的过程[136-138]。用于冶金工业的常见嗜酸菌属细菌包括嗜酸氧化亚铁硫杆菌（*Acidithiobacillus ferrooxidans*，*A. ferrooxidans*）、嗜酸隐藏菌（*Acidiphilium cryptum*，*A. cryptum*）及嗜酸氧化硫硫杆菌（*Acidithiobacillus thiooxidans*，*A. thiooxidans*）等[137]。

浸矿细菌通过与矿物相互作用获得能量，并同化周围环境中的无机成分来构建自己的生命形式与结构。与其他生命形式一致，浸矿细菌主要构成物质为生物质、多糖、脂类、无机盐及水，遗传物质为核糖核酸[139]。然而，浸矿细菌的细胞结构与其他生命形式差异显著。通过无生命的细胞壁，浸矿细菌的结构被划分为原生质和胞外聚合层两个部分。

1.6.2　生物溶胶的形成

浸矿细菌的原生质及细胞壁外的胞外聚合层均由低分量的糖脂、磷脂、脂肽以及高分子量的含脂聚合物组成[137]。它们的分子结构均由疏油亲水极性基团及疏水亲油的碳氢链状非极性基团构成。正是由于这种既亲油又亲水的结构，这些物质均表现出显著降低水相/油相界面张力的作用，它们也被称为表面活性物质。

细胞壁外侧的胞外聚合层介导了细菌和硫化矿物的接触，并在细菌和矿物之间起到极其重要的作用。浸矿细菌会围绕矿物表面形成生物膜[139]，改变矿物亲疏水特性。氧化亚铁硫杆菌的胞外聚合层内存在特异性蛋白，可促进细菌对矿物的吸附[140]。氧化亚铁硫杆菌的胞外聚合层与矿物作用，可显著增加矿物表面的亲水性[141-143]。

伴随着生物浸出过程的进行，浸矿细菌大量裂殖、衰亡。嗜酸属细菌的生命周期一般为 2～3h，在漫长的浸出时间内大量繁殖。存活的浸矿细菌由于胞外聚合层的作用可使细菌悬浮于浸出液中。细菌衰亡后，随着细胞壁的破裂，会向周围的环境中释放出其内部的蛋白质、多糖和脂类、膜壁结构。它们与存活的细菌一样，悬浮于浸出液中，形成生物溶胶。这种生物溶胶影响着浸出液的后续分离提取操作。

1.6.3　铁离子及硫酸根富集

参与浸矿过程的细菌并非嗜酸菌属的单一菌种，并且矿石种类及浸出条件也存在差异，这导致浸矿细菌通过胞外聚合层与矿石发生吸附作用，并参与矿石的氧化溶解过程。研究表明，生物浸出至少涉及三个重要的子过程，即细菌对硫化矿的吸附，微生物对亚铁离子的氧化，以及一些含硫基团的形成，该过程可由式（1-23）～式（1-25）表示[144]。根据硫化矿物的性质，硫元素可以形成两种最终产物：其一是通过硫代硫酸盐途径最终生成硫酸盐，其二是最终产出硫单质[145, 146]。因此，在浸矿细菌浸出硫化矿后形成的浸出液中均可发现高浓度硫或硫酸根离子的存在。

$$Fe^{2+} + \frac{1}{4}O_2 + H^+ \longrightarrow Fe^{3+} + \frac{1}{2}H_2O \tag{1-23}$$

$$MeS + 2Fe^{3+} \longrightarrow Me^{2+} + S^0 + 2Fe^{2+} \tag{1-24}$$

$$MeS + 4Fe^{3+} + 2H_2O + O_2 \longrightarrow Me^{2+} + SO_4^{2-} + 4Fe^{2+} + 4H^+ \tag{1-25}$$

目前，人们对生物浸出过程的机理存在三种猜想，即直接机理、间接机理以及间接接触机理[147, 148]。直接机理认为硫化矿的氧化过程不存在铁的参与，只是细菌对硫化矿的直接氧化。间接机理指细菌首先氧化本体溶液中的铁，随后三价铁再对硫化物进行氧化。间接接触机理指细菌首先通过胞外聚合层形成的生物膜附着在矿物表面，随后在该层内部存在的亚铁离子被氧化，最终这些三价铁离子完成对生物膜接触到的硫化矿的氧化。

式（1-23）是在氧化亚铁硫杆菌的参与下进行的。氧化亚铁硫杆菌通过氧气氧化生存环境中存在的亚铁离子，获得生命活动所必需的能量。被氧化后的亚铁离子参与硫化矿的浸出过程式（1-24），产物中存在硫和亚铁离子。亚铁离子可继续参与式（1-23）过程完成循环。反应（1-24）产出的硫，则由浸出液中的氧化硫硫杆菌继续氧化形成硫酸根，这样可以避免硫覆盖在矿石表面阻碍反应进行。因此，浸出液中的硫酸根浓度是逐渐增加的。合并后的反应过程如式（1-25）所示。

细菌对矿物的氧化速率受到溶液铁离子浓度（[Fe^{3+}]/[Fe^{2+}]）的制约。铁离子浓度提高时,细菌得以大量繁殖,矿石的浸出速率得以提高。因此,为获得高的浸出速率,必须在浸出液中提供高浓度的铁离子[149-151]。现在,三价铁离子浓度及亚铁离子浓度的比值常作为细菌氧化活性的标志用于浸出体系的监控。浸出结束时,浸出液中常含有高浓度的铁离子[149]。

1.6.4　固体微粒及杂质产生

含有大量的固体微粒是生物浸出液的又一个特点。根据来源不同,可将固体颗粒分为矿物颗粒残体、微溶性析出物及矿石中包裹的其他杂质等。

为获得较快的浸出速率,用于细菌浸出过程的矿物颗粒要较细[149, 152-154]。然而较细粒矿石与浸矿细菌作用后,体积更小。这种细微的矿石颗粒直接沉降时间漫长,在浸出液中长期处于悬浮状态[155, 156]。此外,在浸出液中还存在众多微溶性的物质,如硫酸钙[157]、铁矾[158-160]、石英[161, 162]等。微溶物溶解度随外界条件变化显著。环境改变时,它们最容易析出生成颗粒细小的沉淀。这些细小颗粒处于溶解与析出状态的边缘很难去除。无论哪种固体颗粒均会在浸出液中吸附离子以平衡自然电性。在高浓度的硫酸根及氢离子条件下,这种特性加强了固体颗粒在浸出液中的稳定性,使其沉降速率缓慢[156]。

1.7　铜钴溶剂萃取及电积

湿法冶金过程产生的溶液,可采用溶剂萃取工艺回收有价金属。溶剂萃取工艺可描述为金属与萃取剂分子进行反应,产生容易溶解于有机溶液的金属-萃取剂化合物。萃取剂和有机溶剂组成的溶液称为有机相。被萃取的金属所在水溶液被称为水相。萃取过程在两个液相之间进行,因此称为液-液萃取。液-液萃取过程实质上是金属从水相到有机相的传质过程。与此相反,金属从有机相到水相的传质过程称为反萃取过程。反萃取过程需要在反萃剂参与下进行。

由于生物浸出-溶剂萃取-电积技术流程主要涉及的介质为硫酸,因此在此处只对硫酸介质中铜及钴的萃取技术进行阐述。

1.7.1　铜钴萃取分离

1. 硫酸介质中铜的溶剂萃取

铜是第一种采用溶剂萃取技术回收并成功用于商业生产的金属[163]。在硫酸介质中,利用肟类萃取剂连接铜的浸出过程及铜的电积过程可以很好地实现整个流程的酸平衡[164]。其中，强配位能力的肟类萃取剂是从 pH 低于 1.5 的浸出液中回收铜的前提。浸出液中的铜随萃取工艺进入有机相形成负载有机相，随后负载的铜被电积过程产生的酸反萃。不同类型的浸出液中铜的回收，可以通过调节羟酮肟与羟醛肟的比例、加入不同的调相剂来实现，也可以通过选择恰当的萃取剂并优化设计萃取和反萃的级数而达到目的[165]。

目前，氧化矿与硫化矿混合矿物的浸出技术已经获得成功。硫化矿浸出过程不存在硫酸的消耗，这导致湿法浸出-溶剂萃取-电积循环前后体系总酸量增加。理论上，随着体系中酸浓度的升高，铜的溶剂萃取效率下降。但实践中发现萃取等温线并没有发生不利的变化，这可能是由于硫酸在高浓度下存在质子化过程引起的。一种有效的解决途径是将高酸度的浸出液用于其他碱性矿石的浸出中。在浸出液流出碱性矿石后，浸出液酸度可有效降低[166]。另一种方法是利用其他萃取剂将浸出液中不能消耗的酸萃取掉[167]。在浸出液酸度降低后，可采用溶剂萃取技术连接浸出液与电积工艺，构成循环。

2. 硫酸介质中钴的溶剂萃取

硫酸介质中钴的溶剂萃取技术尚不成熟，大规模的商业化应用仍很困难，合成新的萃取剂是推进钴萃取技术发展的重点。

目前，酸性介质中回收钴的最常用萃取剂主要是有机磷类萃取剂 D2EHPA（P204）[168-171]。由于镍与萃取剂分子形成一种变形的八面体结构，其中两个极点可能被质子化的二聚体萃取剂分子或者水分子占据，四个赤道位点则主要被去质子化的萃取剂分子占据。而钴则是在两个四面体结构与一个八面体结构之间存在转化平衡[172]。高温下由于熵的贡献，钴络合物由八面体结构解离为四面体结构，因此可在高温下完成镍和钴的分离[172]。

按照化学计量比，金属与萃取剂的比例为 1∶2 时金属负载量达到最大值，此时萃取剂与金属离子通过 PO_2 桥连形成高分子金属配合物[173]。应用中发现，采用 D2EHPA 萃取剂的萃取系统，有机相黏度随金属负载率的增加而增加，这种现象经常被归因于此种高分子金属复合物的形成。

科学家利用烷氧基及烷硫基代替磷酸分子中的烷基，使金属镍、钴与萃取剂形成的四面体或八面体配合物稳定性差异更大，这是镍钴分离研究的重要方向。目前在此理论基础上已开发并应用的有机膦酸类萃取剂主要包括 P507（PC-88A）[169, 174, 175]、Cyanex 272[169, 175, 176]等。

1.7.2 铁离子对萃取的影响

生物浸出液中存在高浓度的铁离子对有价金属的分离有一定的影响。由于铜的萃取过程可在 pH 小于 1.5 的条件下完成，因此获得高纯度的铜的关键在于铜与铁的分离。羟醛肟及羟酮肟萃取剂均表现出对铜的优良选择性，采用这类萃取剂进行铜铁分离可以有效避免铁共萃的发生[163]。然而，商用萃取剂中大多加入酚类改性剂。含有酚类物质的羟肟萃取剂对液滴的夹带作用经常使浸出液进入有机相，这是铁离子通过萃取流程进入电积过程的主要途径[177]。为了维持铜电积过程较高的电流效率，必须将铁离子浓度控制在一定水平以下[178]。常用的方法是将一定体积的含铜电解质返回到浸出过程，并在电解槽中补充新的硫酸。另一种方法是在电解质中加入松香类物质将铁离子选择性吸附，这种方法可以避免酸的损失[178, 179]。由于松香类物质对 Fe^{2+} 的吸附能力远弱于 Fe^{3+}，因此已吸附 Fe^{3+} 的松香类物质可以利用亚酸进行再生[179]。

不同于铜的萃取过程，磷（膦）酸类萃取剂与第一过渡系的二价金属离子形成萃合物的难易程度为 Zn＞Cr＞Mn＞Cu＞Fe＞Co＞Ni=V[180]。该序列反映了各金属离子与庞大的 D2EHPA 二聚体形成四面体几何构型的难易程度。铁与 D2EHPA 二聚体形成四面体几何构型较钴容易。因此利用这种萃取剂萃取钴时，若溶液中存在铁则必然发生铁的共萃。目前工业中常采用的方法是在钴提取前对浸出液中的铁进行脱除处理。

1.7.3　界面污物对萃取的影响

通过溶剂萃取提取有价金属，常会有一些无机盐、有机质[181]及固体杂质积累在有机相和水相之间的界面上，这些污物因为具有黏滑的特点，也被称为黏滑污物。对利用溶剂萃取的工厂而言，污物占据萃取容器的部分体积，不但降低了萃取效率，而且萃取反应速率也会降低[182, 183]。如果污物失去控制，会直接影响产品的性质，并导致萃取剂损失，甚至由于溶剂萃取过程相分离失败，工厂停工[164, 184]。

1. 固体颗粒的核心作用

从浸出液角度来看，影响界面污物稳定性的主要因素为浸出液中存在的固体微粒、浸出液的 pH 等[183, 185]。硫酸盐沉淀物对萃取有机相与水形成的污物具有很好的稳定作用，并且这些沉淀微粒具有催化降解萃取剂的能力[186]。另外，界面污物可分离出由大量微生物、各种金属杂质构成的复杂结构，不能寻找到来源的腐殖酸、木质素和羧酸，这些都成为界面污物稳定的因素[181, 187]。浸出液 pH 的变化会改变溶液中硫酸盐沉淀及硅酸盐的溶解度，改变如 SiO_2、$Fe(OH)_3$ 的聚合形态及空间结构，进而削弱或加强界面污物的稳定性[161, 188]。此外，在溶剂萃取过程中，固体颗粒具有"围栏"作用，对有机相及水相进行分割包围，阻断相分离过程[189]。

2. 表面活性物质的稳定作用

溶剂萃取过程的完成需要使有机相与水相充分接触，在工业中常采用机械搅拌或其他方式加大两相的接触面积，形成不稳定的乳液[190, 191]。这种不稳定的乳液在理想状态下可迅速分离聚结，形成有机相及水相。然而，当有机相与水相界面处含有表面活性物质时，理想的相分离过程被打破，由于表面活性物质具有稳定乳化的作用，分相时间延长甚至发生永久乳化。

作用于生物浸出液溶剂萃取过程的表面活性物质主要来源有两个。其一是生物浸出过程中细菌的胞外聚合层及原生质内部[192]；其二是溶剂萃取过程的有机相[189]。

在细菌生命末期，细胞衰亡破裂，将原生质内部的表面活性物质释放到浸出液中。尽管细菌体积较小，且生命周期只有短暂的 2～3h，但是在生物浸出工艺的漫长周期中，细菌大量繁殖与衰亡，这使表面活性物质得以累积[150, 193]。在浸出完成时生物浸出液中的表面活性物质浓度可观，在溶剂萃取过程中必然影响有机相与水相的行为。

有机相中存在的表面活性物质是引起萃取过程界面污物的另一个原因。萃取剂本身便是一种表面活性剂，如常用的铜萃取剂 LIX984N、D2EHPA 等，并且这些萃取剂在使用过程中会逐渐降解，产出更具活性的表面活性物质，这些表面活性物质是促进界面污物稳定的重要原因[186]。煤油是溶剂萃取常用的稀释剂，天然煤油中存在烷烃、芳香烃及环烷烃。在光照、无机酸及辐射的条件下，天然煤油可发生降解[194]。因此，一般煤油在作为稀释剂使用前需要进行磺化，这样不仅可以改善其流体力学特性，而且可以减少表面活性物质的产生。

生物浸出液中有价金属的溶剂萃取受到浸出液特性的影响。其中铁离子主要影响有价金属的分离过程，改变产物的纯度；表面活性物质及固体颗粒则是引起萃取界面污物的主要原因。因此，将溶剂萃取技术应用于生物浸出时需要避免这些不利因素造成的影响，上述问题都亟待解决。

1.7.4　溶液中杂质对电积的影响

电积是古老的电解过程。英国化学家 Humphry 于 1807 年通过电解熔融的氢氧化钠溶液第一次获得了金属钠[195]。1847 年 Maximilian 首次进行了铜的电解精炼试验[196]。目前，金属铅[197, 198]、铜[199, 200]、金[201]、银[201, 202]、锌[203, 204]、铬[205]、钴[206, 207]、锰[208]和稀土类及碱金属大多利用电积方式获得。对于铝而言，电积是唯一的获得途径[209]。此处，只针对生产中的金属铜、钴进行阐述。

1. 杂质金属对金属电积的影响

大多数金属矿物浸出后形成的溶液是多种金属共存的。若多种金属的溶液不能进行有效的分离而直接用于金属电积过程则会存在一些问题：首先，杂质金属可以增加电积过程能耗[210]；其次，杂质金属容易阴极表面析出。

变价金属可以引起电积过程能耗增加。例如，铁是电积系统中常见的杂质金属，一般认为，Fe^{2+} 与 Fe^{3+} 在阳极与阴极之间进行往复的氧化还原反应，致使有价金属电积的电流效率降低[211]。锰对电积过程的影响与铁类似，但更重要的是，对含有高价锰离子的铜电积残液进行再生时（反萃取载铜有机相）会引起萃取剂的氧化降解[164]。砷是另外一种改变电积过程的元属，由于高低氧化态砷化合物之间不对称的氧化还原速率，其得以在电解液中富集并对电积过程造成影响[212, 213]。

金属杂质对电积产品的影响主要体现在产品的纯度方面。铜是一种还原电位较正的金属，电积产品受到其他金属杂质的影响较小[214]。在实际生产中，电解液中铜含量为 $40 \sim 45 g \cdot L^{-1}$，若可以控制砷浓度低于 $7.0 g \cdot L^{-1}$，锑浓度低于 $0.7 g \cdot L^{-1}$，铋浓度低于 $0.5 g \cdot L^{-1}$，镍浓度低于 $15.0 g \cdot L^{-1}$，则可以获得高纯阴极铜。只有当电解质铜的浓度低于 $12 \sim 18 g \cdot L^{-1}$，砷、锑、铋才有在阴极表面放电析出的危险[214]。

钴较铜的还原电位更负，与镍、铅、砷的化学性质相似，它们是对钴电积过程危害严重的金属。铜、锡可先于钴在阴极表面析出[215]，而镍、铅、砷等则倾向于与钴同时析出。钴浓度为镍浓度 30 倍时，阴极钴中含有的镍量为 0.3%；钴浓度为砷浓度 300 倍时，产品中砷浓度依然较高[215]。这意味着为获得品质良好的钴产品，必须控制进入电解液中镍、铁、铜及铅等金属的量。低含量的金属杂质一般通过溶剂萃取或电积手段进行去除。例如，钴溶液中少量的铁及铜可以利用二（乙-乙基己基）磷酸酯（P204）萃取的方进行分离去除。

2. 有机杂质对金属电积的影响

可在有色金属电积过程中产生作用的有机杂质包括两类。其一是为了改善金属电积产品的质量或降低电积能耗而加入的有机添加剂[210]；其二是由其他工序带入的微量有机物[181, 216]。目前，人们对电积过程有机物的研究主要集中于前者。

有机添加剂的作用机理目前有两种观点[217]。一种观点认为添加剂通过和金属离子形成胶体络合物使金属离子的放电受到阻滞，从而提高阴极的极化作用[217-219]；另一种观点认为添加剂在阴极表面形成局部或连续的强吸附性薄膜，结果使金属离子扩散到阴极表面的过程困难，通过产生一定的浓差极化及化学极化使结晶细化[210, 217, 220]。常用的铜电积过程添加剂包括明胶、骨胶、硫脲等[221]。然而，添加剂用量超过一定范围后，有机物将恶化产品的性能，如使阴极沉积物变硬，甚至发脆或爆裂。

采用生物浸出技术获得的浸出液中含有大量的生命有机成分，若它们可以通过溶剂萃取过程进入金属电积工序，是否会对电积产生影响尚不清楚。

1.8　湿法冶金中除铁技术

生物浸出过程产出的生物浸出液含有高浓度的铁，利用溶剂萃取-电积技术流程回收有价金属时，高浓度的铁可能会影响有价金属的溶剂萃取分离，也可能会进入最终的电积流程影响产品品质，因此需要采取适当的技术对高浓度的铁进行分离。

目前湿法冶金过程中常采用造渣的方法实现铁与提取的金属分离。根据溶液中铁离子浓度的高低以及沉淀形成渣相的不同，可将铁分离方法划分为黄钾铁矾法[222-225]、针铁矿法[226-229]、赤铁矿法[230]、氧化中和水解法。

1.8.1　溶液中铁沉淀析出

Fe（III）系统中固体铁沉淀物的形成是 Fe（III）六水合阳离子的水解过程。所有不同 Fe（II）氧化物可以由低分子量的核心增长形成。氧化物生长的主要因素是供给晶体的结晶速率、结晶物质是单体还是二聚体。缓慢的供给可以形成结晶良好有序的固相。影响聚合过程及结晶过程的主要因素包括 pH、Fe（III）活度和温度。一般情况下，核心增长的供体供给速率较快时，容易形成结晶不好的针铁矿，而供给速率较慢时，则形成结晶较好的针铁矿及赤铁矿。根据 X 射线衍射（XRD）分析，针铁矿及纤铁矿沉淀中含有 2 线-水铁矿和 6 线-水铁矿。水铁矿可以通过 Fe（III）水解获得，实验室内制备 6 线-水铁矿前驱体的方法是，使硝酸铁溶液在 85℃下水解 12min，然后将其透析后冷冻即可[231, 232]。该沉淀在 110℃干燥后组成为 $FeO(OH)_{0.8}(NO_3)_{0.2}$。XRD 研究表明，该前驱体存在类似于正方针铁矿及施特曼矿物的隧道结构[233]。水铁矿在室温下可进一步水解，在自然界中，水铁矿也常被认为是臭松石的水解产物。

根据水解条件的不同，Fe（III）盐溶液可能形成针铁矿、纤铁矿及方针铁矿或赤铁矿以及它们的混合物。发生这种现象的原因是，生长单元的供给速率超过这些铁氧化物的溶度积，但是低于水铁矿的溶度积。如在非常低的 pH（OH/Fe）或者在非常高的 OH/Fe 条件下，生长单元供速率很慢时则可以获得空间排列较好的晶体[234-236]。更好的铁氧化物晶体也可以通过水铁矿在较宽的 pH 范围内相变获得。结晶所需的时间范围从几分钟到几年，形成的氧化物种类取决于温度、OH/Fe、$[Fe^{3+}]$ 和阴离子的性质等因素。晶种及一些添加剂也能够产生结晶的引导作用。

赤铁矿需要在高温及高 Fe（III）活性条件下生成。在高温下，需要通过添加剂控制 Fe（III）水解的 pH[237, 238]。赤铁矿在水热条件下（150℃）形成非常迅速[239]。在 Fe（III）溶液中析出赤铁矿至关重要的是将 Fe（III）盐加入预热的水中，这可以避免溶液初始加热阶段针铁矿的成核作用。在酸性介质中，针铁矿晶种可以推动针铁矿的形成，在 pH 小于 1 且温度高于 80℃时，赤铁矿和水铁矿之间存在竞争关系。赤铁矿成核及长大的活化能分别为（47 ± 4）$kJ\cdot mol^{-1}$ 及（50 ± 5）$kJ\cdot mol^{-1}$[240]。在赤铁矿沉淀过程中，加入晶种可以提高产品的可过滤性[239]。

针铁矿是 FeOOH 独有的多形体。在不加入碱的 $Fe(ClO_4)_3$ 溶液中，温度低于 37℃，针铁矿的形成占主导地位，但温度高于 55℃时，赤铁矿的形成便会占主导地位[241]。在 pH 为 1.6～1.8，温度为 25℃的条件下，部分中和的 Fe（Ⅲ）硝酸盐溶液反应 60 天，可制备获得 20nm×5nm 的针状针铁矿晶体[242, 243]。若要获得更大的晶体需要在 70℃下保温 24h。

在铁水解程度较低时，酸性介质中的硫酸根也会对水解产物的结构组成产生影响。水解程度取决于硫酸根浓度和 pH。当硫酸根浓度高且存在一价阳离子时，水解的铁会形成 Fe（Ⅲ）-羟基硫酸盐，即黄钾铁矾——$MFe(OH)_2(SO_4)_2$。分子式中 M 可以为 K^+、Na^+、NH_4^+ 或 H_3O^+[244]。硫酸根可抑制氧连作用过程，$SO_4^{2-}/Fe^{3+}>1$ 时会形成稳定的 Fe（Ⅲ）硫酸盐络合物，这增加了铁氧化物形成沉淀所需的 pH[245]。

在 pH 为 2～4 的范围内，Fe（Ⅲ）可水解生成 Fe（Ⅲ）-氧羟基硫酸铁，它又称为施特曼矿物[246, 247]。硒酸盐或铬酸盐可替代硫酸盐参与铁的水解过程，并形成与施特曼矿物类似的矿物。如果存在砷酸和硫酸的竞争，形成沉淀的种类取决于 As/(As+S)摩尔比。该值小于 0.4 会全部形成施特曼矿物；该值大于 0.8 时，会全部形成 Fe（Ⅲ）-羟基砷酸盐；该值介于 0.4 与 0.8 之间时会形成二者的混合物[248]。

氧化中和水解法是指利用不同金属离子在水溶液中水解生成氢氧化物的 pH 不同，在保证水溶液中主体金属离子（如 Ni^{2+}、Co^{2+}）不发生水解的前提下，用提高水溶液 pH 的方法，使溶液中 Fe^{2+} 水解生成氢氧化物沉淀而除杂质。为了达到更好地去除溶液中铁离子的目的，通常选用氧化剂（如空气）将 Fe^{2+} 氧化成 Fe^{3+}，通过调整 pH，生成溶度积更小的氢氧化铁沉淀。而溶液中的主体金属离子（如 Ni^{2+}、Co^{2+}）等，由于电负性比 Fe^{2+} 正，仍然以二价形式存在于溶液中。

1.8.2 除铁技术的工业应用

湿法冶金中的除铁过程就是通过模拟自然界中不溶性含铁物质的形成过程，使溶液中的铁转移入沉淀，从而降低溶液中铁含量的方法。一般可以应用在湿法冶金过程中的除铁方法具有沉淀形成条件温和、时间短、对溶液中其他有价值成分影响小的特点。

1. 黄钾铁矾法除铁

黄钾铁矾类矿物具有既不溶于稀酸，又易沉淀、过滤及洗涤的特点。20 世纪

60年代初，澳大利亚电解锌公司[249]、挪威锌公司[250]和西班牙阿斯土列安公司[251]成功地开发了黄钾铁矾法除铁。目前，黄钾铁矾法的应用已扩展到除锌外的其他金属的分离过程，如铜、钴等。含有硫酸铁的溶液中析出铁矾不仅使铁可以转入固相，溶液中硫酸根也被部分消耗。影响铁矾生成的主要因素为除铁体系酸度、温度及一价阳离子种类和晶种等[252]。

$$3Fe_2(SO_4)_3 + Me_2SO_4 + 12H_2O \longrightarrow 2MeFe_3(SO_4)_2(OH)_6 + 6H_2SO_4 \quad (1-26)$$

式中，Me代表一价离子，如K^+、Na^+、Rb^+、Cs^+、Tl^+、Li^+、Ag^+、NH_4^+、H_3O^+等。此外，Ca^{2+}、Ba^{2+}、Pb^{2+}、Hg^{2+}等二价阳离子也可以代替铁矾晶体中的K^+[253]。

2. 针铁矿法除铁

使含铁溶液中的铁以α-针铁矿的形态沉淀去除的方法称为针铁矿法。该方法首先于1970年在巴比伦（Balen）电锌厂获得工业应用[254]。利用针铁矿法的除铁操作在常压和较低的温度（70～100℃）下便可完成。针铁矿法除铁过程中不必加入碱金属阳离子，并且沉淀渣具有良好的过滤性。

溶液中铁的去除率与沉淀物的溶解度有关。向含铁溶液中添加中和剂，溶液中的铁迅速转变为活泼的非晶态$Fe(OH)_3$。此后，活泼的$Fe(OH)_3$缓慢地转化为针铁矿晶体或稳定的非晶态的$Fe(OH)_3$。因此，选择适宜条件，获得纯净易于过滤的针铁矿沉淀十分重要。溶液铁浓度和pH是控制针铁矿形成的两个重要因素。铁以针铁矿形式析出，关键在于维持溶液中的Fe^{3+}浓度低于$1g \cdot L^{-1}$。实现这个目标的主要途径共为两条，即还原氧化法[255]和部分水解法[256]。

还原氧化法是指利用还原剂使部分Fe^{3+}还原为Fe^{2+}，从而达到控制Fe^{3+}浓度的目的。随着针铁矿沉淀形成，Fe^{3+}浓度进一步降低，这时向溶液中加入氧化剂使Fe^{2+}逐步氧化，进而实现针铁矿法除铁[255]。部分水解法是针铁矿除铁技术的另一种实现形式，相对于还原氧化法，其不存在铁离子再氧化以及还原过程[256]。该方法是将含有高浓度Fe^{3+}的浸出液喷淋到一定酸度的溶液内，使Fe^{3+}浓度低于$1g \cdot L^{-1}$。此时，喷入的Fe^{3+}发生水解，产生针铁矿和硫酸。因此，部分水解法除铁过程也需加入中和剂避免析出的针铁矿再次溶解。部分水解法一般加入中和剂使溶液pH保持在3.5～5.0，这样可以保证除铁率较高且沉淀结晶良好。

3. 赤铁矿法除铁

由水溶液在低温条件下析出的氢氧化铁，在加热的条件下依次可转化为针铁矿、水赤铁矿及γ-赤铁矿，并且赤铁矿结晶程度及过滤性能均优于黄铁矾及针铁矿，若在高温下使Fe^{3+}水解便容易获得赤铁矿。1972年，日本饭岛电锌厂首先将赤铁矿法进行了工业应用[257]。人们对赤铁矿形成的动力学过程进行了探索，发现采用赤铁矿法除铁必须在高温高压下进行，成本昂贵。

1.8.3　除铁方法比较

在进行溶液除铁时,黄钾铁矾法及针铁矿法相对于赤铁矿法具有更好的优势[258]。进一步而言,与黄钾铁矾法对比,针铁矿法具有除铁率显著占优的特点,除铁后溶液中铁离子含量低于 $0.01g·L^{-1}$,而黄钾铁矾法则除铁后溶液铁离子含量在 $0.1\sim0.3g·L^{-1}$ 范围内[258]。

尽管在除铁率方面,采用针铁矿法具有显著优势,但其实现过程的酸度条件相对于黄钾铁矾法是难以控制的,波动较大[259]。目前,针铁矿法除铁过程的优化多集中于单因素模式下,点状的控制区域更加放大了这种不足,限制了针铁矿法在除铁中的应用。因此,如何获得更加合适的除铁控制区域成为这种除铁方法应用的一个重要问题。

各种除铁过程均产生尾渣,这些尾渣多堆藏于库中,E.Z法(澳大利亚电锌公司发明的一种针铁矿除铁方法)也不例外。不同于其他除铁方案,E.Z法获得的尾渣易受到铝、硅、有机成分等因素的干扰,形成的尾渣不仅密度较小而且机械性能差更易破碎[260-262]。在中国北方大风扬沙天气频繁[263],这种颗粒细小的尾渣逐渐成为环境中不安的因素[264],危及人们的健康[265]。因此,人们开始重新审视这种除铁方法的尾渣处理问题,将除铁沉淀应用于钢铁冶金原料是一种新兴除铁废弃物处理方法。

上述三种除铁方法中,产渣量最大的为黄钾铁矾法,其次为针铁矿法,渣量最小的为赤铁矿法,渣量越小意味着铁含量越高。在这三种方法中,针铁矿法除铁条件较为温和,渣中理论铁含量达到63%,这给除铁渣的利用创造了条件。但是,在实际除铁应用中,针铁矿除铁渣中铁含量仅为40%左右。因此,这种除铁方法具有很大的提升空间。

1.9　固体颗粒絮凝分离技术

固体细颗粒在溶液中自然沉降速率缓慢,利用过滤方法去除效能较低,容易发生颗粒穿过介质而造成过滤失败[266]。若换用滤孔更小的介质虽然有利于获得澄清滤液,但会使过滤成本提升,过滤速率降低。因此,滤液质量和过滤成本之间存在着明显的矛盾。解决这一矛盾可以采用增大固体颗粒粒径的方法[266]。固体颗粒粒径增大后,可由溶液中自由沉降。

絮凝剂型助滤剂是一种可以增大细粒颗粒尺寸的物质。它可以通过分子链吸附及桥连作用改变物料的粒度组成,有助于过滤过程获得澄清溶液。采用高分子量絮凝剂可形成较大絮团,在澄清作业中可有效防止细粒颗粒的残留[267]。

1.9.1　高分子絮凝剂作用过程

高分子絮凝剂在固体颗粒表面上的吸附为多点吸附,它凭借着结构单元上的极性基团和活性位点与固体颗粒表面发生作用[268]。高分子絮凝剂与固体颗粒之间的相互作用主要包括静电键合、共价键键合等方式，其中静电键合是吸附过程中的主要作用。由于高分子絮凝剂结构单元众多，因此分子链可以多处与固体颗粒发生作用。当絮凝剂分子只与单一固体颗粒发生作用时，颗粒并不会长大，然而若絮凝剂分子与多个固体颗粒作用，则颗粒将会长大，这是絮凝剂分子的架桥作用[269]。

吸附-架桥模型是絮凝剂分子的絮凝过程模型[268]。它于 1952 年被提出，该理论认为高分子絮凝剂与胶体表面的作用是通过多点吸附和粒间架桥方式实现的，最终形成具有三维空间结构的絮团。当向含有固体颗粒的溶液中加入高分子絮凝剂时，絮凝剂分子的一端首先吸附在固体颗粒表面，另一端则会伸向溶液中，并通过碰撞随机吸附于其他颗粒形成架桥作用，产生不稳定的絮团[269]。由于絮凝剂分子中结构单元与活性位点众多，通过架桥作用可吸附更多的固体颗粒，絮团的粒度逐渐变大，最终加速了固体颗粒的沉降过程。

1.9.2　高分子絮凝剂絮凝机理

高分子絮凝剂脱除固体颗粒的过程是复杂的，目前主要有两种解释：一种将絮凝机理归结于絮凝剂分子在颗粒之间的架桥作用；另一种则认为颗粒表面电荷被絮凝剂分子中和所致。然而大量研究证实，这两种理论模型中提到的架桥作用和电荷中和作用均存在于高分子絮凝剂的絮凝中，难以区分[270]。

德加根-兰多-弗韦-奥弗比克（Derjaguin-Landau-Verwey-Overbeek，DLVO）理论是关于电解质中胶体聚沉的经典理论，它是基于双电层理论创立的，是通过胶体颗粒之间的吸引能和排斥能来解释颗粒的稳定性及絮团沉降的原因[271]。但由于该理论只涉及依靠静电稳定的疏水胶体，而无法解释高分子絮凝剂汇聚带有同种电荷的固体颗粒形成随机絮团的过程。

空间位阻理论是另一种用于解释高分子絮凝剂絮凝机理的理论[269]。该理论认为当颗粒之间接触到吸附层时会产生一种颗粒间作用，其被称为"位阻效应"。该效应基于三点假设：①高分子絮凝剂的吸附是不可逆的；②高分子吸附固体颗粒数目和几何分布不随颗粒接触而改变；③需要忽略吸附层之间的引力。尽管这是一种新型的高分子絮凝剂作用机理理论，然而在实际应用中却不能保证假设的成立。因此，该理论还需进一步发展。

1.10　钴矿石微生物浸出新技术

随着我国经济的飞速发展，对于作为战略资源的钴的需求量也将会越来越大。我国钴矿产资源具有富矿少贫矿多、易处理矿少难处理矿多的特点，传统火法炼钴工艺对这类矿产的选冶具有经济效益差、环境污染严重等缺点。生物浸矿技术是近代湿法冶金工业中的一种新兴技术，是微生物学、矿物加工、湿法冶金等交叉学科，具有成本低、环境污染小、操作简单等优点，在处理低品位、难处理含钴矿物方面比传统工艺具有明显的优势。

微生物浸钴技术经过多年来的研究与发展，有了很大的发展，取得了很多科研成果。无论是浸出机理的研究还是浸出工艺的研究均表明，采用微生物浸出技术回收钴矿石中的有价金属具有可行性。本书通过试验研究，提出了钴矿石微生物浸出新技术的原则流程，如图1-4所示。

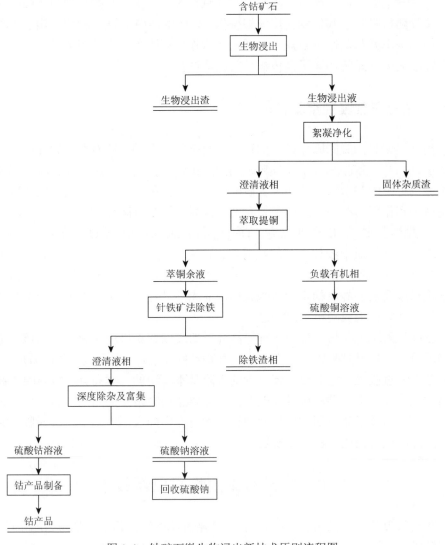

图1-4 钴矿石微生物浸出新技术原则流程图

参 考 文 献

[1] 翟秀静. 重金属冶金学[M]. 北京：冶金工业出版社，2011：320-327.

[2] 徐爱东，顾其德，范润泽. 我国再生镍钴资源综合利用现状[J]. 中国有色金属，2013，（3）：64-65.

[3] 王海北，刘三平，蒋开喜，等. 我国钴生产和消费现状[J]. 矿冶，2004，13（3）：54-56.

[4] 孙永刚. 中国钴行业的现状及前景分析[J]. 中国金属通报，2008，（44）：34-37.

[5] Kapusta J P T. Cobalt production and markets: A brief overview[J]. JOM，2006，58（10）：33-36.

[6] 陈青林. 我国钴粉的生产现状和技术进展[J]. 稀有金属与硬质合金，2001，（3）：34-38.

[7] 唐娜娜，莫伟，马少健. 钴矿资源及其选矿研究进展[J]. 有色矿冶，2006，22（4）：5-7.

[8] 曹异生. 世界钴工业现状及前景展望[J]. 中国金属通报，2007，（42）：30-34.

[9] 丰成友，张德全. 世界钴矿资源及其研究进展述评[J]. 地质论评，2002，48（6）：627-633.

[10] 孙晓刚. 世界钴资源的分布和利用[J]. 有色金属，2000，（1）：38-41.

[11] 王永利，徐国栋. 钴资源的开发和利用[J]. 河北北方学院学报（自然科学版），2005，21（3）：18-21.

[12] 刘彬，王银宏，王臣，等. 中国钴资源产业形势与对策建议[J]. 资源与产业，2014，16（3）：113-119.

[13] 丰成友，张德全，党兴彦. 中国钴矿资源及其开发利用概况[J]. 矿床地质，2004，23（1）：93-100.

[14] 王素萍. 我国钴矿资源供需形势分析及对策建议[J]. 世界有色金属，2008，（7）：34-35.

[15] 潘彤. 我国钴矿矿产资源及其成矿作用[J]. 矿产与地质，2003，17（4）：516-518.

[16] 乐颂光，夏忠让，吕证华，等. 钴冶金[M]. 北京：冶金工业出版社，1987：1-45.

[17] 何焕华，蔡乔方. 中国镍钴冶金[M]. 北京：冶金工业出版社，2000：334-557.

[18] 喻正军. 从镍转炉渣中回收钴镍铜的理论与技术[D]. 长沙：中南大学，2006.

[19] 帅国权，王国华. 金川公司钴的火法回收[J]. 有色冶炼，1995，（3）：15-18.

[20] 彭忠东，万文治，胡国荣. 造渣熔炼-浸出方法处理 Cu-Co-Fe 合金的研究[J]. 有色矿冶，2003，23（1）：30-33.

[21] 彭金辉，刘纯鹏. 从镍转炉渣中富集钴机理探讨[J]. 昆明理工大学学报，1998，23（3）：22-25.

[22] 崔和涛. 镍铜转炉渣电炉贫化制取金属化钴冰铜[J]. 有色金属（冶炼部分），1995（3）：10-13.

[23] 陈永强，王成彦，王忠. 高硅铜钴矿电炉还原熔炼渣型研究[J]. 有色金属，2003，（4）：23-25.

[24] 颜杰. 电炉还原熔炼氧化钴矿的生产实践[J]. 中国有色冶金，2006，（3）：31-33.

[25] 喻正军，冯其明，欧乐明，等. 还原硫化法从镍转炉渣中富集钴镍铜[J]. 矿冶工程，2006，26（1）：49-51.

[26] 熊崑，徐亚飞，杨大锦. 含钴铜水淬渣还原熔炼综合回收研究[J]. 有色金属（冶炼部分），2009，（3）：13-16.

[27] Arslan C，Arslan F. Recovery of copper，cobalt，and zinc from copper smelter and converter slags[J]. Hydrometallurgy，2002，67（1）：1-7.

[28] Matjie R H，Mdleleni M M，Scurrell M S，et al. Extraction of cobalt（Ⅱ）from an ammonium nitrate-containing leaching liauor by ammonium salt of di (2-ethylhexyl) phosphoric acid[J]. Minerals Engineering，2003，16（1）：1013-1017.

[29] Li G H，Rao M J，Li Q，et al. Extraction of cobalt from laterite ores by citric acid in presence ammomium bifluoride[J]. Transactions of Nonferrous Metals Society of China，2010，20（8）：1517-1520.

[30] Rane M V，Bafna V H，Sadanandam R，et al. Recovery of high purity cobalt from spent ammonia carker catalyst[J]. Hydrometallurgy，2005，77（3-4）：247-251.

[31]　李勇火，杨祥. 用硫酸从钴土矿中还原浸出钴的实验研究[J]. 湿法冶金，2012，31（3）：149-151.

[32]　王昌汉. 矿业物微生物与铀铜金细菌浸出[M]. 长沙：中南大学出版社，2003：1-20.

[33]　童雄. 微生物浸矿的理论与实践[M]. 北京：冶金工业出版社，1997：1-22.

[34]　杨显万，沈庆峰，郭玉霞. 微生物湿法冶金[M]. 北京：冶金工业出版社，2003：1-8.

[35]　Olson G J，Brierley J A，Brierley C L. Bioleaching review part B：Progress in bioleaching：Applications of microbial processes by the minerals industries[J]. Appl Microbial Biotechnol，2003，63（3）：249-257.

[36]　周吉奎，钮因健. 硫化矿物冶金研究进展[J]. 金属矿山，2005，（4）：24-30.

[37]　Brierley C L. How will biomining be applied in future[J]? Transactions of Nonferrous Metals Society of China，2008，18（6）：1302-1310.

[38]　Rawlings D E. High level arsenic resistance in bacteria present in biooxidation tanks used to treat gold-bearing arsenopyrite concentrates：A review[J]. Transactions of Nonferrous Metals Society of China，2008，18（6）：1311-1318.

[39]　Chan B K C，Dudeney A W L. Reverse osmosis removal of arsenic residues from bioleaching of refractory gold concentrates[J]. Minerals Engineering，2008，21（4）：272-278.

[40]　Cui R C，Yang H Y，Chen S，et al. Valence variation of arsenic in bioleaching process of arsenic-bearing gold ore[J]. Transactions of Nonferrous Metals Society of China，2010，20（6）：1171-1176.

[41]　Chi T D，Lee J C，Pandey B D，et al. Bioleaching of gold and copper from waste mobile phone PCBs by using acyanogenic bacterium[J]. Minerals Engineering，2011，24（11）：1219-1222.

[42]　Deng T L，Liao M X. Gold recovery enhancement from a refractory flotation concentrateby sequential bioleaching and thiourea leach[J]. Hydrometallurgy，2002，63（3）：249-255.

[43]　Hiroyoshi N，Kitagawa H，Tsunekawa M. Effect of solution composition on the optimum redox potential for chalcopyrite leaching in sulfuric acid solution[J]. Hydrometallurgy，2008，91（1-4）：144-149.

[44]　Bevilaqua D，Acciari H A，Arena F A，et al. Utilization of electrochemival impendance spectroscopy for monitoring bornite（Cu_5FeS_4）oxidation by *Acidithiobacillus ferrooxidans*[J]. Minerals Engineering，2009，22（3）：254-262.

[45]　Vilcáez J，Yamada R，Inoue C. Effect of pH reduction and ferric ion addition on the leaching of chalcopyrite at thermophilic temperatures[J]. Hydrometallurgy，2009，96（1-2）：62-71.

[46]　Tshilombo A F，Petersen J，Dixon D G. The influence of applied potentials andtemperature on the electrochemical response of chalcopyrite during bacterial leaching[J]. Minerals Engineering，2002，15（11）：809-813.

[47]　Watling H R. The bioleaching of sulphide minerals with emphasis on copper sulphides-Areview[J]. Hydrometallurgy，2006，84（1-2）：81-108.

[48]　Hugues P D，Joulian C，Spolaore P，et al. Continuous bioleaching of a pyrite concentrate in stirred reactors：Populationdynamics and exopolysaccharide production vs. bioleaching performance[J]. Hydrometallurgy，2008，94（1-4）：34-41.

[49]　Ahmadi A，Schaffic M，Manafi Z，et al. Electrochemical bioleaching of high grade chalcopyrite flotation concentrates in astirred bioreactor[J]. Hydrometallurgy，2010，104（1）：99-105.

[50]　Chanadra A P，Greson A R. The mechanisms of pyrite oxidation and leaching：A fundamental perspective[J]. Surface Science Reports，2010，65（9）：293-315.

[51]　Norris P R，Davis-Belmar C S，Nicolle J Le C，et al. Pyrite oxidation and copper sulfide ore leaching by halotolerant，thermotolerant bacteria[J]. Hydrometallurgy，2010，104（3-4）：432-436.

[52] Han Y F, Ma X M, Zhao W, et al. Sulfur-oxidizing bacteria dominate the microbial diversity shift during the pyriteand low-grade pyrolusite bioleaching process[J]. Journal of Bioscience and Bioengineering, 2013, 116 (4): 465-471.

[53] Eisapour M, Keshtkar A, Moosavian M A, et al. Bioleaching of uranium in batch stirred tank reactor: Process optimizationusing Box-Behnken design[J]. Annals of Nuclear Energy, 2013, 54 (4): 245-250.

[54] Amin M M, Elaassy I E, El-Feky M G, et al. Effect of mineral constituents in the bioleaching of uranium fromuraniferous sedimentary rock samples, Southwestern Sinai, Egypt[J]. Journal of Environmental Radioactivity, 2014, 134 (8): 76-82.

[55] Zokaei-Kadijani S, Safdari J, Mousavian M A, et al. Study of oxygen mass transfer coefficient and oxygen uptake rate in a stirredtank reactor for uranium ore bioleaching[J]. Annals of Nuclear Energy, 2013, 53 (3): 280-287.

[56] Rashidi A, Safdari J, Roosta-Azad R, et al. Modeling of uranium bioleaching by Acidithiobacillus ferrooxidans[J]. Annals of Nuclear Energy, 2012, 43 (5): 13-18.

[57] Qiu G Z, Li Q, Yu R L, et al. Column bioleaching of uranium embedded in granite porphyryby a mesophilic acidophilic consortium[J]. Bioresource Technology, 2011, 102 (7): 4697-4702.

[58] Cruz F L S, Oliveira V A, Guimarães D, et al. High-temperature bioleaching of nickel sulfides: Thermodynamic andkinetic implications[J]. Hydrometallurgy, 2010, 105 (1-2): 103-109.

[59] Cameron R A, Lastra R, Gould W D, et al. Bioleaching of six nickel sulphide ores with differing mineralogiesin stirred-tank reactors at 30℃[J]. Minerals Engineering, 2013, 49 (8): 172-183.

[60] Zhen S J, Yan Z Q, Zhang Y S, et al. Column bioleaching of a low grade nickel-bearing sulfide ore containing highmagnesium as olivine, chlorite and antigorite[J]. Hydrometallurgy, 2009, 96 (4): 337-341.

[61] Cameron R A, Lastra R, Mortazavi S, et al. Bioleaching of a low-grade ultramafic nickel sulphide ore in stirred-tank reactors atelevated pH[J]. Hydrometallurgy, 2009, 97 (3-4): 213-220.

[62] Cameron R A, Willian Yeung C, Greer C W, et al. The bacterial community structure during bioleaching of a low-grade nickel sulphideore in stirred-tank reactors at different combinations of temperature and pH[J]. Hydrometallurgy, 2010, 104 (2): 207-215.

[63] Jiang K Q, Guo Z H, Xiao X Y, et al. Effect of moderately thermophilic bacteria on metal extraction and electrochemical characteristics for zinc smelting slag in bioleaching system[J]. Transactions of Nonferrous Metals Society of China, 2012, 22 (12): 3120-3125.

[64] Mehrabani J V, Shafaei S Z, Noaparast M, et al. Bioleaching of sphalerite sample from Kooshk lead-zinc tailing dam[J]. Transactions of nonferrous metals society of China, 2013, 23 (12): 3763-3769.

[65] Saririchi T, Azad R R, Arabian D, et al. On the optimization of sphalerite bioleaching; the inspection of intermittentirrigation, type of agglomeration, feed formulation and their interactions on the bioleaching of low-grade zinc sulfide ores[J]. Chemical Engineering Journal, 2012, 187 (1): 217-221.

[66] Dinkla I J T, Gonzalea-Contreras P, Gahan C S, et al. Quantifying microorganisms during biooxidation of arsenite and bioleaching of zinc sulfide[J]. Minerals Engineering, 2013, 48 (1): 25-30.

[67] Giaceno A, Lavalle L, Chiacchiarini P, et al. Bioleaching of zinc from low-grade complex sulfide ores in anairlift by isolated *Leptospirillum ferrooxidans*[J]. Hydrometallurgy, 2007, 89 (1-2): 117-126.

[68] Wiertz J V, Lunar R, Maturana H, et al. Bioleaching of copper and cobalt arsenic-bearing ores: A chemical and mineralogical study[J]. Process metallurgy, 1999, 9: 397-404.

[69] Yang C R, Qiu W Q, Lai S S, et al. Bioleaching of a low grade nickel-copper-cobalt sulfide ore[J]. Hydrometallurgy,

2011，106（1-2）：32-37.

[70] Zeng G S，Luo S L，Deng X R，et al.Influence of silver ions on bioleaching of cobalt from spent lithiumbatteries[J]. Minerals Engineering，2013，49（1）：40-44.

[71] Zeng G S，Deng X R，Luo S L，et al. A copper-catalyzed bioleaching process forenhancement of cobaltdissolution from spent lithium-ion batteries[J]. Journal of Hazardous Materials，2012，199-200（15）：164-169.

[72] Xin B P，Zhang D，Zhang X，et al. Bioleaching mechanism of Co and Li from spent lithium-ion battery by themixed culture of acidophilic sulfur-oxidizing and iron-oxidizing bacteria[J]. Bioresource Technology，2009，100（24）：6163-6169.

[73] Silverman M P，Ehrlich H L. Microbial formation and degradation of minerals[J]. Advances in Applied Microbiology，1964，6：153-206.

[74] Hiltunen P，Vuorinen A. Bacterial pyrite oxidation：Release of iron and scanning electron microscope observation[J]. Hydrometallurgy，1981，7：147-158.

[75] Escoba B，Jedlicki E，Vargas T. A method for evaluating the proportion of free and attached bacteria in the bioleaching of chalcopyrite with thiobacillus ferrooxidans[J]. Hydrometallurgy，1996，40（1-2）：1-10.

[76] Poglazova M N，Mitskevich I N，Kuzhinovsky V A. A spectroflurimetric method fordetermination of total bacterial counts in environmental samples[J]. Journal of Microbiological Methods，1996，24（3）：211-218.

[77] Carlos A，Arredondo J R. Sensitive immunological metho to enumerate *Leptospirillum ferrooxidans* in the presence of *Thiobacillus ferrooxidans*[J]. Microbiology Letters，1991，78（1）：99-102.

[78] Karan G，Natarajan K A，Modak J M. Estimation of mineral-adhered biomass of *Thiobacillus ferrooxidans* by protein assay：Some problems and remedies[J]. Hydrometallurgy，1996，42（2）：169-172.

[79] Bennet J C，Tributsch H. Bacterial leaching patterns on pyrite crystal surface[J]. Journal of Bacteriology，1978，134：310-313.

[80] Schaeffer W I，Holbert P E，Umbreit W W. Attachment of *Thiobacillus ferrooxidans* tosulfur crystals [J]. Journal Bacteriology，1963，85：137-139.

[81] Takakuwa S，Fujimori T，Iwasaki H. Some properties of cell surfur adhesion in *Thiobacillus thiooxidans* [J]. Journal of General Applied Microbiology，1979，25：21-25.

[82] Brierley J A，Lockwood S J. The occurrence of thermophilic iron-oxidizing bacteria in a copper leaching system[J]. FEMS Microbiology Letters，1997，2（3）：163-165.

[83] Mcdonald G W，Udovic T J，Dumesic J A，et al. Equilibria associated with cupric chloride leaching of chalcopyrite concentrate[J]. Hydrometallurgy，1984，13（2）：125-135.

[84] Boon M，Heijnen J J. Chemical oxidation kinetics of pyrite in bioleaching processes[J]. Hydrometallurgy，1998，48（1）：27-41.

[85] Mccready R G L，Wadden D，Marchbank A. Nutrient requirements for the in-placeleaching of uranium by *Thiobacillus ferrooxidans*[J]. Hydrometallurgy，1986，17（1）：61-65.

[86] Fowler T A，Holmes P R，Crundwell F K. On the kinetics and mechanism of the dissolution of pyrite in the presence of *Thiobacillus ferrooxidans*[J].Hydrometallurgy，2001，59（2-3）：257-270.

[87] Tributsch H. Driect versus indirect bioleaching[J]. Hydrometallurgy，2001，59（2-3）：177-185.

[88] Rodríguez Y，Ballester A，Blázquez M L，et al. Study of bacterialattachment during the bioleaching of pyrite，chalcopyrite，and sphalerite[J]. Geomicrobiology Journal，2003，20：131-141.

[89] Govender Y，Gericke M. Extracellular polymeric substances（EPS）from bioleaching systemsand its application in

biofloation[J]. Minerals Engineering，2011，24（11）：1122-1127.

[90] He Z G，Yang Y P，Zhou S，et al. Effect of pyrite, elemental sulfur and ferrous ions on EPS production by metal sulfide bioleaching microbes[J]. Transactions of Nonferrous Metals Society of China，2014，24（4）：1171-1178.

[91] Kinzler K，Gehrke J，Telegdi，et al. Bioleaching—a result of interfacial processes caused byextracellular polymeric substances（EPS）[J]. Hydrometallurgy，2003，71（1-2）：83-88.

[92] Grundwell F K. How do bacteria interact with minerals[J]? Hydrometallurgy，2003，71（1）：75-81.

[93] Li Y，Kawashima N，Li J，et al. A review of the structure，and fundamental mechanisms and kinetics of the leaching of chalcopyrite[J]. Advances in Colloid and Interface Science，2013，197-198（9）：1-32.

[94] Young R S. Cobalt in biology and biochemistry[J]. Science Progress，1956，44：16-37.

[95] Behera S K，Panda P P，Singh S，et al. Study on reaction mechanism of bioleaching of nickel and cobalt from lateriticchromite overburdens[J]. International Biodeterioration & Biodegradation，2011，65（7）：1035-1042.

[96] Biswas S，Bhattacharjee K. Fungal assisted bioleaching process optimization and kinetics：Scenariofor Ni and Co recovery from a lateritic chromite overburden[J]. Separation and Purification Technology，2014，135（15）：100-109.

[97] Niu Z R，Zou Y K，Xin B P，et al. Process controls for improving bioleaching performance of both Li and Co from spent lithium ion batteries at high pulp densityand its thermodynamics and kinetics exploration[J]. Chemosphere，2014，109（8）：92-98.

[98] Wakeman K D，Honkavirta P，Puhakka J A. Bioleaching of flotationby-products of talc production permits the separation ofnickel and cobalt from iron and arsenic[J]. Process Biochemistry，2011，46（8）：1589-1598.

[99] Nkulu G，Gaydardzhiev S，Mwema E. Statistical analysis of bioleaching copper，cobalt and nickel from polymetalicconcentrate originating from Kamoya deposit in the Democratic Republic of Congo[J]. Minerals Engineering，2013，48（7）：77-85.

[100] Lee E Y，Noh S R，Cho K S，et al. Leaching of Mn，Co，and Ni from manganese nodules using an anaerobic bioleaching method[J]. Journal of Bioscience and Bioengineer，2001，92（4）：354-359.

[101] Ahonen L，Tuovinen O H. Bacterialleaching of complex sulfide ore samples in bench-scale column reactors[J]. Hydrometallurgy，1995，37（1）：1-21.

[102] d'Hugues P，Cezac P，Cabral T，et al. Bioleaching of a cobaltiferous pyrite: A continuous laboratory-scale study at high solds concentration[J]. Minerals Engineering，1997，10（5）：507-527.

[103] Rohwerder T，Gehrke T，Kinzler K，et al. Bioleaching review part A：Progress in bioleaching：Fundamentals and mechanisms of bacterial metal sulfide oxidation[J]. Appl Microbiol Biotechnol，2003，63（3）：239-248.

[104] 杨显万，沈庆峰，郭玉霞. 微生物湿法冶金[M]. 北京：冶金工业出版社，2003：228-230.

[105] 李浩然，冯雅丽. 微生物催化还原浸出氧化锰矿中的锰的研究[J]. 有色金属，2001，53（3）：5-8.

[106] 刘建，郑英，孟运生，等. 低品位钴矿的细菌浸出试验研究[J]. 湿法冶金，2008，27（3）：148-150.

[107] 温建康，阮仁满. 高砷硫低镍钴硫化矿浸矿菌的选育与生物浸出研究[J]. 稀有金属，2007，31（4）：537-542.

[108] 蒋金龙，汪模辉. 一种含钴废渣的生物浸出初步研究[J]. 矿产综合利用，2003，（1）：41-45.

[109] 刘伟，杨洪英，刘媛媛，等. 含钴矿石摇瓶生物浸出比较试验的研究[J]. 东北大学学报（自然科学版），2013，34（11）：1606-1609.

[110] 刘伟，杨洪英，佟琳琳，等. 活性炭对钴矿物生物浸出的催化作用[J]. 中国有色金属学报，2014，24（4）：1050-1055.

[111] Liu W，Yang H Y，Song Y，et al. Catalytic effects of activated carbon and surfactants on bioleaching of cobalt

ore[J]. Hydrometallurgy, 2015, 152（1）: 69-75.

[112] Urbano G, Meléndez A M, Reyes V E, et al. Galvanic interactions between galena-sphalerite and their reactivity[J]. International Journal of Mineral Processing, 2007, 82（3）: 148-155.

[113] 李宏煦, 邱冠周, 胡岳华, 等. 原电池效应对混合硫化矿细菌浸出的影响[J]. 中国有色金属学报, 2003, 13（5）: 1283-1287.

[114] da Silva G, Lastra M R, Budden J R. Electrochemical passivation of sphalerite during bacteria oxidation in the presence of galena[J]. Minerals Engineering, 2003, 16（3）: 199-203.

[115] 张卫民, 王焰新. 低品位硫化铜矿微生物强化浸出的研究进展[J]. 中国有色冶金, 2006, （1）: 25-29.

[116] Guo P, Zhang G J, Cao J Y, et al. Catalytic effect of Ag^+ and Cu^{2+} on leaching realgar（As_2S_2）[J]. Hydrometallurgy, 2011, 106（1-2）: 99-103.

[117] 刘晓荣, 李宏煦, 胡岳华, 等. 生物浸矿的电化学催化[J]. 湿法冶金, 2000, 19（3）: 22-27.

[118] Gòmez E, Ballester A, Blázquez M L, et al. Silver-catalysed bioleaching of a chalcopyriteconcentrate with mixed cultures of moderately thermophilic microorganisms[J]. Hydrometallurgy, 1999, 51（1）: 37-46.

[119] Sato H, Nakazawa H, Kudo Y. Effect of silver chloride on the bioleaching of chalcopyrite concentrate[J]. International Journal of Mineral Processing, 2000, 59（1）: 17-24.

[120] Johnson D B, Okibe N, Wakeman K, et al. Effect of temperature on the bioleaching of chalcopyrite concentrates containing different concentrations of silver[J]. Hydrometallurgy, 2008, 94（1-4）: 42-47.

[121] Hu Y H, Qiu G Z, Wang J, et al. The effect of silver-bearing catalysts on bioleaching of chalcopyrite[J]. Hydrometallurgy, 2002, 64（2）: 81-88.

[122] Elsherief A E. The influence of cathodic reduction, Fe^{2+} and Cu^{2+}ions on the electrochemical dissolution of chalcopyrite in acidic solution[J]. Minerals Engineering, 2002, 15（4）: 215-223.

[123] Pina P S, Leão V A, Silva C A, et al. The effect of ferrous and ferric iron on sphalerite bioleaching with *Acidithiobacillus* sp.[J]. Minerals Engineering, 2005, 18（5）: 549-551.

[124] 吴爱祥, 艾纯明, 王贻明, 等. 表面活性剂强化铜矿石浸出[J]. 北京科技大学学报, 2013, 35（6）: 709-713.

[125] Karwowska E, Andrzejewska-Morzuch D, Łebkowska M, et al. Bioleaching of metals from printed circuit boards supported with surfactant-producing bacteria[J]. Journal of Hazardous Materials, 2014, 264（15）: 203-210.

[126] Pich O A, Curutchet G, Donati E, et al. Action of *Thiobacillus thiooxidans* on sulphur in the presence of a surfactant agent and its application in the indirect dissolution of phosphorus [J]. Process Biochemistry, 1995, 30（8）: 747-750.

[127] Li L L, Lv Z S, Yuan X L. Effect of L-glycine on bioleaching of collophanite by *Acidithiobacillus ferrooxidans*[J]. International Biodeterioration & Biodegradation, 2013, 85（11）: 156-165.

[128] Siebert M H, Marmulla R, Stahmann K P. Effect of SDS on planktonic *Acidithiobacillus thiooxidans* and bioleaching of sand samples[J]. Minerals Engineering, 2011, 24（11）: 1128-1131.

[129] 龚文琪, 张晓峥, 刘艳菊, 等. 表面活性剂对嗜酸氧化硫硫杆菌浸磷的影响[J]. 中南大学学报（自然科学版）, 2007, 38（1）: 60-64.

[130] Lan Z Y, Hu Y H, Qin W Q. Effect of surfactant OPD on the bioleaching of marmatite[J]. Minerals Engineering, 2009, 22（1）: 10-13.

[131] Ai-Harahsheh M, Kingman S. The influence of microwaves on the leaching of sphalerite in ferric chloride[J]. Chemical Engineering and Processing, 2008, 47（10）: 1246-1251.

[132] Krishnan K H, Mohanty D B, Sharma K D. The effect of microwave irradiations on the leaching of zinc from bulk

sulphide concentrates produced from Rampura-Agucha tailings[J]. Hydrometallurgy, 2007, 89 (3-4): 332-336.

[133] Bayca S U. Microwave radiation leaching of colemanite in sulfuric acid solutions[J]. Separation and Purification Technology, 2013, 105 (5): 24-32.

[134] Zhai X J, Fu Y, Zhang X, et al. Intensification of sulphation and pressure acid leaching of nickel laterite bymicrowave radiation[J]. Hydrometallurgy, 2009, 99 (3-4): 189-193.

[135] Olubambi P A. Influence of microwave pretreatment on the bioleaching behaviour of low-gradecomplex sulphide ores[J]. Hydrometallurgy, 2009, 95 (1-2): 159-165.

[136] Zhu J, Li Q, Jiao W, et al. Adhesion forces between cells of *Acidithiobacillus ferrooxidans*, *Acidithiobacillus thiooxidans* or *Leptospirillum ferrooxidans* and chalcopyrite[J]. Colloids and Surfaces B: Biointerfaces, 2012, 94 (6): 95-100.

[137] Boone D R, Castenholz R W. Bergey's Manual of Systematic Bacteriology: Volume One: The Archaea and the Deeply Branching and Phototrophic Bacteria[M]. New York: Springer Science & Business Media, 2012: 545-548.

[138] De A K, Khopkar S M, Chalmers R A. Solvent Extraction of Metals[M]. New York: Van Nostrand Reinhold Co, 1970: 100-105.

[139] Harneit K, Göksel A, Kock D, et al. Adhesion to metal sulfide surfaces by cells of *Acidithiobacillus ferrooxidans*, *Acidithiobacillus thiooxidans* and *Leptospirillum ferrooxidans*[J]. Hydrometallurgy, 2006, 83 (1): 245-254.

[140] 虞艳云. 胞外聚合物在含铁矿物同微生物界面过程中的作用研究[D]. 合肥: 合肥工业大学, 2014.

[141] Rodrigues V D, Martins P F, Gaziola S A, et al. Antioxidant enzyme activity in *Acidithiobacillus ferrooxidans* LR maintained in contact with chalcopyrite[J]. Process Biochemistry, 2010, 45 (6): 914-918.

[142] Sadowski Z. Adhesion of microorganism cells and jarosite particles on the mineral surface[J]. Process Metallurgy, 1999, 9 (9): 393-398.

[143] 杨洪英, 王胜利, 佟琳琳, 等. 微生物胞外聚合物在浸矿过程中作用的研究进展[J]. 有色金属, 2010 (3): 103-105.

[144] Breed A W, Hansford G S. Studies on the mechanism and kinetics of bioleaching[J]. Minerals Engineering, 1999, 12 (4): 383-392.

[145] Chen S, Chiu Y, Chang P, et al. Assessment of recoverable forms of sulfur particles used in bioleaching of contaminated sediments[J]. Water Research, 2003, 37 (2): 450-458.

[146] 奥尔松 G J, 汪镜亮, 李长根. 金属硫化矿物的生物氧化基本原理[J]. 国外金属矿选矿, 2004, 41 (12): 34-38.

[147] 杨松荣, 邱冠周, 胡岳华. 细菌氧化硫化矿物的微观机理探讨[J]. 中国矿山工程, 2005, 34 (5): 34-37.

[148] Demergasso C S, Galleguillos P P A, Escudero G L V, et al. Molecular characterization of microbial populations in a low-grade copper ore bioleaching test heap[J]. Hydrometallurgy, 2005, 80 (4): 241-253.

[149] Qin W, Zhang Y, Li W, et al. Simulated small-scale pilot heap leaching of low-grade copper sulfide ore with selective extraction of copper[J]. Transactions of Nonferrous Metals Society of China, 2008, 18 (6): 1463-1467.

[150] Tichy R, Rulkens W H, Grotenhuis J T C, et al. Bioleaching of metals from soils or sediments[J]. Water Science and Technology, 1998, 37 (8): 119-127.

[151] Guo Z, Zhang L, Cheng Y, et al. Effects of pH, pulp density and particle size on solubilization of metals from a Pb/Zn smelting slag using indigenous moderate thermophilic bacteria[J]. Hydrometallurgy, 2010, 104 (1): 25-31.

[152] archeshmehpour Z, Lakzian A, Fotovat A, et al. The effects of clay particles on the efficiency of bioleaching process[J]. Hydrometallurgy, 2009, 98 (1-2): 33-37.

[153] Deveci H. Effect of particle size and shape of solids on the viability of acidophilic bacteria during mixing in stirred

tank reactors[J]. Hydrometallurgy, 2004, 71 (3-4): 385-396.

[154] Mousavi S M, Jafari A, Chegini S, et al. CFD simulation of mass transfer and flow behaviour around a single particle in bioleaching process[J]. Process Biochemistry, 2009, 44 (7): 696-703.

[155] Xu H, Wei C, Li C, et al. Leaching of a complex sulfidic, silicate-containing zinc ore in sulfuric acid solution under oxygen pressure[J]. Separation and Purification Technology, 2012, 85 (6): 206-212.

[156] Castro L, García-Balboa C, González F, et al. Effectiveness of anaerobic iron bio-reduction of jarosite and the influence of humic substances[J]. Hydrometallurgy, 2013, 131-132 (1): 29-33.

[157] Leahy M J, Schwarz M P. Modelling jarosite precipitation in isothermal chalcopyrite bioleaching columns[J]. Hydrometallurgy, 2009, 98 (1-2): 181-191.

[158] Gunneriusson L, Sandström Åke, Holmgren A, et al. Jarosite inclusion of fluoride and its potential significance to bioleaching of sulphide minerals[J]. Hydrometallurgy, 2009, 96 (1-2): 108-116.

[159] Dong Y B, Lin H, Zhou S, et al. Effects of quartz addition on chalcopyrite bioleaching in shaking flasks[J]. Minerals Engineering, 2013, 46-47 (3): 177-179.

[160] Tyriaková I, Tyriak I, Kraus I, et al. Biodestruction and deferritization of quartz sands by bacillus species[J]. Minerals Engineering, 2003, 16 (8): 709-713.

[161] Szymanowski J. Hydroxyoximes and Copper Hydrometallurgy[M]. Boca Raton: CRC Press, 1993, 14.

[162] Davenport W G, King M, Schlesinger M, et al. Overview-extractive metallurgy of copper-chapter 1[J]. Extractive Metallurgy of Copper, 2002, 33 (6): 1-16.

[163] Dalton R F, Severs K J, Stephens K G. Advances in Solvent Extraction for Copper by Optimized Use of Modifiers[M]. Berlin: Springer Netherlands, 1986: 67-75.

[164] Sole K C. Solvent extraction of copper from high concentration pressure acid leach liquors[A]. International Solvent Extraction Conference[C]. Cape Town: Chris van Rensburg Publications, 2002: 1033-1038.

[165] Coxall R A, Lindoy L F, Miller H A, et al. Solvent extraction of metal sulfates by zwitterionic forms of ditopic ligands[J]. Dalton Trans, 2003, 1 (1): 55-64.

[166] Hossain M R, Nash S, Rose G, et al. Cobalt loaded D2EHPA for selective separation of manganese from cobalt electrolyte solution[J]. Hydrometallurgy, 2011, 107 (3-4): 137-140.

[167] Wang F, He F, Zhao J, et al. Extraction and separation of cobalt (II), copper (II) and manganese (II) by Cyanex272, PC-88A and their mixtures[J]. Separation and Purification Technology, 2012, 93 (3): 8-14.

[168] Zhu Z, Zhang W, Pranolo Y, et al. Separation and recovery of copper, nickel, cobalt and zinc in chloride solutions by synergistic solvent extraction[J]. Hydrometallurgy, 2012, 127-128 (18): 1-7.

[169] Vernekar P V, Jagdale Y D, Patwardhan A W, et al. Transport of cobalt(II)through a hollow fiber supported liquid membrane containing di-(2-ethylhexyl) phosphoric acid (D2EHPA) as the carrier[J]. Chemical Engineering Research and Design, 2013, 91 (1): 141-157.

[170] Preston J S. Solvent extraction of cobalt and nickel by organophosphorus acids I. Comparison of phosphoric, phosphonic and phosphonic acid systems[J]. Hydrometallurgy, 1982, 9 (2): 115-133.

[171] Wilkinson G, Gillard R D, Mccleverty J A. Comprehensive Coordination Chemistry[M]. Oxford: Pergamon Press, 1987: 1301-1305.

[172] Luo L, Wei J, Wu G, et al. Extraction studies of cobalt (II) and nickel (II) from chloride solution using PC-88A[J]. Transactions of Nonferrous Metals Society of China, 2006, 16 (3): 687-692.

[173] Devi N B, Nathsarma K C, Chakravortty V. Separation and recovery of cobalt (II) and nickel (II) from sulphate

solutions using sodium salts of D2HPA，PC 88A and Cyanex 272[J]. Hydrometallurgy，1998，49（1）：47-61.

[174] Tsakiridis P E，Agatzini-Leonardou S. Solvent extraction of aluminium in the presence of cobalt，nickel and magnesium from sulphate solutions by Cyanex272[J]. Hydrometallurgy，2005，80（1-2）：90-97.

[175] Spasic A M，Djokovic N N，Babic M D，et al. Performance of demulsions：Entrainment problems in solvent extraction[J]. Chemical Engineering Science，1997，52（5）：657-675.

[176] Instituto de Ingenieros de Minas de Chile，Canadian Institute of Mining，Metallurgy and Petroleum，et al. Proceedings of the Copper 99-Cobre 99 International Conference：Electrorefining and Electrowinning of Copper[M]. University Park：The Pennsylvania State University，1999：717.

[177] Dutrizac J E，Harris G B. Iron control and disposal：Proceedings of the second international symposium on iron control in hydrometallurgy[A]. The Canadian Institute of Mining[C]. Ottawa：Metallurgy and Petroleum Press，1996：25.

[178] Leigh G J. Comprehensive coordination chemistry Ⅱ-from biology to nanotechnology[J]. Journal of Organometallic Chemistry，2004，689（16）：2733-2742.

[179] Sperline R P，Song Y，Ma E，et al. Organic constituents of cruds in cu solvent extraction circuits. I. Separation and identification of diluent-soluble compounds[J]. Hydrometallurgy，1998，50（1）：1-21.

[180] Liu J S，Lan Z Y，Qiu G Z，et al. Mechanism of crud formation in copper solvent extraction[J]. Journal of Central South University of Technology，2002，9（3）：169-172.

[181] Ritcey G M. Crud in solvent extraction processing-a review of causes and treatment[J]. Hydrometallurgy，1980，5（2-3）：97-107，182.

[182] Kathrync S. Solvent Extraction in the Hydrometallurgical Processing and Purification of Metals[M]. Boca Raton：CRC Press，2008，141-200.

[183] Qi Z，Ruan R M，Wen J K，et al. Influences of solid particles on the formation of the third phase crud during solvent extraction[J]. Rare Metals，2007，26（1）：89-96.

[184] Whewell R J，Foakes H J，Hughes M A. Degradation in hydroxyoxime solvent extraction systems[J]. Hydrometallurgy，1981，7（1-2）：7-26.

[185] Fletcher A W，Gage R C. Dealing with a siliceous crud problem in solvent extraction[J]. Hydrometallurgy，1985，15（1）：5-9.

[186] 郑群英. 矿石中有机质对提取铀工艺过程的影响[J]. 铀矿冶，1985，（2）：33-36.

[187] 刘晓荣. 铜溶剂萃取界面乳化机理及防治研究[D]. 长沙：中南大学，2001.

[188] Yang Z，Wang P，Zhao W，et al. Development of a home-made extraction device for vortex-assisted surfactant-enhanced-emulsification liquid-liquid microextraction with lighter than water organic solvents[J]. Journal of Chromatography A，2013，1300（14）：58-63.

[189] Freitas S，Rudolf B，Merkle H P，et al. Flow-through ultrasonic emulsification combined with static micromixing for aseptic production of microspheres by solvent extraction[J]. European Journal of Pharmaceutics and Biopharmaceutics，2005，61（3）：181-187.

[190] Yeh M，Coombes A G A，Jenkins P G，et al. A novel emulsification-solvent extraction technique for production of protein loaded biodegradable microparticles for vaccine and drug delivery[J]. Journal of Controlled Release，1995，33（3）：437-445.

[191] Tributsch H，Rojas-Chapana J A. Metal sulfide semiconductor electrochemical mechanisms induced by bacterial activity[J]. Electrochimica Acta，2000，45（28）：4705-4716.

[192] 刘晓荣，邱冠周，胡岳华，等. 稀释剂改性对萃取分相性能的影响[J]. 湿法冶金，2001，（1）：9-13.

[193] Smith G，Stephen L S，Lee S S. The Dictionary of National Biography[M]. Oxford：Oxford University Press，1917：121-123.

[194] Ghali E，Girgis M. Electrodeposition of lead from aqueous acetate and chloride solutions[J]. Metallurgical Transactions B，1985，16（3）：489-496.

[195] Gernon M D. Recovering lead using anodes and cathodes in lead salt of alkanesulfonic acid[P]. US：US 5520794A，1996-05-28.

[196] Grujicic D，Pesic B. Electrodeposition of copper：The nucleation mechanisms[J]. Electrochimica Acta，2002，47（18）：2901-2912.

[197] Pace G F，Armstrong C N. Copper electrowinning process[P]. US：US3876516，1975-04-08.

[198] Nehl F H，Murphy J E，Atikinson G B，et al. Selective Electrowinning of Silver and Gold from Cyanide Process Solutions[M]. Washington：U. S. Bureau of Mines，1993：9464-9470.

[199] Deng T，Chen D D，Hou C X，et al. Method for electrowinning and recovering silver from silver-containing waste catalyst[P]. CN：CN102345140 B，2014-02-05.

[200] Antuñano N，Herrero D，Arias P L，et al. Electrowinning studies for metallic zinc production from double leached waelz oxide[J]. Process Safety and Environmental Protection，2013，91（6）：495-502.

[201] Henderson John J，Montague Harry L. Process for electrowinning zinc[J]. US：US2863810 A，1958-12-09.

[202] Westby G. Process for electrowinning chromium[P]. US：US2577833 A，1951-12-11.

[203] Garritsen P G S，Macvicar D J，Young D P，et al. Process for electrowinning nickel or cobalt[P]. US：US4288305 A，1981-09-08.

[204] Ding Q H，Feng Y J，Liu C，et al. Processing method for anode liquor for electrowinning cobalt[P]. CN：CN101275240 A，2008-10-01.

[205] Chamberlain H L. Manganese electrowinning process[P]. US：US2339911 A，1944-01-25.

[206] Lewis R A. Electrolytic production of aluminum[P]. US：US3034972 A，1962-05-15.

[207] 郑占千. 浅谈添加剂对阴极铜品级率提高的影响[J]. 新疆有色金属，2010，（S2）：120-121.

[208] Subbaiah T，Slngh P，Hefter G，et al. Electrowinning of copper in the presence of anodic depolarisers—A review[J]. Mineral Processing and Extractive Metallurgy Review，2000，21（6）：479-496.

[209] 陈白珍，仇勇海，梅显芝，等. 铜电积过程中砷的电化学行为[J]. 中南工业大学学报，1997，（4）：347-350.

[210] 王闽，许卫，曹昌盛. 杂质 As 在铜电解精炼中走向分布研究[J]. 中国有色冶金，2014，（4）：35-37.

[211] 肖发新，郑雅杰，简洪生，等. 砷、锑和铋对铜电沉积及阳极氧化机理的影响[J]. 中南大学学报（自然科学版），2009，（3）：575-580.

[212] 何焕华，蔡乔方. 中国镍钴冶金[M]. 北京：冶金工业出版社，2000：576-610.

[213] Sperline R P，Song Y，Ma E，et al. Organic constituents of cruds in Cu solvent extraction circuits. II. Photochemical and acid hydrolytic reactions of alkaryl hydroxyoxime reagents[J]. Hydrometallurgy，1998，50（1）：23-38.

[214] Rodchanarowan A，Utah T U O. The Effect of Organic Additive Properties on Microroughness of Copper Electrodeposited from Chloride Media[D]. Salt Lake City：The University of Utah，2008.

[215] 武战强. 添加剂对阴极铜质量影响的分析与探讨[J]. 中国有色冶金，2011，（02）：20-23.

[216] Ivanov I. Increased current efficiency of zinc electrowinning in the presence of metal impurities by addition of organic inhibitors[J]. Hydrometallurgy，2004，72（1-2）：73-78.

[217] 罗彤彤. 电积铜用阴极平滑剂的使用方法[J]. 铜业工程，2012，（1）：11-13.

[218] Song Y，Wang M，Liang J，et al. High-rate precipitation of iron as jarosite by using a combination process of electrolytic reduction and biological oxidation [J]. Hydrometallurgy，2014，143（3）：23-27.

[219] Shen X，Shao H，Wang J，et al. Preparation of ammonium jarosite from clinker digestion solution of nickel oxide ore roasted using $(NH_4)_2SO_4$[J]. Transactions of Nonferrous Metals Society of China，2013，23（11）：3434-3439.

[220] Li J，Smart R S C，Schumann R C，et al. A simplified method for estimation of jarosite and acid-forming sulfates in acid mine wastes[J]. Science of the Total Environment，2007，373（1）：391-403.

[221] Matthew I G，Pammenter R V，Kershaw M G. Treatment of solutions to facilitate the removal of ferric iron therefrom[P]. US：US4515696，1985-05-07.

[222] Davey P T，Scott T R. Removal of iron from leach liquors by the "goethite" process[J]. Hydrometallurgy，1976，2（1）：25-33.

[223] Asta M P，Cama J，Martínez M，et al. Arsenic removal by goethite and jarosite in acidic conditions and its environmental implications[J]. Journal of Hazardous Materials，2009，171（1-3）：965-972.

[224] Chang Y，Zhai X，Li B，et al. Removal of iron from acidic leach liquor of lateritic nickel ore by goethite precipitate[J]. Hydrometallurgy，2010，101（1-2）：84-87.

[225] Hamabata T，Umeki S. Process for producing acicular goethite[P]. US：US4251504 A，1981-02-17.

[226] Aguilar R A L，Rodr I Guez C I M，De H R R，et al. Removal of ferric iron as hematite at atmospheric pressure[P]. EP：WO2013188922 A1，2013-12-27.

[227] Schwertmann U，Friedl J，Stanjek H. From Fe（Ⅲ）ions to ferrihydrite and then to hematite[J]. Journal of Colloid and Interface Science，1999，209（1）：215-223.

[228] Towe K M，Bradley W F. Mineralogical constitution of colloidal "hydrous ferric oxides"[J]. Journal of Colloid and Interface Science，1967，24（3）：384-392.

[229] Schwertmann U，Pfab G. Structural vanadium and chromium in lateritic iron oxides：Genetic implications[J]. Geochimica Et Cosmochimica Acta，1996，60（21）：4279-4283.

[230] Knight R J，Sylva R N. Precipitation in hydrolysed iron（Ⅲ）solutions[J]. Journal of Inorganic and Nuclear Chemistry，1974，36（3）：591-597.

[231] Schneider W. Hydrolysis of iron（Ⅲ）- chaotic olation versus nucleation[J]. Comments on Inorganic Chemistry，1984，3（4）：205-223.

[232] 邓志敢，魏昶，张帆，等. 湿法炼锌赤铁矿法除铁及资源综合利用新技术[J]. 有色金属工程，2016，6（5）：38-43.

[233] Robins R G. Hydrothermal precipitation in solutions of thorium nitrate，ferric nitrate and aluminium nitrate[J]. Journal of Inorganic and Nuclear Chemistry，1967，29（2）：431-435.

[234] Hsu P H，Wang M K. Crystallization of goethite and hematite at 70℃[J]. Soil Science Society of America Journal，1980，（1）：143-149.

[235] Riveros P A，Dutrizac J E. The precipitation of hematite from ferric chloride media[J]. Hydrometallurgy，1997，46（1-2）：85-104.

[236] van der Woude J H A，De Bruyn P L. Formation of colloidal dispersions from supersaturated iron（Ⅲ）nitrate solutions. I. Precipitation of amorphous iron hydroxide[J]. Colloids and Surfaces，1983，8（1）：55-78.

[237] Wang M K，Hsu P H. Effects of temperature and iron（Ⅲ）concentration on the hydrolytic formation of iron（Ⅲ）oxyhydroxides and oxides[J]. Soil Science Society of America Journal，1980，44（5）：1089-1095.

[238] Mørup S，Madsen M B，Franck J，et al. A new interpretation of Mössbauer spectra of microcrystalline goethite："Super-ferromagnetism" or "Super-spin-glass" behaviour[J]. Journal of Magnetism and Magnetic Materials，1983，40（1-2）：163-174.

[239] Glasauer S，Friedl J，Schwertmann U. Properties of goethites prepared under acidic and basic conditions in the presence of silicate[J]. Journal of Colloid & Interface Science，1999，216（1）：106-115.

[240] Dousma J，den Ottelander D，de Bruyn P L. The influence of sulfate ions on the formation of iron（III）oxides[J]. Journal of Inorganic and Nuclear Chemistry，1979，41（11）：1565-1568.

[241] Sapieszko R S，Matijević E. Preparation of well-defined colloidal particles by thermal decomposition of metal chelates. I. Iron oxides[J]. Journal of Colloid and Interface Science，1980，74（2）：405-422.

[242] Brady K S，Bigham J M，Jaynes W F，et al. Influence of sulfate on Fe-oxide formation: Comparisons with a stream receiving acid mine drainage[J]. Clays and Clay Minerals，1986，34（3）：266-274.

[243] Bigham J M，Nordstrom D K. Iron and aluminum hydroxysulfates from acid sulfate waters[J]. Reviews in Mineralogy & Geochemistry，2000，40（1）：351-403.

[244] Carlson L，Bigham J M，Schwertmann U，et al. Scavenging of As from acid mine drainage by schwertmannite and ferrihydrite: A comparison with synthetic analogues[J]. Environmental Science & Technology，2002，36（8）：1712-1719.

[245] Fernandez V A，Menendez F J S. Process for recovering zinc from ferrites[P]. US：US3434798 A，1969-03-25.

[246] Willard M E. Treating zinc concentrate and plant residue[P]. US：US1834960 A，1931-12-08.

[247] Georg S. Process for the separation of iron from metal sulphate solutions and a hydrometallurgic process for the production of zinc[P]. US：US3434947 A，1969-03-25.

[248] Dutrizac J E，Dinardo O，Kaiman S. Factors affecting lead jarosite formation[J]. Hydrometallurgy，1980，5（4）：305-324.

[249] Dutrizac J E，Hardy D J，Chen T T. The behaviour of cadmium during jarosite precipitation[J]. Hydrometallurgy，1996，41（2-3）：269-285.

[250] Joseph B F J. Recovery of zinc values from zinc plant residue[P]. US：US3652264 A，1972-03-28.

[251] Landucci L，McKay D R，Parker E G. Treatment of zinc plant residue[P]. US：US3976743 A，1976-08-24.

[252] Haigh C J，Pickering R W. Treatment of zinc plant residue[P]. US：US3493365，1970-02-03.

[253] Rastas J K，Saikkonen P J，Honkala R J. Process for the treatment of a raw material which contains oxide and ferrite of zinc，copper and cadmium[P]. US：US4355005 A，1982-10-19.

[254] 陈家镛. 湿法冶金中铁的分离与利用[M]. 北京：冶金工业出版社，1991：152-159.

[255] 李海军，杨洪英，陈国宝，等. 中心复合设计针铁矿法从含钴生物浸出液中除铁[J]. 中国有色金属学报，2013，（07）：2040-2046.

[256] Eusterhues K，Wagner F E，Häusler W，et al. Characterization of ferrihydrite-soil organic matter coprecipitates by X-ray diffraction and Mössbauer spectroscopy[J]. Environmental Science & Technology，2008，42（21）：7891-7897.

[257] Mikutta C，Kretzschmar R. Synthetic coprecipitates of exopolysaccharides and ferrihydrite. Part II：Siderophore-promoted dissolution[J]. Geochimica et Cosmochimica Acta，2008，72（4）：1128-1142.

[258] Cismasu A C，Michel F M，Tcaciuc A P，et al. Composition and structural aspects of naturally occurring ferrihydrite[J]. Comptes Rendus Geoscience，2011，343（2-3）：210-218.

[259] Seinfeld J H，Pandis S N. Atmospheric Chemistry and Physics：From Air Pollution to Climate Change[M].

Hoboken：John Wiley & Sons Inc，2012：873-875.

[260] Gai C，Li X，Zhao F. Mineral aerosol properties observed in the northwest region of china[J]. Global and Planetary Change，2006，52（1-4）：173-181.

[261] Kaufman Y J，Fraser R S. The effect of smoke particles on clouds and climate forcing[J]. Science，1997，277（5332）：1636-1639.

[262] 丁启圣，王维一. 新型实用过滤技术[M]. 北京：冶金工业出版社，2005：1-10.

[263] Moss N. Theory of flocculation[J]. Mining & Quarry，1978，7（5）：57-63.

[264] 梁为民. 凝聚与絮凝[M]. 北京：冶金工业出版社，1987：2-3.

[265] 卢寿慈，翁达. 界面分选原理及应用[M]. 北京：冶金工业出版社，1992：10-15.

[266] Attia Y A. Flocculation in Biotechnology and Separation System[M]. London：Academic Press，1987，151-153.

[267] 马青山，贾瑟，孙丽珉. 絮凝化学和絮凝剂[M]. 北京：中国环境出版社，1988：40-45.

[268] Souza A D，Pina P S，Le O V A，et al. The leaching kinetics of a zinc sulphide concentrate in acid ferric sulphate[J]. Hydrometallurgy，2007，89（1-2）：72-81.

[269] Ghorbani Y，Petersen J，Harrison S T L，et al. An experimental study of the long-term bioleaching of large sphalerite ore particles in a circulating fluid fixed-bed reactor[J]. Hydrometallurgy，2012，129-130（7）：161-171.

[270] Watt A，Philip A. Electroplating and Electrorefining of Metals[M]. Ireland：Wexford College Press，2005，79-89.

[271] 孙华峰. DLVO 理论在煤泥水絮凝机理中的应用分析[J]. 选煤技术，2013（1）：39-41.

第 2 章　钴矿石工艺矿物学研究

2.1　引　　言

工艺矿物学是应用矿物学的分支学科，是研究冶金矿石原料及冶金工艺产品中矿物的化学组成、矿物组成、含量、晶粒大小、结构、工艺性质、形成工艺条件及其冶金工艺产品质量之间的相互关系的学科。通过研究冶金矿石原料中矿物组成、性质、赋存状态、化学组成、晶粒大小及其结构等特性，为矿石原料的合理利用或综合利用提出理论依据和有效的工艺措施。

工艺矿物学这门独立的学科，所要研究的内容广泛而深刻[1, 2]。从学科历史和今后的发展来看，它有 10 个最基本的方面：矿石的矿物组成；矿石中所含元素（特别是有用元素）的赋存状态；确定矿石组成矿物（特别是其中有用矿物）的嵌布特征；查明矿石工艺类型的空间分布规律、变质矿物工艺图；研究矿石的表生变化；分析矿物的工艺性质对其元素组成和微结构的依赖性；考察矿物在工艺加工过程中的性状；研究各种作用下，朝预定方向改变矿物工艺性质的可能性及其机理；分析矿物工艺性质的成矿地质条件；判明尾矿综合利用的可能性。

工艺矿物学中首先要从研究需要确定如何准备样品，如光片、薄片、砂光片等，结合各种现代测试方法，更加完善地进行工艺矿物学的研究[3-5]。对于选矿后的精矿粉可以先在体视显微镜下分析粒度特征和矿相特点[6]，同时辅助 XRD 和扫描电子显微镜分析矿物微观特征[7-9]，这样在了解了矿物的组成和赋存状态的基础上，分析目标矿物和其他矿物的结合方式，选定最优化的生物浸出方法。工艺矿物学在生物冶金领域有非常重要的指导作用。

2.2　铜钴矿工艺矿物学研究

2.2.1　矿石矿物成分

根据对矿石光、薄片的光学显微镜鉴定，并结合化学分析及化学物相分析等结果查明：该矿石中矿物主要为黄铜矿，其次为黄铁矿，以及少量斑铜矿、辉铜矿、硫铜钴矿、铜蓝；还可见到很少量孔雀石；钴矿物主要是硫铜钴矿，也见少量的辉砷钴矿；还有闪锌矿、方铅矿、辉钼矿等硫化物。矿石的矿物组成及相对含量见表 2-1。

表 2-1　原矿主要金属矿物组成

金属矿物	黄铜矿	黄铁矿	硫铜钴矿	斑铜矿	辉铜矿及铜蓝	闪锌矿	其他	合计
含量/%	45.07	20.30	11.65	9.41	6.34	3.01	4.22	100

脉石矿物主要为黑云母（包括蚀变）、石英、长石、方解石（白云石）、绿泥石、透闪石类矿物，还可见极少量的石榴石、绿帘石、锐钛矿、金红石、锆石、榍石、磷灰石等矿物。矿石的矿物组成及相对含量见表 2-2。

表 2-2　原矿石主要脉石矿物组成

脉石矿物	石英	长石	黑云母	方解石（白云石）	绿泥石	透闪石	石榴石	其他	合计
含量/%	25.56	17.70	15.20	10.63	15.04	11.07	2.13	2.67	100

注：其他包括锐钛矿、金红石、绿帘石、锆石、榍石、磷灰石等。

1. 黄铜矿（$CuFeS_2$）

黄铜矿是本矿区矿石中最重要的含铜硫化物，也是要回收的矿物，是矿石中含量最多的硫化物。黄铜矿的化学成分：铜 28.502%、铁 26.236%、硫 43.188%，与黄铜矿化学成分理论值相比（铜 34.56%、铁 34.92%、硫 30.52%），很明显亏铜亏铁而富硫（表 2-3）。黄铜矿显微镜下的特征为黄铜色，表面常由于氧化产生斑驳的蓝、紫、褐色的锈色，金属光泽强。硬度 3～4，相对密度 4.1～4.3。常见黄铜矿呈他形粒状，嵌布在脉石矿物中。黄铜矿的嵌布粒度粗细不均匀，以细粒、微细粒状嵌布在脉石中的黄铜矿，在磨矿过程中较难单体解离，这部分黄铜矿极易损失于尾矿中。

表 2-3　黄铜矿的能谱分析结果（%）

点位	矿物名称	Cu	Fe	S
标准	黄铜矿	34.56	34.92	30.52
1	黄铜矿	29.262	25.949	44.789
2	黄铜矿	31.880	23.387	44.733
3	黄铜矿	32.793	20.253	46.954
4	黄铜矿	32.959	21.907	45.134
5	黄铜矿	29.633	27.432	42.935

续表

点位	矿物名称	Cu	Fe	S
6	黄铜矿	29.267	28.260	42.112
7	黄铜矿	31.563	27.428	41.009
8	黄铜矿	33.345	22.172	44.479
9	黄铜矿	29.981	25.708	44.311
10	黄铜矿	31.555	25.938	42.507
11	黄铜矿	32.554	25.336	42.110
12	黄铜矿	20.980	25.586	40.125
13	黄铜矿	23.694	29.882	46.424
14	黄铜矿	31.930	31.413	34.185
15	黄铜矿	20.381	33.824	41.105
16	黄铜矿	23.241	26.756	47.357
17	黄铜矿	25.607	23.834	34.644
18	黄铜矿	25.350	29.040	45.610
19	黄铜矿	25.572	24.386	50.042
平均值	黄铜矿	28.502	26.236	43.188

黄铜矿的嵌布粒度最小为 0.002mm，最大为 0.8mm，一般分布于 0.100～0.030mm 范围内（表 2-4）。黄铜矿与其他硫化物关系复杂：①常见黄铜矿包含黄铁矿、硫铜钴矿、斑铜矿、闪锌矿，构成包含结构；②也见到沿黄铁矿的裂隙分布，构成细脉结构和网状结构；③黄铜矿与斑铜矿构成固溶体分离结构；④黄铜矿叶片沿斑铜矿的{100}方向嵌布，形成格子状结构；⑤黄铜矿被辉铜矿交代，辉铜矿在黄铜矿边部形成反应边结构；⑥硫化物沿着黄铜矿的裂隙、孔洞充填，形成各种充填结构。这些复杂矿石结构，将增加矿石在磨矿、浮选作业时单体解离和分选的困难。黄铜矿与斑铜矿、辉铜矿、铜蓝、硫铜钴矿嵌布关系密切。黄铜矿的扫描电镜图像和能谱图见图 2-1～图 2-6。

表 2-4　黄铜矿的粒度嵌布情况

目数	>100	-100～+150	-150～+200	-200～+325	-325～+400	<400	合计
粒度/mm	>0.147	0.147～0.104	0.104～0.074	0.074～0.043	0.043～0.037	<0.037	—
含量/%	4.23	10.45	27.08	33.12	19.02	6.10	100

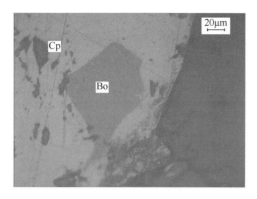

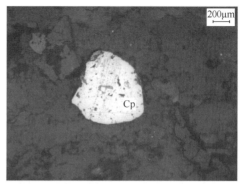

图 2-1　斑铜矿（Bo）被黄铜矿（Cp）包裹　　图 2-2　硫铜钴矿（Ca）被黄铜矿（Cp）包裹

图 2-3 中黄铜矿的化学成分：铜 29.262%、铁 25.949%、硫 44.789%。图 2-5 中黄铜矿的化学成分：铜 31.880%、铁 23.387%、硫 44.733%。图 2-4 与图 2-6 是黄铜矿和斑铜矿的能谱分析图。

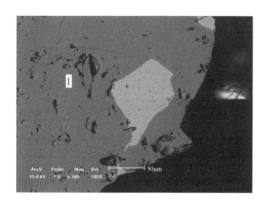

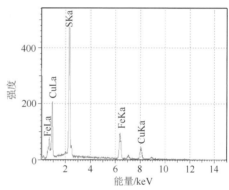

图 2-3　斑铜矿被黄铜矿（1）包裹背散射图　　　　图 2-4　黄铜矿能谱图

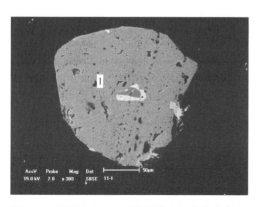

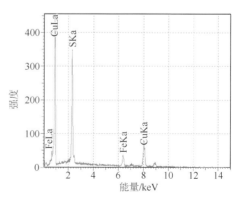

图 2-5　硫铜钴矿（1）被黄铜矿包裹背散射图　　　图 2-6　斑铜矿能谱图

2. 黄铁矿（FeS$_2$）

黄铁矿属等轴晶系的硫化物矿物，具有浅黄铜的颜色和明亮的金属光泽。硬度 6～6.5，相对密度 4.9～5.2。黄铁矿中通常含钴、镍和硒，具有 NaCl 型晶体结构。常有完好的晶形黄铁矿，呈立方体、八面体。立方体晶面上有与晶棱平行的条纹，各晶面上的条纹相互垂直。黄铁矿呈致密块状、粒状，浅黄（铜黄）色，条痕绿黑色，强金属光泽，不透明，无解理（图 2-7）。黄铁矿还可见碎裂状，主要是由应力造成的。黄铁矿与黄铜矿密切共生，常见黄铜矿包裹黄铁矿，也常见黄铜矿沿着黄铁矿的裂隙充填，形成网状和脉状结构（图 2-8），表明时间上的同期性。有的黄铁矿呈微细粒浸染于脉石中，粒度一般在 0.001～0.005mm，磨矿时单体解离困难，极易损失于尾矿中（图 2-9）。矿区的黄铁矿的嵌布粒度最大为 3.8mm，一般分布于 0.020～0.50mm 范围内（表 2-5）。

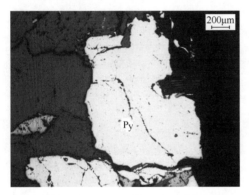
图 2-7　他形黄铁矿（Py）

图 2-8　黄铜矿（Cp）沿黄铁矿（Py）的裂隙交代

表 2-5　黄铁矿的粒度嵌布情况

目数	＞100	−100～+150	−150～+200	−200～+325	−325～+400	＜400	合计
粒度/mm	＞0.147	0.147～0.104	0.104～0.074	0.074～0.043	0.043～0.037	＜0.037	—
含量/%	4.41	17.46	37.23	23.92	12.39	4.59	100

能谱分析数据表明，黄铁矿的化学成分为含铁 36.645%、含硫 61.101%，与标准黄铁矿相比（含铁 46.67%、含硫 53.33%），明显亏铁富硫（表 2-6）。图 2-10 是黄铁矿的扫描电镜图片，图 2-11、图 2-12 是自形黄铁矿的成分能谱扫描。黄铁矿的化学成分为含铜 31.880%、含铁 23.387%、含硫 44.733%。图 2-13～图 2-28 分别为四组黄铁矿的不同结构的扫描电镜图片和成分能谱分析。可以看出黄铁矿

的图谱线清晰、没有杂质。

表 2-6　黄铁矿的能谱分析结果（%）

点位	矿物名称	Fe	S
标准	黄铁矿	46.67	53.33
1	黄铁矿	40.356	59.644
2	黄铁矿	29.994	70.006
3	黄铁矿	39.638	60.362
4	黄铁矿	40.240	59.760
5	黄铁矿	40.976	59.024
6	黄铁矿	44.895	55.104
7	黄铁矿	27.428	41.009
8	黄铁矿	39.779	60.221
9	黄铁矿	37.360	62.640
10	黄铁矿	42.477	57.523
11	黄铁矿	39.285	60.715
12	黄铁矿	30.535	69.465
13	黄铁矿	34.859	65.141
14	黄铁矿	25.201	74.799
平均值	黄铁矿	36.645	61.101

图 2-9　自形黄铁矿（Py）的显微照片

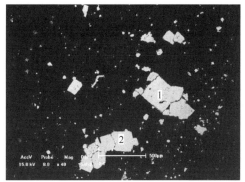

图 2-10　自形黄铁矿（1，2）的背散射图

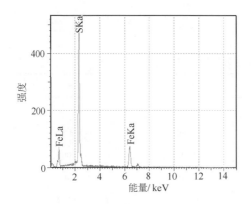

图 2-11　1 点位-黄铁矿的能谱图

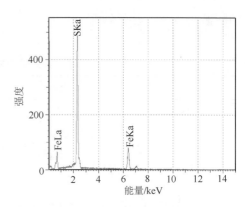

图 2-12　2 点位-黄铁矿的能谱图

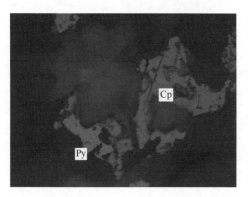

图 2-13　他形黄铁矿（Py）的显微照片

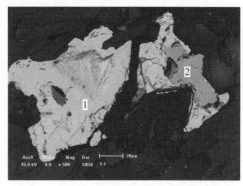

图 2-14　他形黄铁矿（2）的背散射图

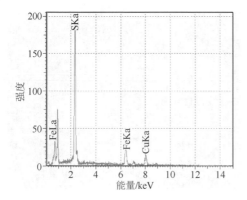

图 2-15　1 点位-黄铜矿的能谱图

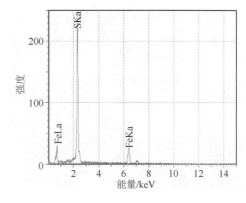

图 2-16　2 点位-黄铁矿的能谱图

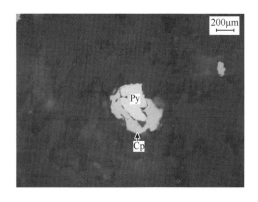

图 2-17　包裹状黄铁矿（Py）的显微照片

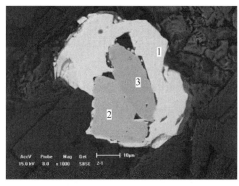

图 2-18　包裹状黄铁矿（2，3）的背散射图

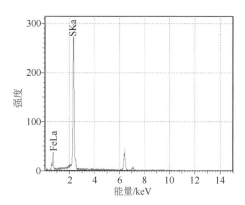

图 2-19　2 点位-黄铁矿的能谱图

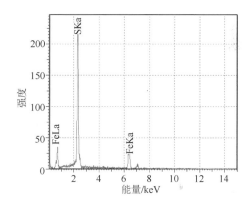

图 2-20　3 点位-黄铁矿的能谱图

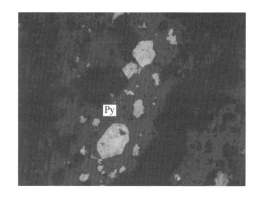

图 2-21　自形黄铁矿（Py）的显微照片

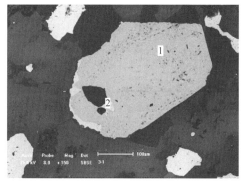

图 2-22　自形黄铁矿（1）的背散射图

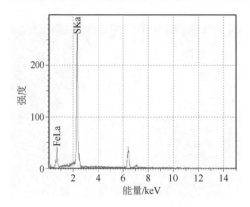

图 2-23　1 点位-黄铁矿的能谱图

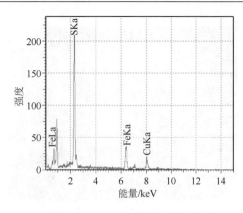

图 2-24　2 点位-黄铜矿的能谱图

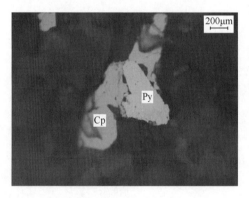

图 2-25　黄铁矿（Py）和黄铜矿（Cp）
密切共生

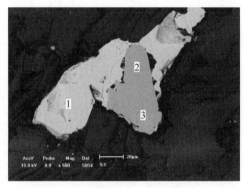

图 2-26　黄铁矿（2）和黄铜矿（1）
的背散射图

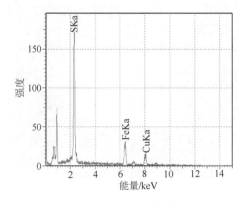

图 2-27　1 点位-黄铜矿的能谱图

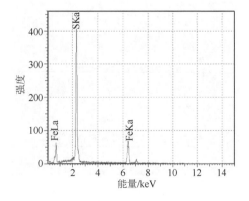

图 2-28　2 点位-黄铁矿的能谱图

3. 硫铜钴矿（Co_2CuS_4）

硫铜钴矿反射色为白色带有粉色，呈自形、半自形和他形粒状产出（图 2-29），常被黄铜矿、斑铜矿、辉铜矿和铜蓝交代，也可以被黄铜矿、斑铜矿包裹（图 2-30 和图 2-31）。硫铜钴矿是矿石中钴的主要矿物，也是要回收的矿物。硫铜钴矿的赋存形式比较复杂：

（1）硫铜钴矿与斑铜矿分离共结结构（图 2-32）。

（2）硫铜钴矿往往与黄铜矿、斑铜矿共生，形成黄铜矿-斑铜矿-硫铜钴矿分布（图 2-33 和图 2-34）。

（3）自形晶粒状、半自形晶粒状及他形晶粒状硫铜钴矿与黄铜矿共生产出。矿石中硫铜钴矿的嵌布粒度相对较粗，粒度分布范围一般为 0.058～0.900mm（图 2-35 和图 2-36）。

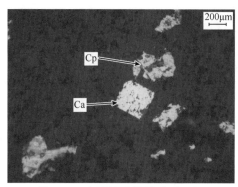

图 2-29　自形的硫铜钴矿（Ca）

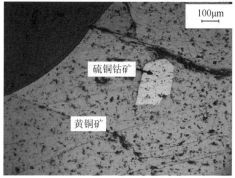

图 2-30　硫铜钴矿（Ca）被黄铜矿（Cp）包裹

图 2-31　硫铜钴矿（Ca）被黄铜矿（Cp）包裹

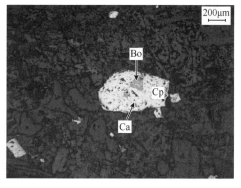

图 2-32　自形的硫铜钴矿（Ca）和斑铜矿（Bo）共结

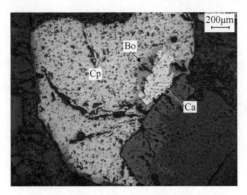

图 2-33 黄铜矿（Cp）-斑铜矿（Bo）-
硫铜钴矿（Ca）

图 2-34 自形的硫铜钴矿（Ca）被斑铜矿
（Bo）包裹

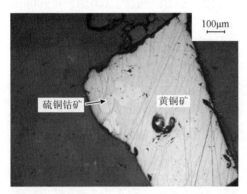

图 2-35 黄铜矿（Cp）包裹他形硫铜钴矿（Ca）

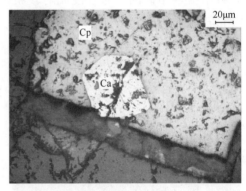

图 2-36 自形的硫铜钴矿（Ca）矿被黄铜矿
（Cp）包裹

  对硫铜钴矿进行成分分析，结果表明，硫铜钴矿中的铜含量 8.580%～17.697%，钴含量 33.859%～44.944%，硫含量 37.309%～56.552%，偶尔含少量镍、铁，铜含量均值为 13.104%、钴含量均值为 38.260%、硫含量均值为 48.631%；与标准硫铜钴矿相比，明显亏铜富硫，钴含量略高于标准硫铜钴矿中钴的含量（铜含量 20.52%、钴含量 38.00%、硫含量 41.48%）（表 2-7）。硫铜钴矿 SEM 图谱和能谱分析特征见图 2-37～图 2-40。图 2-41 和图 2-42 分别是黄铜矿和锐钛矿的能谱图。从图 2-43～图 2-56 可以看出，硫铜钴矿的半自形、自形和板状晶体，在硫铜钴矿中常见有其他硫化物（黄铜矿、辉砷钴矿、斑铜矿）。

表 2-7 硫铜钴矿的能谱分析结果（%）

点位	矿物名称	Cu	Co	S
标准	硫铜钴矿	20.52	38.00	41.48
1	硫铜钴矿	17.697	44.944	37.309

续表

点位	矿物名称	Cu	Co	S
2	硫铜钴矿	9.589	33.859	56.552
3	硫铜钴矿	11.107	44.329	44.564
4	硫铜钴矿	12.559	41.768	45.673
5	硫铜钴矿	16.919	34.597	48.484
6	硫铜钴矿	15.479	36.240	48.281
7	硫铜钴矿	15.049	37.689	47.262
8	硫铜钴矿	8.580	36.221	55.199
平均值	硫铜钴矿	13.104	38.260	48.631

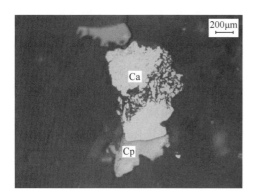

图 2-37　硫铜钴矿（Ca）和黄铜矿（Cp）
显微照片

图 2-38　硫铜钴矿（1）和黄铜矿（3）
的背散射图

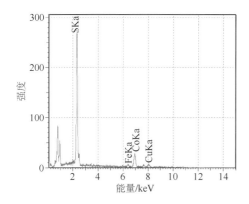

图 2-39　1 点位-硫铜钴矿的能谱图

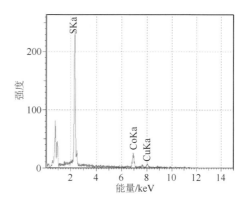

图 2-40　2 点位-硫铜钴矿的能谱图

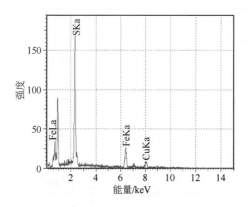

图 2-41 3 点位-黄铜矿的能谱图

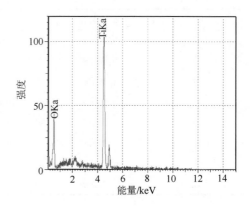

图 2-42 4 点位-锐钛矿的能谱图

黄铜矿包裹硫铜钴矿比较常见，而且在硫铜钴矿的内部还会有黄铜矿的固溶体分离结构（图 2-43）。被包裹的硫铜钴矿有各种形状，包括自形晶、半自形晶（图 2-45）、块状（图 2-47）、菱形状（图 2-49）和板状（图 2-51）。硫铜钴矿是等轴晶系六八面体晶类，粒状，很少会出现条状或板状，多数呈致密粒状集合体，少数呈钟乳状，部分呈微细粒状的包体于黄铜矿或黄铁矿中（图 2-55），少量呈脉状穿插在黄铜矿中。该矿物中的硫铜钴矿成分纯净，无杂质。

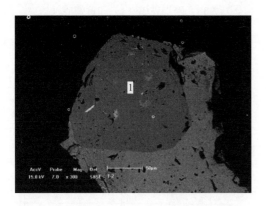

图 2-43 硫铜钴矿（1）内见黄铜矿包体的背散射图

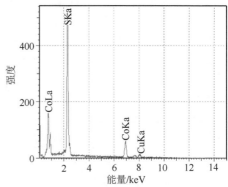

图 2-44 硫铜钴矿的能谱图

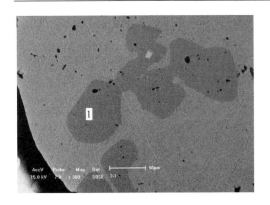

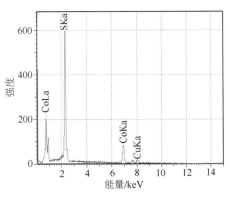

图 2-45 硫铜钴矿（1）被包裹于黄铜矿中的
背散射图

图 2-46 包裹的硫铜钴矿的能谱图

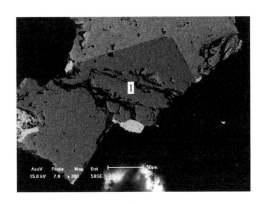

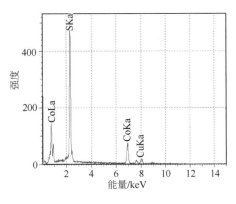

图 2-47 块状硫铜钴矿（1）的背散射图

图 2-48 块状硫铜钴矿的能谱图

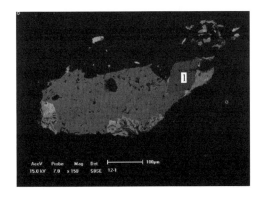

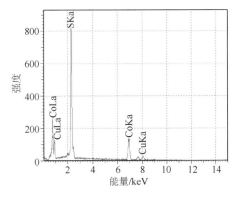

图 2-49 菱形硫铜钴矿（1）的背散射图

图 2-50 菱形硫铜钴矿的能谱图

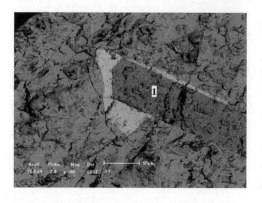

图 2-51　板状硫铜钴矿（1）的背散射图

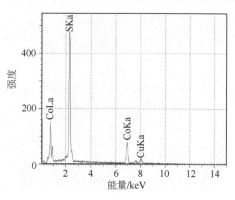

图 2-52　板状硫铜钴矿的能谱图

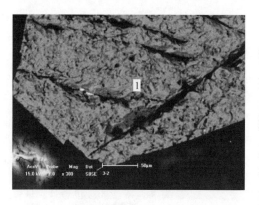

图 2-53　单体硫铜钴矿（1）的背散射图

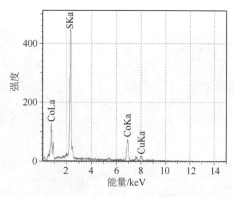

图 2-54　单体硫铜钴矿的能谱图

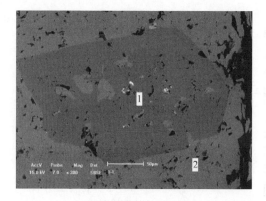

图 2-55　硫铜钴矿（1）分布黄铜矿（2）包体
的背散射图

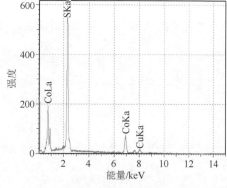

图 2-56　被包裹硫铜钴矿的能谱图

4. 斑铜矿（Cu_5FeS_4）

斑铜矿也是该矿石中主要的铜矿物之一，含量比黄铜矿少，常与辉铜矿、铜蓝等矿物共生形成硫化铜矿物集合体。斑铜矿的化学成分含铜 55.532%、含铁 9.773%、含硫 33.947%，与斑铜矿化学成分理论值相比（含铜 63.33%、含铁 11.12%、含硫 25.55%），很明显亏铜亏铁而富硫（表 2-8）。常见不规则粒状斑铜矿与黄铜矿简单共生产出，其次与辉铜矿、铜蓝等以集合体嵌布在脉石矿物中。斑铜矿的嵌布状态较为复杂：①常见斑铜矿包含硫铜钴矿，黄铜矿包含斑铜矿构成包含结构（图 2-57 和图 2-58）；②斑铜矿与黄铜矿呈固溶体分离结构；③黄铜矿叶片沿斑铜矿的{100}方向嵌布，形成格子状结构；④斑铜矿在黄铜矿边缘分布，构成镶边结构（图 2-59）；⑤斑铜矿与辉铜矿交代黄铜矿，构成连续反应的现象（图 2-60）。斑铜矿的粒度粗细较不均匀，比黄铜矿稍细，一般分布在 0.010～0.050mm 范围内。

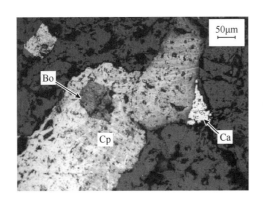

图 2-57　斑铜矿（Bo）包含硫铜钴矿（Ca）

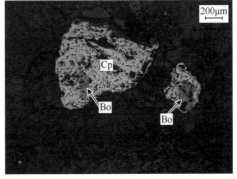

图 2-58　黄铜矿（Cp）包含斑铜矿（Bo）构成包含结构

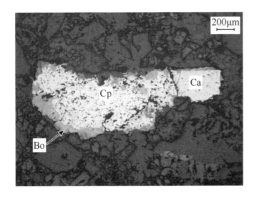

图 2-59　斑铜矿（Bo）在黄铜矿（Cp）边缘

图 2-60　辉铜矿（Cc）交代黄铜矿（Cp）

斑铜矿的能谱分析数据见表 2-8 显示，与理想值相比，该矿石中斑铜矿的铜铁低而硫高，成分及其含量较为稳定。图 2-61～图 2-64 是黄铜矿和斑铜矿固溶体分离、斑铜矿、辉铜矿以及褐铁矿的显微镜、扫描电镜的图片，黄铜矿为麦粒状定向分布在斑铜矿中，整个颗粒是一个铜矿物集合体，边部有黄铁矿已经被氧化为褐铁矿。图 2-65～图 2-72 是斑铜矿、黄铜矿、辉铜矿集合体各个点位化学成分的能谱图，各个矿物的成分见表 2-9。

表 2-8　斑铜矿的能谱分析结果（%）

点位	矿物名称	Cu	Fe	S
标准	斑铜矿	63.33	11.12	25.55
1	斑铜矿	58.735	8.695	32.57
2	斑铜矿	59.145	9.908	30.947
3	斑铜矿	66.609	3.122	30.269
4	斑铜矿	63.797	7.871	28.332
5	斑铜矿	57.491	5.826	36.683
6	斑铜矿	62.782	6.384	30.834
7	斑铜矿	50.889	8.48	40.631
8	斑铜矿	51.816	11.592	36.232
9	斑铜矿	56.379	9.421	30.996
10	斑铜矿	54.208	10.37	31.029
11	斑铜矿	52.684	15.811	31.505
12	斑铜矿	57.893	10.154	31.953
13	斑铜矿	60.903	10.031	29.066
14	斑铜矿	51.816	11.592	36.232
15	斑铜矿	54.208	10.370	31.029
16	斑铜矿	43.662	13.817	42.521
17	斑铜矿	41.031	12.695	46.274
平均值	斑铜矿	55.532	9.773	33.947

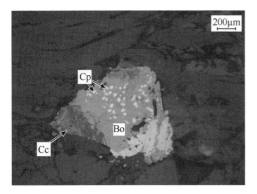

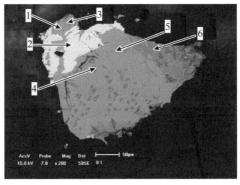

图 2-61　斑铜矿（Bo）黄铜矿（Cp）辉铜矿（Cc）集合体

图 2-62　斑铜矿（Bo）黄铜矿（Cp）辉铜矿（Cc）背散射图

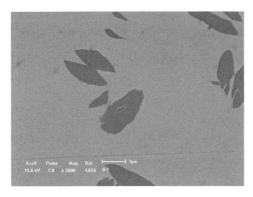

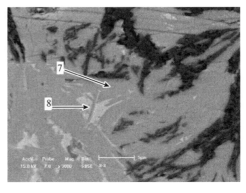

图 2-63　斑铜矿和黄铜矿固溶体分离的背散射图

图 2-64　斑铜矿和辉铜矿的背散射图

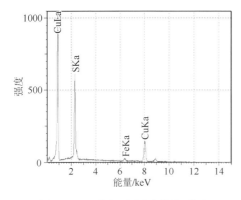

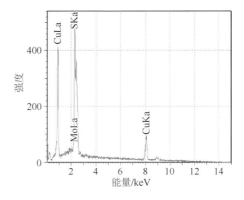

图 2-65　1 点位-斑铜矿的能谱图

图 2-66　2 点位-辉铜矿的能谱图

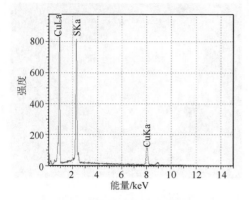

图 2-67　3 点位-辉铜矿的能谱图

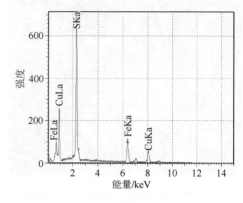

图 2-68　4 点位-黄铜矿的能谱图

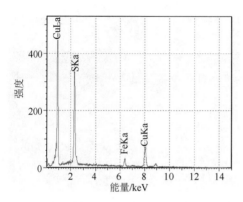

图 2-69　5 点位-斑铜矿的能谱图

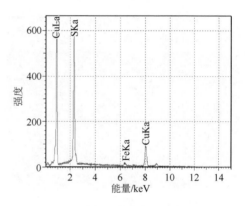

图 2-70　6 点位-辉铜矿的能谱图

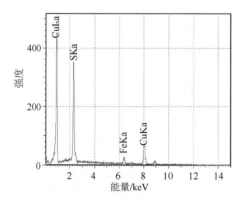

图 2-71　7 点位-斑铜矿的能谱图

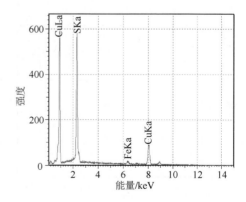

图 2-72　8 点位-辉铜矿的能谱图

表 2-9　多种硫化铜矿集合体的能谱分析结果（%）

点位	矿物名称	Cu	Fe	S	O
标准	斑铜矿	63.33	11.12	25.55	—
标准	黄铜矿	58.735	8.695	32.57	—
标准	辉铜矿	59.145	9.908	30.947	—
1	斑铜矿	66.609	3.122	30.269	—
2	辉铜矿	52.647	—	35.482	—
3	辉铜矿	55.121	—	44.879	—
4	黄铜矿	32.959	21.907	45.134	—
5	斑铜矿	63.797	7.871	2.332	—
6	辉铜矿	54.724	—	45.276	—
7	斑铜矿	57.491	5.826	36.683	—
8	辉铜矿	58.992	—	41.008	—

图 2-73～图 2-76 是斑铜矿背散射图及能谱图。斑铜矿的化学成分的均值为铜 54.134%、铁 10.461%、硫 32.752%，与斑铜矿化学成分理论值相比（铜 63.33%、铁 11.12%、硫 25.55%），依然很明显亏铜亏铁而富硫（表 2-10）。

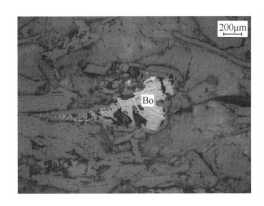

图 2-73　斑铜矿（Bo）的显微镜照片

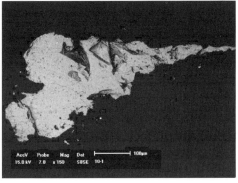

图 2-74　斑铜矿的背散射图

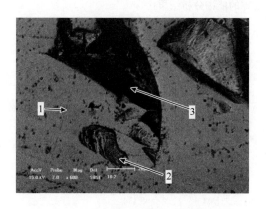

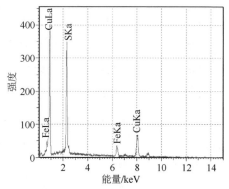

图 2-75　斑铜矿局部的背散射图　　　　图 2-76　斑铜矿的能谱图

表 2-10　斑铜矿不同部位的能谱分析结果（%）

点位	矿物名称	Cu	Fe	S
标准	斑铜矿	63.33	11.12	25.55
1	斑铜矿	51.816	11.592	36.232
2	斑铜矿	56.379	9.421	30.996
3	斑铜矿	54.208	10.370	31.029
平均值	斑铜矿	54.134	10.461	32.752

5. 辉铜矿和铜蓝（CuS 或 Cu_2S）

辉铜矿和铜蓝是矿石中含量较低的硫化铜矿物，也是铜的主要回收矿物。单独出现的辉铜矿和铜蓝很少，主要与黄铜矿、斑铜矿共生，一般嵌布于黄铜矿、斑铜矿的边缘和裂隙中，矿石辉铜矿和铜蓝紧密共生在一起。常见辉铜矿和铜蓝呈不规则粒状集合体嵌布在脉石矿物中；辉铜矿与铜蓝等铜矿物集合体与斑铜矿密切共生或沿黄铜矿边缘交代黄铜矿产出（图 2-77 和图 2-78）；还可见辉铜矿包裹硫铜钴矿或辉钼矿产出。

由化学成分分析可知：辉铜矿的化学成分的均值为铜 62.143%、硫 36.629%，与辉铜矿化学成分理论值相比（铜 79.86%、硫 20.14%），依然很明显亏铜而富硫（表 2-11）。辉铜矿和铜蓝通常与黄铜矿、硫铜钴矿构成反应环，主要是由辉铜矿、硫铜钴矿交代黄铜矿造成的（图 2-79～图 2-82）。

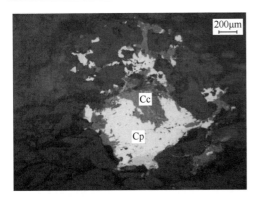

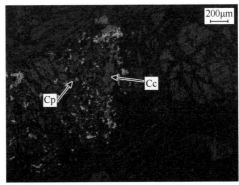

图 2-77 辉铜矿和铜蓝集合体在黄铜矿（Cp） 图 2-78 黄铜矿（Cp）与辉铜矿和铜蓝集合体
裂隙

表 2-11 辉铜矿不同部位的能谱分析结果（%）

点位	矿物名称	Cu	S	点位	矿物名称	Cu	S
标准	辉铜矿	79.86	20.14	6	辉铜矿	61.112	38.589
1	辉铜矿	52.647	35.482	7	辉铜矿	69.191	30.809
2	辉铜矿	55.121	44.879	8	辉铜矿	69.191	30.809
3	辉铜矿	54.724	45.276	9	辉铜矿	60.323	39.568
4	辉铜矿	58.992	41.008	平均值	辉铜矿	62.143	36.629
5	辉铜矿	60.269	39.731				

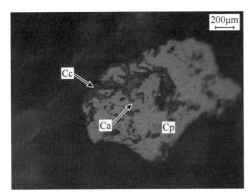

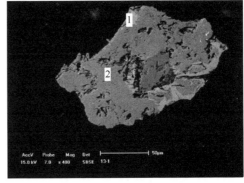

图 2-79 辉铜矿和铜蓝（Cc）集合体 图 2-80 辉铜矿、铜蓝（1）和黄铜矿（2）的
背散射图

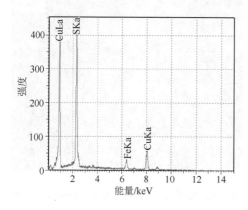
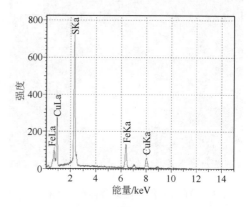

图 2-81　1 点位-辉铜的 EDS 能谱图　　　图 2-82　2 点位-黄铜矿的 EDS 能谱图

与标准辉铜矿相比（含铜 79.86%，含硫 20.14%），该矿石中的辉铜矿亏铜富硫，平均含铜 43%～62%，含硫 36.629%。粒度范围一般在 0.003～0.050mm。

6. 脉石矿物

脉石矿物主要有长石（图 2-83 和图 2-84）和石英（图 2-85 和图 2-86）、绿泥石（图 2-87 和图 2-88）和方解石（图 2-89）、黑云母（图 2-90）等。

长石族有其独特的显微特征，如微斜长石的典型格子双晶，正长石的标志性卡斯巴双晶。石英在受到外界挤压或者蚀变过程会产生波状消光，在不同的晶面呈现不同的干涉色。绿泥石是一种蚀变的产物，在正交镜下呈现异常干涉色。

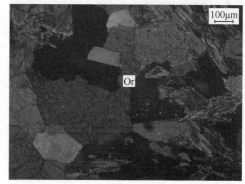

图 2-83　微斜长石（Mi）的格子双晶　　　图 2-84　正长石（Or）的卡斯巴双晶

图 2-85　石英（Q）的波状消光

图 2-86　石英（Q）的不同干涉色

图 2-87　绿泥石（Chl）的显微特征

图 2-88　绿泥石（Chl）的干涉色

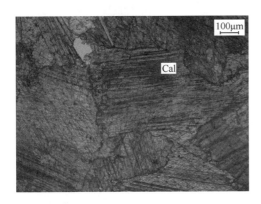

图 2-89　方解石（Cal）的极完全解理

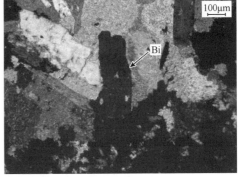

图 2-90　黑云母（Bi）的平行消光

2.2.2　矿石结构构造

矿石的结构是指矿石中单个矿物结晶颗粒的形态、大小及其空间相互的结合关系等所反映的分布特征，主要在显微镜下观察，个别粗大的颗粒也可用肉眼观察。常见的矿石结构有：结晶结构（自形晶、半自形晶、他形晶、包晶、雏晶结构等），固溶体分离结构（乳滴状、文象、叶片状、格状、结状、树枝状结构等），胶状结构（葡萄状、鲕状、球粒状结构等），碎屑结构，生物有机体结构，草莓状结构及交代熔蚀结构等。通过对矿石结构的研究，可以帮助查明和解决矿物共生关系、矿床生成的物理化学条件和矿床成因等问题，以及合理地选择矿石的加工技术和选矿方法。

矿石中各种硫化矿物颗粒的自身形态特征对矿物的解离有重要的影响，该矿石中金属硫化矿物的结构比较简单，其类型如下：

粒状结构：岩石中同种主要矿物的粒径大小相近或大小不等的全晶质结构。根据矿物颗粒的自形程度，可以分为全自形粒状结构、半自形粒状结构和他形粒状结构等。在该矿石中普遍存在黄铁矿的自形、半自形晶结构；硫铜钴矿为半自形、他形结构；黄铜矿、斑铜矿、辉铜矿、铜蓝及其他硫化铜矿物表现出他形晶结构（图 2-91～图 2-94）。

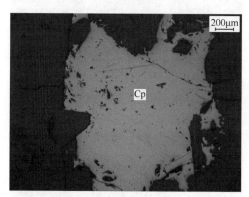

图 2-91　黄铜矿（Cp）的他形粒状结构

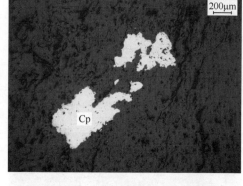

图 2-92　黄铜矿（Cp）的他形粒状结构

图 2-93　黄铁矿（Py）的半自形粒状结构

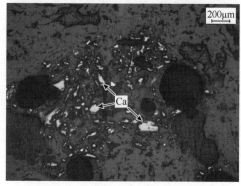

图 2-94　硫铜钴矿（Ca）的细粒状结构

　　包含结构：又称嵌晶状结构。泛指岩石中大晶体包含小晶体的一种结构。根据包裹和被包裹的关系可分为主晶和客晶。主晶指大的包裹矿物，客晶指小的被包裹矿物。矿石中常见黄铁矿包含黄铜矿、黄铜矿包含黄铁矿、黄铜矿包含硫铜钴矿（图 2-95～图 2-98）。

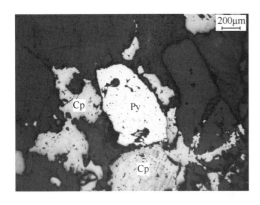

图 2-95　黄铜矿（Cp）包含黄铁矿（Py）

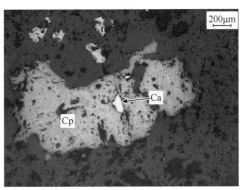

图 2-96　黄铜矿（Cp）包含硫铜钴矿（Ca）

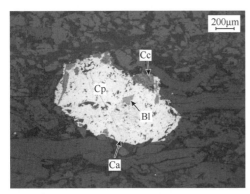

图 2-97　黄铜矿（Cp）包含闪锌矿（Bl）和
　　　　硫铜钴矿（Ca）

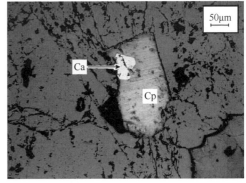

图 2-98　黄铜矿（Cp）包含硫铜钴矿（Ca）

　　脉状结构：主要表现在黄铜矿沿黄铁矿的裂纹面充填形成的细脉状结构；偶尔可见斑铜矿呈微细脉状充填在黄铁矿的裂隙中（图 2-99 和图 2-100）。

　　固溶体分离结构：主要表现在斑铜矿晶体中有麦粒状的黄铜矿分布，该黄铜矿在晶体呈定向排列，构成呈黄铜矿和斑铜矿的固溶体分离结构（图 2-101）。

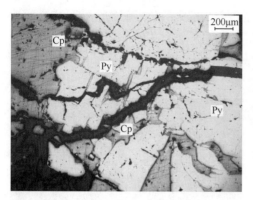 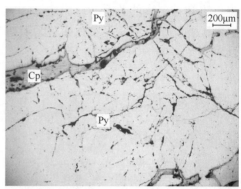

图 2-99　黄铜矿（Cp）在黄铁矿（Py）中呈网　　图 2-100　黄铜矿（Cp）细脉充填于黄铁矿
　　　　　脉状结构　　　　　　　　　　　　　　　　　　　　（Py）中

　　反应边结构：岩浆中早期析出的矿物或捕虏晶，因物理化学条件改变，与周围岩浆发生反应，在其外围产生新的反应矿物，即一种矿物颗粒周围生长有另一种矿物镶边，这种现象称为反应边结构。黄铜矿被辉铜矿交代，形成反应边结构，在矿石中普遍出现（图 2-102）。

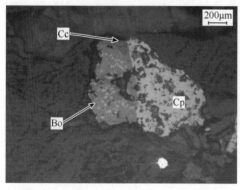

图 2-101　斑铜矿（Bo）和黄铜矿（Cp）的固　　图 2-102　辉铜矿（Cc）沿黄铜矿（Cp）边缘
　　　　　溶体分离　　　　　　　　　　　　　　　　　　　　嵌布

　　格子结构：黄铜矿和斑铜矿大多数呈块状，但是会有部分斑铜矿块体内有黄铜矿的固溶体分离，黄铜矿的叶片沿斑铜矿的{100}方向呈格子状分布。这种现象在矿石中较为常见（图 2-103 和图 2-104）。这样的结构解离难度很大。

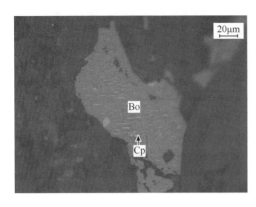

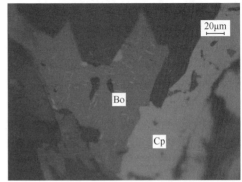

图 2-103　黄铜矿（Cp）叶片沿斑铜矿（Bo）
　　　　　{100}方向呈格子状

图 2-104　黄铜矿（Cp）叶片沿斑铜矿（Bo）
　　　　　{100}方向呈格子状

　　充填结构：由于不同的成矿时间和成矿机理，矿物通常不呈现单独的矿物块，其中裂隙和孔隙中会有其他矿物的充填。硫铜钴矿沿黄铜矿、斑铜矿晶体的裂隙分布，形成裂隙充填结构，在矿石中普遍出现（图 2-105 和图 2-106）。硫铜钴矿沿黄铜矿晶体的孔隙分布，形成孔隙充填结构，在矿石中普遍出现（图 2-107 和图 2-108）。

　　镶边结构：是变质作用过程中，由变质反应所形成的结构。在变质较深的岩石中，可见某种矿物的边缘或周围分布有一种或几种其他矿物。硫铜钴矿沿黄铜矿边缘形成的镶边结构如图 2-109 和图 2-110 所示。

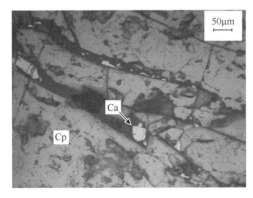

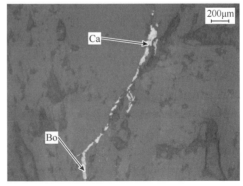

图 2-105　硫铜钴矿（Ca）沿着黄铜矿（Cp）
　　　　　裂隙充填

图 2-106　硫铜钴矿（Ca）沿着斑铜矿（Bo）
　　　　　孔隙充填

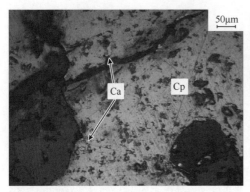

图 2-107　硫铜钴矿（Ca）沿着黄铜矿（Cp）
孔洞充填

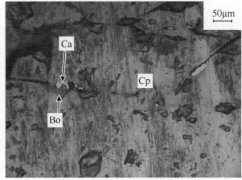

图 2-108　硫铜钴矿（Ca）沿着黄铜矿（Cp）
孔隙充填

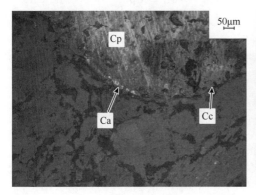

图 2-109　硫铜钴矿（Ca）沿黄铜矿（Cp）
缘镶边结构

图 2-110　硫铜钴矿（Ca）沿黄铜矿（Cp）边
缘镶边结构

2.3　铜钴混合精矿工艺矿物学研究

2.3.1　化学成分

　　铜钴混合精矿化学成分全分析结果见表 2-12。由表中数据可见，铜钴混合精
矿中 CuO 含量 20.26%，Co_2O_3 含量 0.99%，SO_3 含量 34.16%，Fe_2O_3 含量 27.91%。

表 2-12　铜钴混合精矿化学成分全分析结果（单位：wt%）

组分	结果	组分	结果
SO_3	34.1634	CuO	20.2606
Fe_2O_3	27.9166	SiO_2	9.1731

续表

组分	结果	组分	结果
MgO	4.0933	TiO_2	0.0571
CaO	1.4525	MnO	0.0371
Al_2O_3	1.1922	MoO_3	0.0277
Co_2O_3	0.9903	As_2O_3	0.0218
K_2O	0.5103	P_2O_5	0.0120
HfO_2	0.0857	ZrO_2	0.0063

铜钴混合精矿的元素定量分析结果见表 2-13。含铜 23.60%，含钴 1.03%，含硫 32.30%，含铁 31.79%，含钙 0.899%，含镁 0.963%。

表 2-13　铜钴混合精矿化学分析结果（%）

元素	Cu	Co	Fe	S	Ca	Mg	Ni
含量	23.60	1.03	31.79	32.30	0.899	0.963	0.022
元素	As	Zn	Pb	Mo	Au[*]	Ag[*]	—
含量	0.019	0.042	0.044	0.036	0.55	7.40	—

*Au 和 Ag 含量单位为 $g \cdot t^{-1}$。

2.3.2　粒度分布

使用筛网进行分级粒度分析，结果见表 2-14。使用粒度分析仪分析的结果如图 2-111 所示。分析可知原浮选铜钴混合精矿粒度＜74μm，占 54.29%。

表 2-14　铜钴混合精矿筛网粒级分析

目数	＞100	−100～+200	−200～+400	＜400
粒度/mm	＞0.149	0.149～0.074	0.074～0.037	＜0.037
尾矿含量/%	5.999	24.059	22.863	37.023

铜钴混合精矿粒度分析，采用筛分确定。按照浮选粒度＞149μm、74～149μm、37～74μm 和＜37μm 的 4 个级别筛分，确定铜钴混合精矿＞149μm 级别的占精矿总量 5.999%、74～149μm 级别的占精矿总量 24.059%、37～74μm 级别的占精矿总量 22.863%和＜37μm 级别的占精矿总量矿 37.023%。其中粒度＜74μm 的粒级

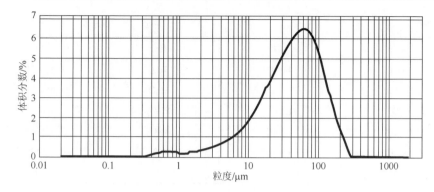

图 2-111　铜钴混合精矿的粒级分析

占 59.886%。图 2-112 是粒度＞149μm 精矿在体视显微镜下的状态。图 2-113 是粒度 74～149μm 精矿在体视显微镜下的粒度特征。对一部分精矿进行细磨，目的是提高有用矿物与脉石矿物的解离度（图 2-114）。

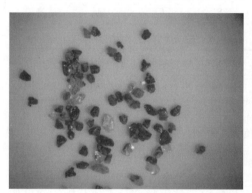
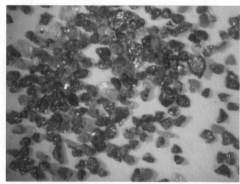

图 2-112　＞149μm 的铜钴混合精矿

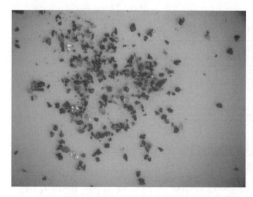
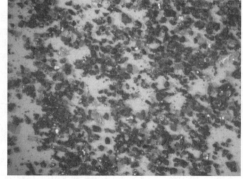

图 2-113　74～149μm 的铜钴混合精矿

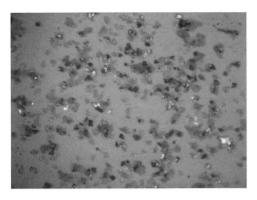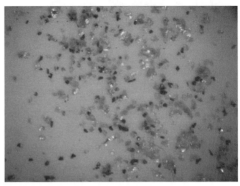

图 2-114　磨后＞74μm 的铜钴混合精矿

2.3.3　矿物成分

　　采用多种方法，如偏光反光显微镜研究、体视显微镜研究、扫描电子显微镜研究和 X 射线衍射研究等进行分析。按照铜钴混合精矿的不同粒级制成 45 个抛光片、25 个薄片和 50 个砂光片样品以供研究。研究采用偏光反光两用显微镜，结合 X 射线粉晶衍射仪，为鉴定矿物成分提供保障，对抛光片、薄片和砂光片样品结合扫描电子显微镜进行了深入的工艺矿物学研究。

　　通过研究发现，精矿中由两部分组成，单体和连生体。

　　（1）单体有：石英、长石、云母、方解石、褐铁矿、黄铁矿、黄铜矿、硫铜钴矿、方铅矿、斑铜矿（图 2-115～图 2-117）等。

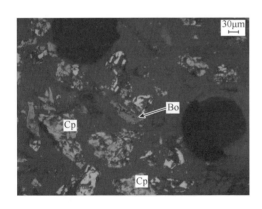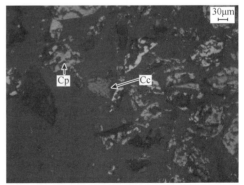

图 2-115　辉铜矿（Cc）、黄铜矿（Cp）

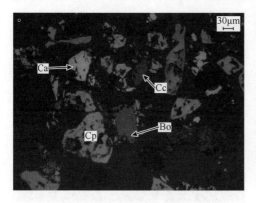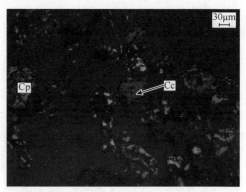

图 2-116　硫化铜矿物（Cc、Cp、Bo）和硫铜钴矿（Ca）单体

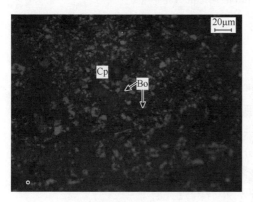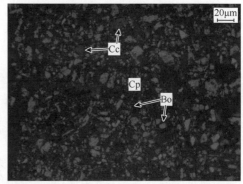

图 2-117　>37μm 的黄铜矿（Cp）和斑铜矿（Bo）单体

　　将浮选精矿进行重新磨后，制成砂光片进行镜下观察，发现黄铜矿等硫化铜矿物（图 2-118、图 2-119）大部分解离，很少出现连生体。

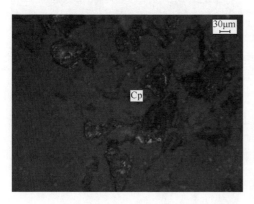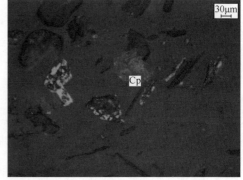

图 2-118　黄铜矿（Cp）单体（磨后）

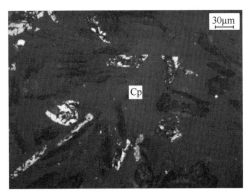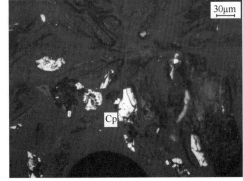

图 2-119　黄铜矿单体解离（磨后）

在精矿中选取黄铜矿、黄铁矿和斑铜矿进行 SEM 分析，颗粒独立，光学显微镜图（图 2-120）与背散射图（图 2-121）对应。图 2-122 为 2 点位-黄铜矿的能谱图，图 2-123 为 4 点位-黄铁矿的能谱图，图 2-124 为斑铜矿单体的背散射图，图 2-125 为斑铜矿的能谱图。

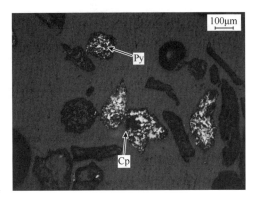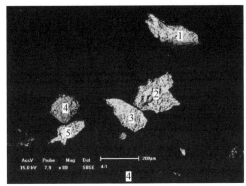

图 2-120　硫化物单体　　　　　　图 2-121　硫化物单体背散射图

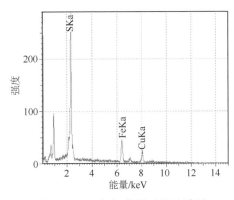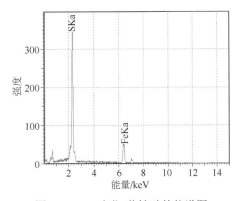

图 2-122　2 点位-黄铜矿的能谱图　　　图 2-123　4 点位-黄铁矿的能谱图

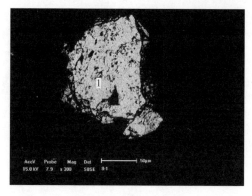

图 2-124　斑铜矿单体

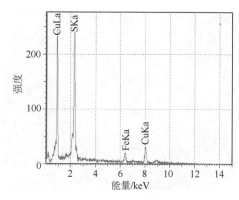

图 2-125　斑铜矿的能谱图

（2）连生体：黄铜矿/斑铜矿（图 2-126）、黄铜矿/辉铜矿（图 2-127）、硫铜钴矿/黄铁矿连生（图 2-128～图 2-131）、黄铜矿/黄铁矿连生（图 2-132～图 2-135）、黄铁矿/斑铜矿（图 2-136～图 2-139）、黄铜矿/硫铜钴矿、斑铜矿/硫铜钴矿连生、石英/黄铜矿连生以及石英/黄铜矿、黄铜矿/长石连生。

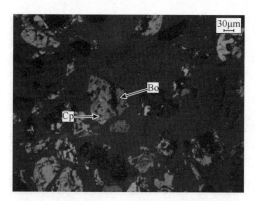

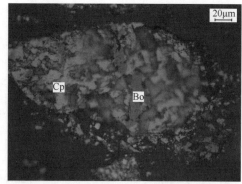

图 2-126　黄铜矿（Cp）与斑铜矿（Bo）连生

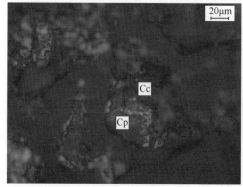

图 2-127　黄铜矿（Cp）与辉铜矿（Cc）连生

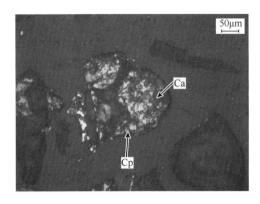

图 2-128　硫铜钴矿（Ca）/黄铁矿（Py）
连生体

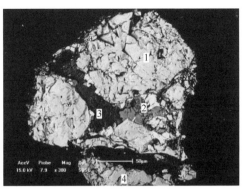

图 2-129　硫铜钴矿（1）/黄铁矿（4）连生体
背散射图

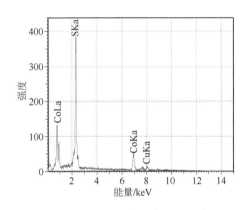

图 2-130　1 点位-硫铜钴矿的能谱图

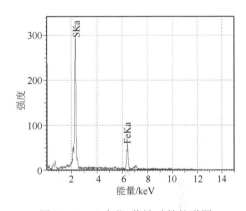

图 2-131　4 点位-黄铁矿的能谱图

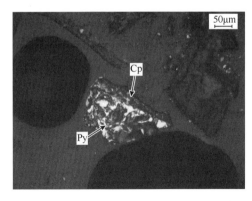

图 2-132　黄铜矿（Cp）/黄铁矿（Py）连生体

图 2-133　黄铜矿（2）/黄铁矿（1）连生体背
散射图

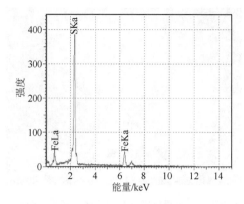

图 2-134 1 点位-黄铁矿的能谱图

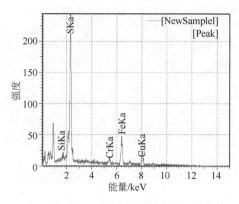

图 2-135 2 点位-黄铜矿的能谱图

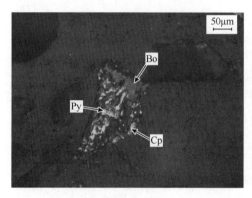

图 2-136 黄铁矿（Py）/斑铜矿（Bo）连生体

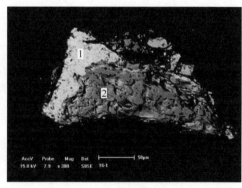

图 2-137 黄铁矿（2）/斑铜矿（1）连生体背散射图

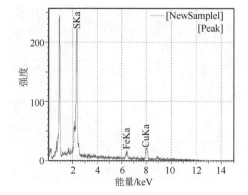

图 2-138 1 点位-斑铜矿的能谱图

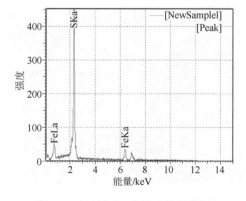

图 2-139 2 点位-黄铁矿的能谱图

通过光学显微镜和扫描电子显微镜研究铜钴混合精矿的矿物成分特点。分析表明，铜钴精矿含铜23.60%，含钴1.03%，含硫32.30%，含铁31.79%。工艺矿物学研究表明，铜矿物有黄铜矿、斑铜矿、辉铜矿、铜蓝，其中黄铜矿占75%，斑铜矿占12%，辉铜矿和铜蓝占10%，其余占3%；钴矿物为硫铜钴矿，还有少量辉砷钴矿；主要硫化物还有黄铁矿，此外闪锌矿、方铅矿、辉钼矿也有少量分布（表2-15）。硫铜钴矿与黄铜矿共生较为复杂，在黄铜矿中包含硫铜钴矿，硫铜钴矿中也包含黄铜矿。

表 2-15　精矿中的矿物分布

大类	矿物类型	矿物
金属矿物	铜矿物	黄铜矿、斑铜矿、辉铜矿、铜蓝
	钴矿物	硫铜钴矿，还有少量辉砷钴矿
	其他金属矿物	黄铁矿、闪锌矿、方铅矿、辉钼矿
非金属矿物	脉石矿物	石英、长石、方解石、白云石、黑云母以及绿泥石

2.4　钴精矿工艺矿物学研究

2.4.1　化学成分

本节所用的钴精矿矿样取自于赞比亚卢安夏巴鲁巴矿山，为选矿过程的中间产品，其化学成分及其主要元素含量见表2-16和表2-17。由表中数据可见，该矿样中金属钴的质量分数为1.63%，铜的质量分数为1.05%，有价金属钴、铜品位较低。石英、长石、绿泥石等脉石矿物含量高。若采用传统火法冶炼技术提取有价金属钴、铜，其经济效益和社会效益均不理想。

表 2-16　钴精矿 XRF 分析

组分	质量分数/%	组分	质量分数/%
SiO_2	44.89	Al_2O_3	8.70
CaO	2.86	Co_2O_3	1.52
SO_3	15.36	CuO	0.87
Fe_2O_3	9.63	MgO	10.08
K_2O	3.84	MnO	0.83
Na_2O	0.61	NiO	0.81

表 2-17　钴精矿中主要元素含量

元素	Cu	Co	Fe	S	Ca	Mg
质量分数/%	1.05	1.63	12.4	15.00	1.78	3.97

2.4.2　粒度分布及主要金属分布

　　利用标准筛对矿样进行粒级筛分，筛分后并对各粒级中钴、铜、铁等金属元素含量进行分析，分析结果见表 2-18。该矿石粒度大于 150μm 的矿粒占 36.42%，150～75μm 之间的矿粒占 33.58%，75～38μm 之间的矿粒占 16.37%，小于 38μm 的矿粒占 13.63%。可见，该含钴精矿的粒度分布广且总体粒度细，粒度小于 150μm 的矿石占 63.58%。

表 2-18　矿样粒级分布及不同粒级 Co、Cu、Fe 含量

矿样粒度/μm	分布率/%	w（Co）/%	w（Cu）/%	w（Fe）/%
>150	36.42	0.16	1.05	5.64
150～75	33.58	2.07	0.97	13.50
75～38	16.37	2.97	1.06	18.50
<38	13.63	2.27	1.01	20.10

　　由金属元素含量分布情况可见，含钴矿物与含铁矿物主要分布在细粒度矿石中，其中粒度小于 150μm 的矿石的钴含量占钴总量的 96.24%，铁含量占总铁量的 83.38%。而含铜矿物的分布比较均匀，各个粒级矿石的铜含量相差不大。

2.4.3　矿物成分

　　利用金相光学显微镜、扫描电子显微镜、EDS 能谱分析、XRD 分析等技术手段对研究所用矿样中的矿物组成与赋存状态进行研究。研究结果表明，矿样中含钴矿物为硫铜钴矿，大部分为单体硫铜钴矿，还有部分为连生体。铜矿物主要为黄铜矿、斑铜矿、辉铜矿、铜蓝等。硫化铁矿物主要为黄铁矿。黄铜矿与黄铁矿的赋存状态与硫铜钴矿相似，大部分为单体矿物，少部分为连生体。斑铜矿、辉铜矿、铜蓝主要以与其他硫化矿物或脉石矿物连生形式赋存，单体出现得很少。脉石矿物主要为石英、阳起石、镍绿泥石、钠长石、海泡石、黄长石。

1. 硫铜钴矿

研究所用的钴精矿中的钴矿物主要为硫铜钴矿（carrollite），化学分子式为
$CuCo_2S_4$。硫铜钴矿的晶体结构为等轴晶系，晶体形态主要为立方体、菱形十二面
体、八面体、四角三八面体。常呈等轴自形、半自形、他形粒状。反射色为乳白
色，微带粉红色、淡粉红色，无多色性，在镜下呈均质性，可见解理、双晶和环
带组构特征。在自然界中常被辉铜矿、斑铜矿、黄铜矿、蓝辉铜矿、铜蓝、黄铁
矿、磁黄铁矿交代。多呈包体出现于黄铜矿中，可含闪锌矿、黄铜矿及其他铜矿
物包体。常与磁铁矿、硫铜铋矿、黄铁矿等共生。主要产于岩浆型铜镍硫化物矿
床、热液矿床和沉积矿床中[10, 11]。

钴精矿中的硫铜钴矿主要以单体矿物形式存在，在镜下呈浅黄色微带粉红色，
具有强金属光泽。原矿中大部分的硫铜钴矿晶体发育不完整，多为半自形晶、他
形粒状晶体结构。矿物颗粒呈粗、中、细不等的粒状结构，粒径一般集中在 20～
100μm。原矿中还有少部分硫铜钴矿为连生体，多呈包体形式与黄铜矿、黄铁矿、
斑铜矿等其他金属矿物或脉石矿物连生。硫铜钴矿的 SEM 图与 EDS 能谱分析如
图 2-140 所示，赋存状态如图 2-141～图 2-143 所示。

2. 黄铜矿

黄铜矿是该矿石中最主要的铜矿物，约占矿石中铜矿物总量的 70%。黄铜矿
晶体结构为四方晶系，晶体相对少见，为四面体状，多呈不规则粒状及致密块状
集合体，也有肾状、葡萄状集合体。反射色为铜黄色、浓亮黄色、黄色、亮黄色、
较暗黄绿色，不显多色性。在镜下呈弱非均质性。常见双晶结构，偶见解理和内
部环带结构。除风化矿床外，几乎各类矿床中均可产出[10, 11]。

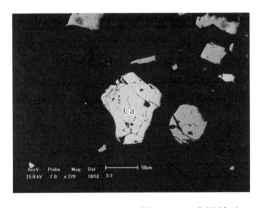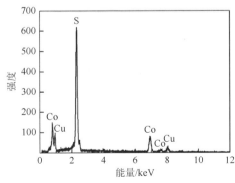

图 2-140   硫铜钴矿（Ca）SEM 图及 EDS 图

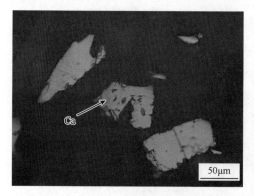
图 2-141　硫铜钴矿（Ca）单体显微照片

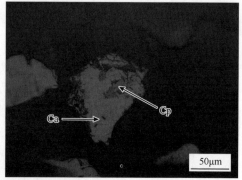
图 2-142　硫铜钴矿（Ca）与黄铜矿（Cp）连生

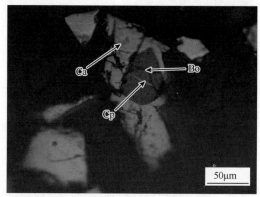
图 2-143　硫铜钴矿（Ca）与斑铜矿（Bo）、黄铜矿（Cp）连生

　　矿石中的黄铜矿大部分为单体黄铜矿，在镜下呈浓亮黄色和铜黄色，具有强金属光泽。矿物晶体为他形粒状晶体结构，矿物粒径分布广。少部分与其他硫化矿物或脉石矿物连生。黄铜矿 SEM 图与 EDS 能谱分析见图 2-144，赋存状态见图 2-145和图 2-146。

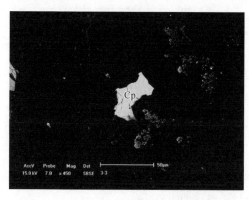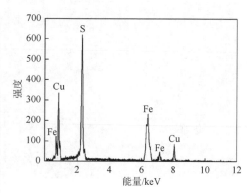

图 2-144　黄铜矿（Cp）SEM 图及 EDS 图

 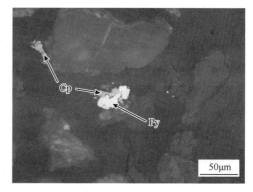

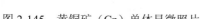

图 2-145　黄铜矿（Cp）单体显微照片　　　图 2-146　黄铜矿（Cp）与黄铁矿（Py）连生

3. 斑铜矿

斑铜矿是该矿石中含量相对较低的铜矿物，约占矿石中铜矿物总量的 20%。斑铜矿晶体结构为四方晶系，高温变体为等轴晶系。晶体形态为四方偏三角面体晶类，晶体可见等轴状的立方体、八面体和菱形十二面体等假象外形，但极为少见，通常呈致密块状或不规则粒状。反射色为淡玫瑰棕色，较深；较橙、较暗。在镜下呈均质性，有时可显微弱的非均质性。可见解理，常显双晶结构。主要产于沉积矿床、变质矿床和中、高温热液矿床中[10, 11]。

矿石中的斑铜矿为他形粒状晶体结构，在镜下呈淡玫瑰棕色。原矿中斑铜矿主要以与其他硫化矿物或脉石矿物连生形式存在，单体出现的斑铜矿很少。斑铜矿赋存状态如图 2-147 所示。

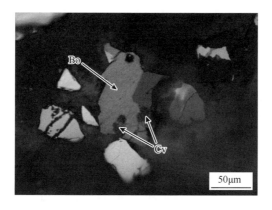

图 2-147　斑铜矿（Bo）与铜蓝（Cv）连生

4. 辉铜矿与铜蓝

辉铜矿与铜蓝是该矿石中含量较少的铜矿，约占矿石中铜矿物总量的 10%。辉铜矿晶体结构为单斜晶系，另一变体为高温变体，为六方晶系。晶体形态为斜方双锥晶类，常见单晶有平行双面、斜方柱、斜方双锥。反射色为灰白色微带蓝色调、淡蓝色、灰色带蓝等，不显多色性。铜蓝晶体结构为六方晶系。单晶体极为少见，呈细薄六方板状、叶片状或块状。通常以粉末状和被膜状集合体出现。反射色为深蓝色—白色微蓝，显多色性[10, 11]。

矿石中的辉铜矿为他形粒状晶体结构，在镜下呈灰色带蓝。铜蓝为他形粒状晶体结构，在镜下呈深蓝色。原矿中辉铜矿与铜蓝矿物单体出现得很少，主要以与其他硫化矿物或脉石矿物连生形式赋存，一般嵌布于其他硫化矿物或脉石的边缘和裂隙中。辉铜矿与铜蓝赋存状态如图 2-148 和图 2-149 所示。

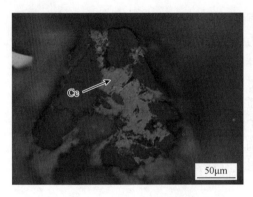
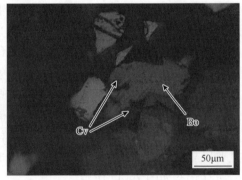

图 2-148　辉铜矿（Cc）与脉石矿物连生　　　图 2-149　铜蓝（Cv）与斑铜矿（Bo）连生

5. 硫化铁矿物

矿石中硫化铁矿物主要为黄铁矿。黄铁矿是该矿石中含量最多的金属矿物，约占矿石中金属矿物总量的 80%，是生物浸出过程中铁离子的主要来源。黄铁矿晶体结构为等轴晶系，常有完好的晶形，呈立方体、五角十二面体及其聚形和呈八面体的自形晶。反射色为淡黄色、黄白色较黄、淡黄，无多色性。在镜下呈均质性。黄铁矿为普遍存在矿物，在各种矿床中几乎都可出现[10, 11]。

矿石中黄铁矿大部分为单体黄铁矿，在镜下呈亮黄白色，具有强金属光泽。矿物晶体呈自形晶、半自形晶和他形粒状晶体结构。原矿中还有少部分黄铁矿与其他硫化矿物或脉石矿物连生。黄铁矿赋存状态如图 2-150 和图 2-151 所示。

图 2-150 黄铁矿（Py）单体显微照片　　图 2-151 黄铁矿（Py）与斑铜矿（Bo）连生

6. 脉石矿物

图 2-152 所示为赞比亚钴精矿的 XRD 分析。由 XRD 分析可知，原矿中脉石矿物主要为石英、阳起石、镍绿泥石、钠长石、海泡石、黄长石等。结合矿样 XRF 分析可知，研究所用的巴鲁巴钴精矿成分复杂，金属硫化矿物种类多但含量较低，而脉石矿物种类多、含量高。

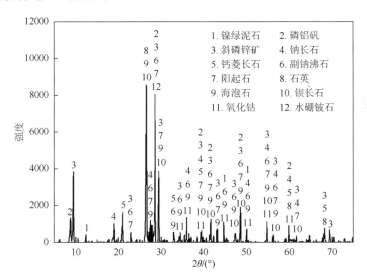

图 2-152 钴精矿 XRD 分析

2.5 小 结

（1）铜钴矿原矿石中铜矿物主要有黄铜矿、斑铜矿、辉铜矿、铜蓝。钴矿物为硫铜钴矿，还有少量辉砷钴矿。主要硫化铁矿物有黄铁矿，此外闪锌矿、方铅矿、辉钼矿也有少量分布。脉石矿物主要石英、长石、方解石、白云石、黑云母以及绿泥石类矿物。硫化物黄铜矿、黄铁矿、硫铜钴矿、斑铜矿等均表现出亏铜、亏铁、亏钴而富硫的特点。矿物的分布结构有粒状结构、包含结构、脉状结构、固溶体分离结构、反应边结构、格子结构、充填结构和镶边结构。硫铜钴矿与黄铜矿、斑铜矿、辉铜矿镶嵌关系较为复杂。

（2）铜钴混合精矿含铜 23.60%，含钴 1.03%，含硫 32.30%，含铁 31.79%。铜矿物主要有黄铜矿、斑铜矿、辉铜矿、铜蓝，其中黄铜矿占 75%，斑铜矿占 12%，辉铜矿和铜蓝占 10%，其余占 3%；钴矿物为硫铜钴矿，还有少量辉砷钴矿。精矿中还有一些连生体：硫铜矿/黄铁矿连生、黄铜矿/黄铁矿连生、黄铁矿/斑铜矿、黄铜矿/硫铜钴矿、斑铜矿/硫铜钴矿连生、石英/黄铜矿连生以及石英/黄铜矿、黄铜矿/长石连生。

（3）钴精矿中金属钴的质量分数为 1.63%，铜的质量分数为 1.05%，金属矿物品位较低，石英、长石、绿泥石等脉石矿物含量高。钴精矿的粒度分布广且总体粒度细，粒度小于 150μm 的矿石占 63.58%。含钴矿物与含铁矿物主要分布在细粒度矿石中，粒度小于 150μm 的矿石的钴含量占钴总量的 96.24%，铁含量占总铁量的 83.38%，而铜矿物的分布比较均匀，各个粒级的铜含量相差不大。钴精矿中含钴矿物为硫铜钴矿，铜矿物主要为黄铜矿、斑铜矿、辉铜矿、铜蓝等，硫化铁矿物主要为黄铁矿。硫铜钴矿、黄铜矿、黄铁矿大部分以单体矿物形式赋存，少部分为连生体。斑铜矿、辉铜矿、铜蓝主要以与其他硫化矿物或脉石矿物连生形式赋存，单体出现得很少。脉石矿物主要为石英、阳起石、镍绿泥石、钠长石、海泡石、黄长石等。

参 考 文 献

[1]　潘彤. 我国钴矿矿产资源及其成矿作用[J]. 矿产与地质，2003，98（4）：516-518.

[2]　汪贻水，等. 六十四种有色金属[M]. 湖南：中南工业大学出版社，1998.

[3]　王濮等. 系统矿物学（上）[M]. 北京：地质出版社，1982.

[4]　王萍. 矿石学教程[M]. 武汉：中国地质大学出版社，2008：192-194.

[5]　Abraitis P K，Pattrick R A D，Vaughan D J. Variations in the compositional，textural，and electrical properties of natural pyrite：A review [J]. Miner Process，2004，74：41-59.

[6]　Mizumaki M，Tsutsui S，Tanida H，et al. Determination of valence in Sm-based filled skutterudite compounds [J]. Physica B，2006，（383）：144-145.

[7]　Morimura T，Hasaka M. Electron channeling X-ray microanalysis for partially filled skutterudite structure [J]. Micron，2005，（36）：429-435.

[8]　菲什曼 M A，等. 有色金属与稀有金属选矿实践（第三卷）[M]. 北京：中国工业出版社，1962：46-76.

[9]　刘述忠，徐晓军，戴向东，等. 钴矿及含钴废水选冶处理的研究现状[J]. 国外金属矿选矿，1999，（3）：33-36.

[10]　卢静文，彭晓蕾. 金属矿物显微鉴定手册[M]. 北京：地质出版社，2010：93-160.

[11]　周乐光. 矿石学基础[M]. 北京：冶金工业出版社，2007：119-134.

第3章　浸钴微生物驯化研究

3.1　引　　言

在高浓度金属离子条件下，浸矿细菌对环境的适应性、对二价铁的氧化活性及细菌本身的稳定性是矿石浸出过程中的关键因素，筛选具有优良性状及较高金属离子耐受能力的浸矿菌种是提高细菌浸矿能力的重要途径。目前，菌种选育常采用自然选育和诱变育种等方法，属于经典的育种方法，而利用生物工程技术育种方式在生产上应用的例子目前还不是很多，因此驯化、诱变育种仍是当前用得最为普遍也是最经济实用的育种手段。但是到目前为止，报道有关将具有对金属离子抗性的驯化诱变菌应用于浸出的成功案例仍然较少。

3.2　钴离子驯化研究

钴对微生物的毒性体现在随着环境中金属浓度升高而影响甚至抑制微生物的生长及代谢活动[1]。据相关研究报道，不同的细菌以及同一细菌的不同菌株对离子的耐受性都是各异的[2-8]。因此本节研究利用添加钴盐的选择性培养基对试验菌株进行筛选和驯化，从而得到能在高浓度钴离子条件下具有强氧化活性和高稳定性的浸矿菌种，为生物冶金在钴离子抗性菌种选育及重金属耐受性机理研究方面奠定基础。

3.2.1　试验方法

本试验进行了 $1g \cdot L^{-1}$、$2g \cdot L^{-1}$、$3g \cdot L^{-1}$、$4g \cdot L^{-1}$、$5g \cdot L^{-1}$、$6g \cdot L^{-1}$、$10g \cdot L^{-1}$、$15g \cdot L^{-1}$、$20g \cdot L^{-1}$、$22g \cdot L^{-1}$、$25g \cdot L^{-1}$、$30g \cdot L^{-1}$ 合计共 12 个钴离子浓度的菌种钴离子耐受性驯化试验。为了方便分析，在此将这 12 个试验划分为 3 个区段：①细菌对低浓度钴离子耐受性驯化试验，范围是 $1 \sim 6g \cdot L^{-1}$；②细菌对中浓度钴离子耐受性驯化试验，其中包括 $10g \cdot L^{-1}$、$15g \cdot L^{-1}$、$20g \cdot L^{-1}$ 和 $22g \cdot L^{-1}$；③细菌对高浓度钴离子耐受性驯化试验，其中钴离子浓度包括 $25g \cdot L^{-1}$ 和 $30g \cdot L^{-1}$。在细菌对低浓度钴离子耐受性驯化试验中，因钴离子浓度较低，采用的菌种均为试验室活化过的混合菌初始菌种，而在细菌对中浓度以及高浓度钴离子耐受性驯化试验中，所采用的菌种

均为在前一个钴离子浓度中已驯化好的细菌后经活化 3 次的菌种。例如，在进行细菌对 25g·L^{-1} 钴离子的耐受性驯化试验时，所接种的细菌为已经驯化好的、可在 22g·L^{-1} 钴离子浓度下正常生长繁殖的细菌。本试验所用的钴离子来源为国药化学试剂有限公司生产的、级别为分析纯的 CoSO$_4$·7H$_2$O 药品。

本试验流程如下：在 500mL 锥形瓶中加入 180mL 9K 培养基以及 20mL 活化过的菌液（接种量 10%），用 H$_2$SO$_4$（1+1）调节初始 pH 至 1.70～1.75，加入试验设计的钴离子浓度所需的 CoSO$_4$·7H$_2$O 药品，其中一个为空白试样，然后将锥形瓶置于空气浴振荡器中进行 45℃、190r·min^{-1} 条件下的摇瓶培养，试验流程见图 3-1。试验过程中以酸度 pH、电位 E_h、溶液中 Fe^{2+} 的浓度以及菌液中的细菌浓度为考察对象。

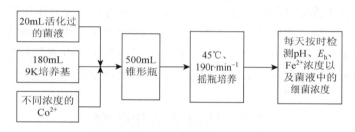

图 3-1　试验流程图

3.2.2　低浓度钴离子

在细菌对低浓度钴离子耐受性驯化试验中一共有 7 个试验，分别在 500mL 锥形瓶中加入 180mL 9K 培养基、20mL 菌液（接种量 10%）以及不同浓度的钴离子（表 3-1），钴离子来源于 CoSO$_4$·7H$_2$O 分析纯试剂，其中一个为空白试样。每天定时测定酸度 pH、电位 E_h、溶液中 Fe^{2+} 的浓度以及细菌浓度。

表 3-1　试验中钴离子浓度

试样号	0#	1#	2#	3#	4#	5#	6#
钴离子浓度/(g·L^{-1})	0	1	2	3	4	5	6

1. 酸度变化

细菌生长在酸性环境中，细菌氧化过程常常伴随着氢离子以及电子的移动，导致 pH 发生变化。各试样的 pH 变化如图 3-2 所示。从图中可以得知，菌液的初始 pH 为 1.66，虽然随着细菌生命活动过程中氧化作用的进行，pH 呈现先上升后下降再回升的趋势，但是各试样的 pH 变化范围均在 1.61～2.15，属于该混合菌正常生长的 pH 范围内。0#～6#试验在培养初期发生 Fe^{2+} 氧化反应，这时消耗酸，引起 pH 上升，随着培养时间延长，菌液中 Fe^{3+} 增多，Fe^{3+} 发生一系列水解反应，使溶液酸性增强[9]，但是在细菌生长的后期，由于细菌进入衰亡期开始有大量的细菌死亡，而不管是细菌蛋白的分解还是黄钾铁矾沉淀的生成都是耗酸的过程，菌液的 pH 又上升了，因此 0#～6#试验先后经历了耗酸—产酸—耗酸的过程。将1#～6#与 0#试验的 pH 变化进行对比后，可以看出 0#试验在耗酸阶段 pH 上升幅度明显大于 1#～6#的，这说明 0#试验中的菌氧化活性比 1#～6#的好，这也说明了钴离子对细菌生命活动的抑制作用。

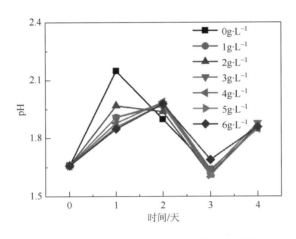

图 3-2　细菌氧化过程中 pH 的变化曲线图

2. 电位变化

细菌生长过程中菌液的氧化还原电位能在一定程度上反映细菌的氧化能力，而我们则是直接通过电位测定值来体现这个反应过程中细菌的活性以及其氧化活性的强弱。图 3-3 为该钴离子浓度范围中各试验的菌液电位 E_h 变化曲线图。从图中可以看出，试样 0#～6#试验中菌液的电位 E_h 总体的变化趋势均为先上升后有小幅度的下降。这是因为菌液中的 Fe^{2+} 不断被氧化成 Fe^{3+}，$[Fe^{3+}]/[Fe^{2+}]$ 不断变大，使得电位 E_h 不断升高，而后出现的小幅度下降则是因为菌液中有黄钾铁矾沉淀的生成，使得溶液中游离 Fe^{3+} 减少，导致电位 E_h 的下降。在试验过程的前期，将 1#～6#与空白试样的电位 E_h 增长趋势进行对比，可以看出 1#～6#电位 E_h 增长相对较为缓慢，并且随着钴离子浓度的增大，该现象变得更加明显。1#～4#的变化趋势基本一样，并且与空白试样的变化趋势非常相近，电位 E_h 都是一直快速上升。而5#和 6#则是在试验的前 2 天电位 E_h 上升比较缓慢，但是在进入第 3 天时已经快速上升了。这说明细菌对环境中钴离子的抗性逐步提高并且能在越来越高浓度的钴离子环境中存活生长。

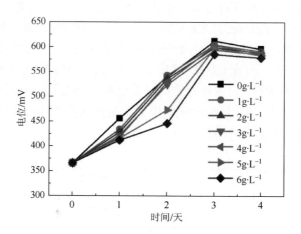

图 3-3　细菌氧化过程中电位变化曲线图

3. Fe^{2+}浓度变化

混合菌主要以氧化亚铁硫杆菌为主,氧化亚铁硫杆菌的生长过程就是将 Fe^{2+} 氧化成 Fe^{3+},以此来获得其生命活动所需的能量。菌液中 Fe^{2+}被氧化的速率快慢直观地反映细菌氧化活性。图 3-4 为该钴离子浓度区段各试验的菌液中 Fe^{2+}浓度变化曲线图。

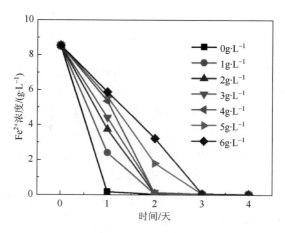

图 3-4　细菌氧化过程中 Fe^{2+}浓度变化曲线图

从图中可以看出,在菌液培养到第 3 天时,各个钴离子浓度的菌液中 Fe^{2+}基

本全部被氧化成为 Fe^{3+}，并且从该图中发现随着钴离子浓度的增加，细菌对 Fe^{2+} 氧化速率也相应地有所减小。其中空白试样在 1 天内将菌液中的 Fe^{2+} 基本消耗完，1#～4#试验在第 2 天时才基本将菌液中的 Fe^{2+} 完全氧化，而 5#和 6#试验在第 2 天时菌液中 Fe^{2+} 的氧化率也超过了 50%，到第 3 天时已经基本将菌液中的 Fe^{2+} 氧化消耗完。这不仅说明了细菌氧化活性随着钴离子浓度增大而减弱，还说明在该区段钴离子浓度范围内细菌还是能保持较好的氧化活性，表明了菌种驯化是细菌适应生长环境的过程。

4. 细菌浓度变化

菌种的优良与否不仅与细菌的氧化能力强弱相关，还与细菌的生长繁殖能力有关。从细菌生长曲线图中可以直观地看出，菌液中细菌浓度的变化趋势，这是判断细菌是否适应环境的最直接指标。图 3-5 为该钴离子浓度范围内各试验中细菌生长曲线变化图。

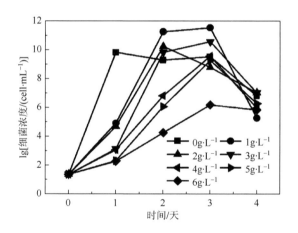

图 3-5　细菌氧化过程中细菌浓度的变化曲线图

从图中可以看出，1#～6#试验中细细菌浓度都是先上升到一个数量级别，并且在这个级别停留一段时间后才出现下降，这与 0#试验中细菌的钟罩型生长曲线是相吻合的。随着菌液中钴离子浓度的增加，细菌生长达到稳定期的时间逐渐延长（从对数期的斜率看出），不过在 1#、2#和 3#试验中，它们稳定期的细菌浓度都大于 0#试验中的细菌浓度，而 4#、5#以及 6#试验中的则小于 0#试验稳定期的细菌浓度。这说明了当菌液中存在少量钴离子时，在细菌生长初期时对其有抑制作用，而后反而有促进细菌繁殖的作用。

3.2.3　中浓度钴离子

在细菌对中浓度钴离子耐受性驯化试验中包括 $10g·L^{-1}$、$15g·L^{-1}$、$20g·L^{-1}$ 和 $22g·L^{-1}$ 4 个试验。

1. 细菌对 $10g·L^{-1}$ 钴离子耐受性驯化试验

本试验中所用的菌种为 6#试验中已驯化好的并经过 4 次活化的菌液。该试验中菌液的 pH 变化如图 3-6 所示。从图中可以看出，$10g·L^{-1}$ 试验中菌液的初始 pH 为 1.70，虽然随着细菌生命活动过程中氧化作用的进行，pH 呈现先上升后下降的趋势，但是菌液的 pH 变化范围均为 1.70～2.28，属于在该混合菌正常生长的 pH 范围内。pH 变化趋势是由于在培养初期发生 Fe^{2+}氧化反应，此时消耗酸，引起 pH 上升，随着培养时间延长，菌液中 Fe^{3+}增多，Fe^{3+}发生一系列水解反应，使溶液酸性增强，从而使 pH 有所回落。

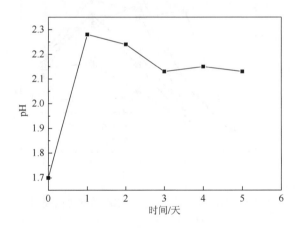

图 3-6　细菌氧化过程中 pH 的变化曲线图

该试验中菌液的电位 E_h 变化如图 3-7 所示。从图中可以看出，$10g·L^{-1}$ 试验中菌液的电位 E_h 的总体趋势是先上升后趋于稳定，这与空白试样电位 E_h 的变化趋势基本吻合。只是在试验的第 1 天时有一段延滞期，其电位 E_h 增长趋势相对比较缓慢；而后从第 2 天开始菌液进入了对数期，其电位 E_h 快速增长；在第 3 天结束时到达稳定期。这说明在该浓度下菌种已经能适应了。

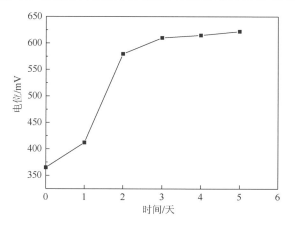

图 3-7　细菌氧化过程中电位变化曲线图

该试验中菌液的 Fe^{2+} 浓度变化如图 3-8 所示。从图中可以看出，$10g·L^{-1}$ 试验的菌液中 Fe^{2+} 在前 2 天内氧化速率十分迅速，到第 4 天结束时菌液中的 Fe^{2+} 基本被全部氧化成 Fe^{3+}。这和图 3-7 试样菌液中电位 E_h 变化图分析得到的结果是相一致的，变化曲线图都是在前 2 天内出现大幅度的变化。

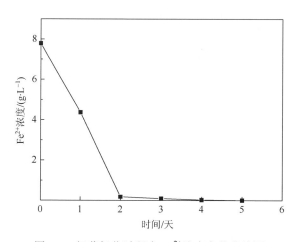

图 3-8　细菌氧化过程中 Fe^{2+} 浓度变化曲线图

该试验中细菌生长曲线变化如图 3-9 所示。从图中可以看出，$10g·L^{-1}$ 试验的菌液中在试验初期细菌就快速生长繁殖并没有出现延滞期，在第 2 天结束时细菌浓度超过 10^8 级别，进入了细菌生长的稳定期，而后在稳定期保持了一天后首次出现下降，该生长曲线图是典型的钟罩型生长曲线，基本与 0# 试验的完全吻合。此现象结合之前对电位 E_h 以及 Fe^{2+} 浓度变化的分析后，足以说明此菌种已经能够完全适应含有 $10g·L^{-1}$ 钴离子浓度的生长环境了，因此可以继续进行更高钴离子浓度驯化。

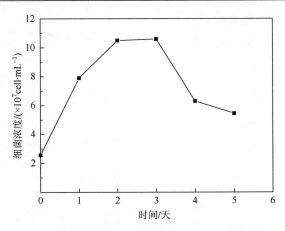

图 3-9　细菌氧化过程中细菌浓度的变化曲线图

2. 细菌对 $15g \cdot L^{-1}$ 钴离子耐受性驯化试验

本试验中所采用的菌种为在 $10g \cdot L^{-1}$ 试验中已驯化好的并经过 3 次活化的菌液。该试验中菌液的 pH 变化如图 3-10 所示。从图中可以看出，在 $15g \cdot L^{-1}$ 试验的菌液中，其初始 pH 为 1.70。虽然随着细菌生命活动过程中氧化作用的进行，其 pH 一直呈现上升趋势，但是该试验过程的菌液 pH 变化范围一直处于 1.70～1.92，落在该混合菌正常生长的 pH 范围内。但是由于 $15g \cdot L^{-1}$ 试样的菌液中钴离子浓度较高，细菌的氧化活性受到了钴离子的影响，Fe^{2+} 的氧化速率缓慢，一直处于耗酸过程，所以 pH 一直呈现上升趋势。

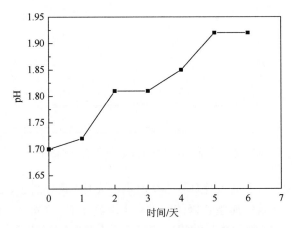

图 3-10　细菌氧化过程中 pH 的变化曲线图

该试验中菌液的电位 E_h 变化如图 3-11 所示。从图中可以看出，$15g \cdot L^{-1}$ 试验中菌液的电位 E_h 在试验前 4 天一直处于延滞期，电位 E_h 从起始的 365mV 经过 4

天时间后才上升到 450mV，其增长趋势比较缓慢，而在进入第 5 天时，其电位 E_h 从 450mV 只经过 1 天的时间就快速上升到 642mV，而后又小幅度下降。这是由于该试验的菌液中钴离子浓度较高，细菌的氧化活性受到了钴离子的影响，所以细菌在试验初期氧化活性较弱，电位增长较慢。之后经过 4 天时间的适应调整后，细菌已经适应了该钴离子浓度的生长环境，其氧化活性恢复到正常水平从而使电位 E_h 快速上升。而后出现的小幅度下降则是因为菌液中有黄钾铁矾沉淀的生成，使得溶液中游离 Fe^{3+} 减少，导致电位 E_h 的下降。

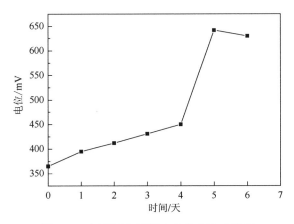

图 3-11　细菌氧化过程中电位变化曲线图

　　该试验中菌液的 Fe^{2+} 浓度变化如图 3-12 所示。从图中可以看出，15g·L^{-1} 试验的菌液中 Fe^{2+} 在前 4 天内氧化速率缓慢，菌液中的 Fe^{2+} 直到第 5 天结束时才基本被全部氧化成 Fe^{3+}。这和图 3-11 中菌液的电位 E_h 变化图分析得到的结果是相一致的，变化曲线图都是在第 5 天内出现大幅度的变化。

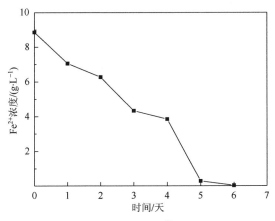

图 3-12　细菌氧化过程中 Fe^{2+} 浓度变化曲线图

　　该试验中细菌生长曲线变化如图 3-13 所示。从图中可以看出，$15g\cdot L^{-1}$ 试验中的菌液在试验前 3 天一直处于延滞期，此阶段菌液中的细菌生长繁殖缓慢。而在经过 3 天的适应后从第 4 天一开始，细菌就进入快速生长繁殖的阶段，细菌浓度呈现出几何对数上涨，在第 5 天结束时达到最大细菌浓度，而后开始出现下降。在第 4 天到第 5 天这段时间内，细菌已经能够快速地生长繁殖。此现象结合之前对电位 E_h 以及 Fe^{2+} 浓度变化的分析后，足以说明该菌种已经能够完全适应含有 $15g\cdot L^{-1}$ 的钴离子浓度的生长环境，因此可以继续驯化。

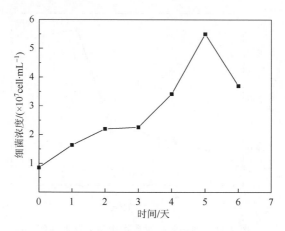

图 3-13　细菌氧化过程中细菌浓度的变化曲线图

3. 细菌对 $20g\cdot L^{-1}$ 钴离子耐受性驯化试验

　　本试验中所采用的菌种为在 $15g\cdot L^{-1}$ 试验中已驯化好的并经过 3 次活化的菌液。该试验中菌液的 pH 变化如图 3-14 所示。从图中可以看出，在 $20g\cdot L^{-1}$ 试验的

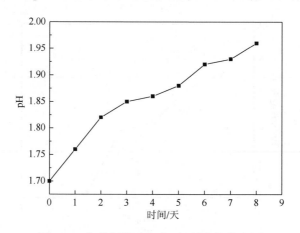

图 3-14　细菌氧化过程中 pH 的变化曲线图

菌液，其初始 pH 为 1.70。虽然随着细菌生命活动过程中氧化作用的进行，其 pH 一直呈现上升趋势，但是该试验过程中菌液 pH 变化范围一直处于 1.70～1.96，落在该混合菌正常生长的 pH 范围内。但是由于 $20g \cdot L^{-1}$ 试样的菌液中钴离子浓度较高，细菌的氧化活性受到了钴离子的影响，Fe^{2+} 的氧化速率缓慢，一直处于耗酸过程，所以 pH 一直呈现较低速率的上升趋势。

　　该试验中菌液的电位 E_h 变化如图 3-15 所示。从图中可以看出，$20g \cdot L^{-1}$ 试验中菌液的电位 E_h 在试验的前 6 天一直处于延滞期，电位 E_h 从起始的 365mV 经过 6 天时间才上升到 483mV，其增长趋势比较缓慢，而在进入第 7 天时电位 E_h 从 483mV 只用了 1 天的时间就快速上升到 622mV。这是由于该试样的菌液中钴离子浓度较高，细菌的氧化活性受到了钴离子的影响，所以细菌在试验初期氧化活性较弱，电位增长较慢；之后经过 6 天的适应调整后，细菌已经适应了该钴离子浓度的生长环境，其氧化活性恢复到正常水平从而使电位 E_h 快速上升。

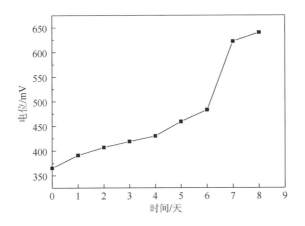

图 3-15　细菌氧化过程中电位变化曲线图

　　该试验中菌液的 Fe^{2+} 浓度变化如图 3-16 所示。从图中可以看出，$20g \cdot L^{-1}$ 试验的菌液中 Fe^{2+} 在前 4 天内氧化速率比较缓慢，Fe^{2+} 的氧化率不到 40%。而当试验进入第 5 天后，菌液中的 Fe^{2+} 迅速被氧化成 Fe^{3+}，到第 7 天结束时 Fe^{2+} 基本被氧化完全，后 3 天 Fe^{2+} 的氧化率大于 50%。由此得出在试验的前 4 天中细菌一直在适应含有该浓度的钴离子的环境，经过 4 天的适应后，细菌已经能在此环境中保持高效的氧化活性。这说明了该细菌已经能适应含有 $20g \cdot L^{-1}$ 钴离子的环境了。这和图 3-15 试样菌液中电位 E_h 变化图分析得到的结果是相一致的。

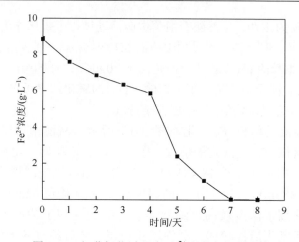

图 3-16　细菌氧化过程中 Fe^{2+} 浓度变化曲线图

　　该试验中细菌生长曲线变化如图 3-17 所示。从图中可以看出，$20g·L^{-1}$ 试验中的菌液在试验前 3 天一直处于延滞期，此阶段菌液中的细菌生长繁殖缓慢。而在经过 3 天时间适应后从第 4 天一开始，细菌就进入快速生长繁殖的阶段，细菌浓度呈现出几何对数上涨，在第 7 天结束时达到最大细菌浓度，而后开始出现下降。在第 4 天到第 7 天这段时间内，细菌已经能够快速地生长繁殖。此现象结合之前对电位 E_h 以及 Fe^{2+} 浓度变化的分析，说明该菌种已经能够完全适应含有 $20g·L^{-1}$ 钴离子浓度的生长环境，因此可以进行下个浓度的试验了。

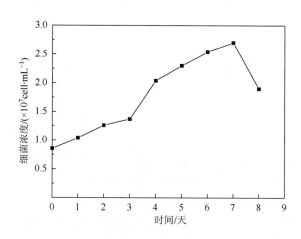

图 3-17　细菌氧化过程中细菌浓度的变化曲线图

4. 细菌对 $22g·L^{-1}$ 钴离子耐受性驯化试验

本试验中所采用的菌种为在 $20g·L^{-1}$ 试验中已驯化好的并经过 3 次活化的菌

液。该试验中菌液的 pH 变化如图 3-18 所示。从图中可以看出，$22g \cdot L^{-1}$ 试验中菌液的初始 pH 为 1.68，虽然随着细菌生命活动过程中氧化作用的进行，pH 呈现先上升后下降的趋势，但是菌液的 pH 变化范围均在 1.68～2.05 之间，在该混合菌正常生长的 pH 范围内。pH 变化趋势是由于在培养初期发生 Fe^{2+} 氧化反应，这时消耗酸，引起 pH 上升，随着培养时间延长，菌液中 Fe^{3+} 增多，Fe^{3+} 发生一系列水解反应，使溶液酸性增强，从而使 pH 有所回落。

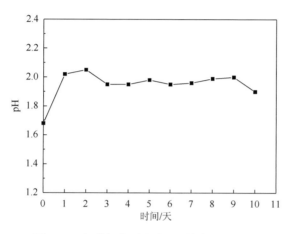

图 3-18　细菌氧化过程中 pH 的变化曲线图

该试验中菌液的电位 E_h 变化如图 3-19 所示。从图中可以看出，$22g \cdot L^{-1}$ 试验中菌液的电位 E_h 在试验的前 7 天一直处于延滞期，电位 E_h 从起始的 370mV 经过 7 天时间才上升到 435mV，其增长趋势十分的缓慢，而在进入第 8 天时电位 E_h 从 435mV 只用了 3 天的时间就快速上升到 640mV。这是由于该试验中菌液的

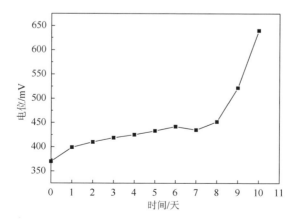

图 3-19　细菌氧化过程中电位变化曲线图

钴离子浓度较高，细菌的氧化活性受到了钴离子的影响，所以细菌在试验初期的氧化活性较弱，电位增长较慢；之后经过 7 天的适应调整，细菌已经适应了该钴离子浓度的生长环境，其氧化活性恢复到正常水平从而使电位 E_h 快速上升。

该试验菌液中的 Fe^{2+} 浓度变化如图 3-20 所示。从图中可以看出，22g·L^{-1} 试验中菌液的 Fe^{2+} 在前 6 天内氧化速率缓慢，Fe^{2+} 的氧化率不到 50%。而当试验进入第 7 天后，菌液中的 Fe^{2+} 迅速被氧化成为 Fe^{3+}，到第 9 天结束时 Fe^{2+} 基本被氧化完全，后 3 天的 Fe^{2+} 的氧化率大于 50%。由此得出在试验的前 6 天中细菌一直在适应含有该浓度的钴离子的环境，经过 6 天的适应后，细菌已经能在此环境中保持高效的氧化活性。这说明了该细菌已经能适应含有 22g·L^{-1} 钴离子的环境。这和图 3-19 试样菌液中电位 E_h 变化图分析得到的结果是一致的。

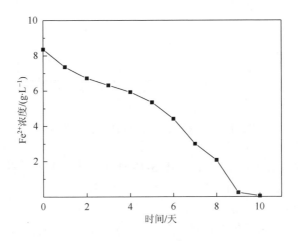

图 3-20　细菌氧化过程中 Fe^{2+} 浓度变化曲线图

该试验菌液中细菌生长曲线变化如图 3-21 所示。从图中可以看出，22g·L^{-1} 试验中的菌液在试验前 3 天一直处于延滞期，此阶段菌液中的细菌生长繁殖十分缓慢。不过从第 4 天开始细菌浓度增长略微有所加快，但还是远远没有达到几何对数增长期的程度，这种状态持续了 3 天时间。而细菌在经过 6 天时间适应后，就进入快速生长繁殖的阶段，细菌浓度呈现出几何对数上涨，在第 8 天结束时达到最大细菌浓度，而后开始出现下降。在第 6 天到第 8 天这 3 天时间内，细菌已经能够快速地生长繁殖。此现象结合之前对电位 E_h 以及 Fe^{2+} 浓度变化的分析后，足以说明该菌种已经能够完全适应含有 22g·L^{-1} 的钴离子浓度的生长环境。因此可以继续进行下个钴离子浓度的驯化。

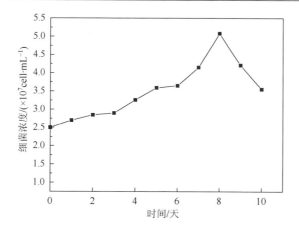

图 3-21　细菌氧化过程中细菌浓度的变化曲线图

3.2.4　高浓度钴离子

抗高浓度钴离子的细菌驯化试验一共包括 $25g·L^{-1}$ 和 $30g·L^{-1}$ 两个浓度梯度试验，它们都做了两次同等条件不同时间的二次驯化试验。在 500mL 锥形瓶中加入 180mL 9K 培养基、20mL 特定的菌种（10%接种量）以及按试验设计浓度的钴离子，然后进行摇瓶培养。钴离子来源于 $CoSO_4·7H_2O$ 分析纯试剂。每天定时测定酸度 pH、电位 E_h、溶液中 Fe^{2+} 的浓度以及细菌浓度。

1. 细菌对 $25g·L^{-1}$ 钴离子耐受性驯化试验

本试验先后做了 2 次细菌对 $25g·L^{-1}$ 钴离子的耐受性驯化，第 1 次驯化所采用的菌种为在 $22g·L^{-1}$ 试验中已驯化好的并经过 3 次活化的菌液，而第 2 次则是在第 1 次驯化的基础上用其菌液活化 3 次后的菌种。

先后两次试验中菌液的 pH 变化如图 3-22 所示。从图中可以得知，两次驯化试验菌液的初始 pH 都在 1.70 左右，并且整个试验过程中菌液的 pH 变化范围均在 1.69～2.35 之间，在该混合菌的正常生长 pH 范围内。在首次细菌对 $25g·L^{-1}$ 钴离子的耐受性驯化 1 试验中，其菌液的 pH 先是上升而后略微有所下降。在第 2 次细菌对 $25g·L^{-1}$ 钴离子的耐受性驯化 2 试验中，其菌液的 pH 先是上升而后出现了大幅度的下降。菌液 pH 在试验初期上升是因为 Fe^{2+} 被氧化是消耗酸的过程，而后随着培养时间的延长，菌液中的 Fe^{3+} 逐渐增多，其发生了一系列的水解反应，使菌液酸性慢慢增强从而导致 pH 下降。

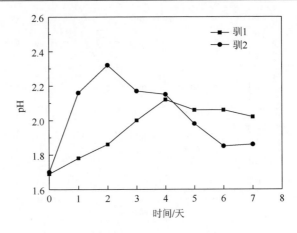

图 3-22　细菌氧化过程中 pH 的变化曲线图

先后两次试验中菌液电位 E_h 变化如图 3-23 所示。从图中可以得知，两次驯化试验菌液的初始电位 E_h 都在 280mV 左右，并且在试验的前 3 天它们的电位变化几乎重合。驯化 1 试验在试验的前 4 天电位 E_h 从 281mV 上涨到 451mV，并在第 5 天内快速上涨到 643mV，之后略有下降。而驯化 2 试验在试验的前 3 天电位 E_h 从 280mV 上涨到 430mV，在第 4 天内则是快速上涨到 607mV，之后还略有上升。由此可见，驯化 2 试验的所用菌种优于驯化 1 试验的所用菌种。

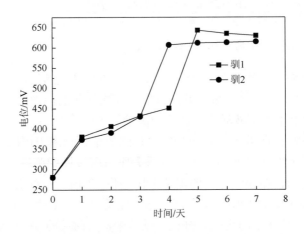

图 3-23　细菌氧化过程中电位变化曲线图

先后两次试验中菌液的 Fe^{2+} 浓度变化如图 3-24 所示。从图中可以看出，2 次试验的菌液中 Fe^{2+} 在前 3 天内被迅速氧化，Fe^{2+} 的氧化率均超过 65%，曲线变化几乎重合。但是在第 3 天之后，驯化 1 试验中的细菌氧化活性下降，用了 4 天时间才把剩余不到 35% 的 Fe^{2+} 氧化完全。而驯化 2 试验中的细菌氧化活性几乎没有减弱，在第 4 天内就把剩余的 Fe^{2+} 全部氧化，比驯化 1 试验提前了 3 天。从第 4 天开始，驯化 1 试验中的细菌氧化活性下降，而驯化 2 试验中的几乎不变，这是由于随着驯化 1 试验的进行，菌液中代谢物的积累以及细菌本身性能的衰退，细菌开始有些不适应含有 $25g·L^{-1}$ 钴离子的环境了，而驯化 2 试验是在驯化 1 试验的基础上进行的，菌种为经过驯化 1 试验的细菌，而细菌的驯化是一个逐渐适应环境的过程，所以这 2 个在相同条件不同时间下进行的试验 Fe^{2+} 浓度变化会有所不同，尤其是在试验的中后期。这也说明了经过驯化 1 试验的菌种对钴离子的耐受性能相对于在 $22g·L^{-1}$ 试验中已驯化好的菌种的耐受性能得到加强。

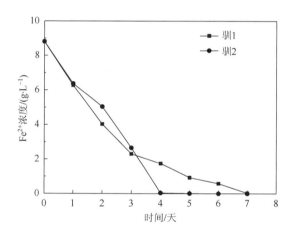

图 3-24　细菌氧化过程中 Fe^{2+} 浓度变化曲线图

先后两次试验中菌液的细菌生长曲线变化如图 3-25 所示。从图中可以看出，2 次试验的菌液中细菌生长变化曲线趋势都符合细菌在不含钴离子的钟罩型生长曲线。在试验的前 2 天它们都是在适应环境，驯化 2 试验菌液中的细菌比驯化 1 试验的适应性更强。在第 3 天细菌生长就进入对数期，当达到稳定期时驯化 2 试验菌液中的细菌浓度远远大于驯化 1 试验中的细菌浓度，超过了 $10^8 cell·mL^{-1}$，并且在稳定期持续了 3 天，比驯化 1 试验的体系长。从此可以看出，无论从细菌浓度还是细菌活性来说，经过驯化 1 试验的菌种对钴离子的耐受性要优于在 $22g·L^{-1}$ 试验中已驯化好的菌种的耐受性。此分析结果结合之前对电位 E_h 以及 Fe^{2+} 浓度变化的分析，说明经过驯化 2 试验的菌种已经能够完全适应含有 $25g·L^{-1}$ 的钴离子浓度的生长环境。

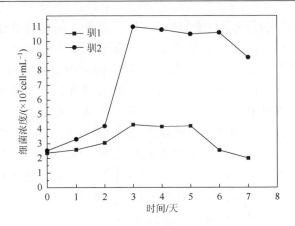

图 3-25 细菌氧化过程中细菌浓度的变化曲线图

2. 细菌对 $30g \cdot L^{-1}$ 钴离子耐受性驯化试验

本试验先后做了 2 次细菌对 $30g \cdot L^{-1}$ 钴离子的耐受性驯化，第 1 次驯化所采用的菌种为在 $25g \cdot L^{-1}$ 试验中已驯化好的并经过 3 次活化的菌液，而第 2 次则是在第 1 次驯化的基础上用其菌液进行 3 次活化后的菌种。

两次试验中菌液的 pH 变化如图 3-26 所示。从图中可以得知，两次驯化试验中菌液的初始 pH 均为 1.70。整个驯化 1 试验过程中菌液的 pH 变化范围始终为 1.61～1.92，而在驯化 2 试验过程中菌液的 pH 变化范围始终为 1.70～2.20，均属于该混合菌正常生长的 pH 范围。驯化 1 试验刚开始时由于细菌刚被接种进入含 $30g \cdot L^{-1}$ 钴离子的培养液中不久，细菌的氧化活性还没有受到高浓度钴离子的抑制，菌液中的 Fe^{2+} 在这段时间里仍然快速被氧化从而耗酸致使菌液 pH 出现上升，

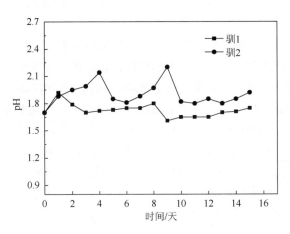

图 3-26 细菌氧化过程中 pH 的变化曲线图

而随着试验的进行，开始细菌不适应含有高浓度钴离子的环境，细菌的氧化活性受到了抑制，使得 Fe^{2+} 被氧化的速率变得十分缓慢，而菌液中存在的 Fe^{3+} 开始水解，产生少量的酸，致使 pH 又有所回落。虽然驯化 1 试验并没有使该菌在含有 $30g·L^{-1}$ 钴离子的环境中快速生长繁殖，但是至少能使得该菌在此环境下存活。而在驯化 2 试验中所用的菌种是经过驯化 1 试验的细菌，其在此环境下的耐受性要好于驯化 1 试验过程中细菌的耐受性，即氧化活性相对较强。因此在本次试验的前 4 天，菌液的 pH 一直在上升，在此之后菌液的 pH 出现了反复的下降上升。这种现象是细菌在适应含有 $30g·L^{-1}$ 钴离子环境的表现。

先后两次试验中菌液的电位 E_h 变化如图 3-27 所示。从图中可以得知，两次驯化试验菌液的初始电位 E_h 是 358mV，但是在驯化 1 试验过程中其菌液的电位 E_h 增长十分缓慢，经过 15 天的时间才上涨至 412mV，几乎可以忽略不计。在驯化 2 试验过程中其菌液的电位 E_h 增长相对比较迅速。在试验的前 12 天电位 E_h 就从初始的 358mV 上升到 490mV，比驯化 1 整个试验过程上涨幅度都大。而在试验的第 13 天到第 14 天两天内更是从 490mV 直接上涨到 602mV，并且在之后一天内继续上涨至 620mV。这说明了驯化 2 试验过程中的菌种对钴离子的耐受性正在逐渐变强。此菌种的耐受性已经优于驯化 1 试验过程中的菌种。

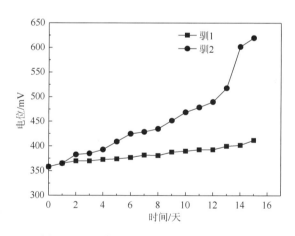

图 3-27　细菌氧化过程中电位变化曲线图

先后两次试验中菌液的 Fe^{2+} 浓度变化如图 3-28 所示。从图中可以看出，2 次试验的菌液中 Fe^{2+} 浓度变化曲线在前 2 天内几乎重合，此时两次试验的细菌氧化活性相对都比较好。但是在第 2 天之后，驯化 1 试验中的细菌受到浓度为 $30g·L^{-1}$ 钴离子的严重抑制，其氧化活性迅速下降，在接下来的 13 天试验过程中菌液中剩余的 Fe^{2+} 氧化率只有不到 14%。导致这种现象的原因是细菌刚被接种进入含 $30g·L^{-1}$ 钴离子的培养液中，细菌的氧化活性还没有受到高浓度钴离子的抑制，菌

液中的 Fe^{2+} 在这段时间里仍然快速被氧化，而随着试验的进行，细菌开始不适应含有高浓度钴离子的环境，细菌的氧化活性受到严重的抑制，使得 Fe^{2+} 被氧化的速率变得十分缓慢，相对于空白试样几乎可以忽略不计。而在驯化 2 试验的整个过程中，细菌一直都保持着相对较强的氧化活性，在试验的第 14 天菌液中的 Fe^{2+} 几乎被完全氧化。这说明了驯化 2 试验过程中的细菌氧化活性比驯化 1 试验中的要强得多，也说明了细菌经过 2 次 $30g·L^{-1}$ 钴离子的耐受性驯化后，其对钴离子的耐受性得到了提高。

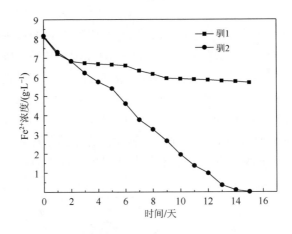

图 3-28　细菌氧化过程中 Fe^{2+} 浓度变化曲线图

先后两次试验中细菌浓度变化如图 3-29 所示。从图中可以看出，驯化 1 试验的初始细菌浓度为 $2.74×10^7cell·mL^{-1}$，在试验的前 3 天细菌浓度一直在增加，到第 3 天时达到本试验的最大细菌浓度 $5.6×10^7cell·mL^{-1}$。在此之后随着试验的进行，其细菌浓度一直下降，在试验第 6 天时降到最低值，为 $1.60×10^7cell·mL^{-1}$，而后维持在 $2.00×10^7cell·mL^{-1}$ 以下直到驯化 1 试验结束，试验结束时的细菌浓度为 $1.78×10^7cell·mL^{-1}$，低于试验初始细菌浓度，这说明细菌在该试验过程中生长繁殖受到了菌液中高浓度钴离子的严重抑制。驯化 2 试验的初始细菌浓度为 $1.52×10^7cell·mL^{-1}$，在试验的前 4 天细菌浓度缓慢上升，而从第 5 天开始细菌的繁殖进入了生长曲线的几何对数期，在第 10 天时达到本试验的最大细菌浓度 $8.56×10^7cell·mL^{-1}$。在此之后，其细菌浓度迅速下降，在试验第 13 天时降到最低值，为 $3.2×10^7cell·mL^{-1}$，而后又有所上升，试验结束时细菌浓度为 $3.8×10^7cell·mL^{-1}$，是试验初始细菌浓度的 2 倍多。此分析结果结合之前对电位 E_h 以及 Fe^{2+} 浓度变化的分析，可以得出该菌种已经能在含有 $30g·L^{-1}$ 钴离子的环境下缓慢地生长繁殖，即细菌经过 2 次 $30g·L^{-1}$ 钴离子的耐受性驯化后，其对钴离子的耐受性得到了提高，但它的生命活动还是受到影响。

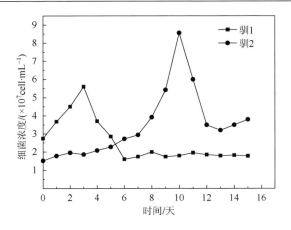

图 3-29　细菌氧化过程中细菌浓度的变化曲线图

3.3　钴矿石驯化研究

由于矿物成分复杂，对细菌的影响不确定。因此在用钴盐对细菌进行驯化的基础上还用铜钴混合精矿对细菌进行驯化，在 45℃条件下依次做了 3% 和 5% 矿浆浓度的驯化试验。

3.3.1　矿浆浓度 3%

本试验中所采用的菌种为在 $22g \cdot L^{-1}$ 试验中已驯化好的并经过 4 次以上活化后的菌液，加入矿粉量 6g。该试验中矿浆的 pH 变化如图 3-30 所示。从图 3-30 中

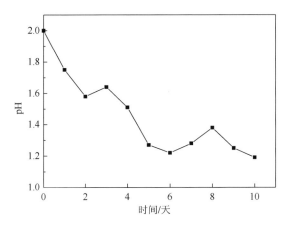

图 3-30　细菌氧化过程中 pH 的变化曲线图

可以看出，矿浆的 pH 总体变化呈下降趋势。在试验的过程中有时会出现略微上升，但之后又下降。这是因为铜钴混合精矿中含有大量的 S 元素，当它被细菌氧化时形成了硫酸，从而使矿浆的 pH 下降[10]。而后出现了上升则是由于矿石表面的 S 元素被氧化完后，矿浆中的 Fe^{2+} 被氧化和矿石被化学腐蚀都是耗酸的过程，致使矿浆 pH 上升，之后又下降是因为矿石被腐蚀后矿中的 S 元素再次暴露出来。

　　该试验中矿浆的电位 E_h 变化如图 3-31 所示。从图中可以看出，矿浆中的电位 E_h 在试验初期呈现出先上升后有较大幅度的下降之后又上升到 600mV 以上的现象。而在后阶段的试验中有时有略微的波动但一直保持在 600mV 以上。电位 E_h 下降是因为矿石中的 Fe^{2+} 溶解到矿浆中，矿浆中[Fe^{2+}]/[Fe^{3+}]增大，从而使电位下降，之后 Fe^{2+} 又被细菌氧化，致使电位 E_h 又上升。

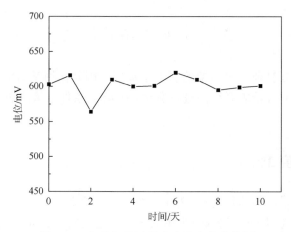

图 3-31　细菌氧化过程中电位变化曲线图

　　该试验中矿浆的 Fe^{2+} 浓度变化如图 3-32 所示。从图 3-32 中可以看出，矿浆中的 Fe^{2+} 浓度在第 1 天时出现快速下降，在第 2 天时基本不变，而在第 3 天之后在矿浆中几乎测不到 Fe^{2+} 的存在。矿浆中的 Fe^{2+} 浓度第 1 天出现下降是因为在试验开始时矿浆中存在大量的细菌，致使 Fe^{2+} 被氧化的速率要比从矿石中溶出的 Fe^{2+} 速率快。而在第 2 天 Fe^{2+} 浓度几乎不变则是因为矿浆中大量游离的细菌吸附到矿石表面使得大量的 Fe^{2+} 从矿石中溶出，抵消了被细菌氧化的量[11-14]。而后矿浆中 Fe^{2+} 浓度下降则是由于矿石中的 Fe^{2+} 基本溶出完全，而细菌又快速氧化 Fe^{2+}，从而使矿浆中 Fe^{2+} 被消耗完全。

　　在该试验的矿浆中细菌浓度变化如图 3-33 所示。从图中可以看出，矿浆中初始细菌浓度为 $1.242 \times 10^8 cell \cdot mL^{-1}$。在试验的第 1 天基本不变，在第 2 天快速上升，在第 3 天和第 4 天一直在下降，在第 5 天又开始上升，在第 6 天结束时达到

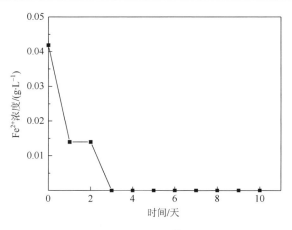

图 3-32　细菌氧化过程中 Fe^{2+} 浓度变化曲线图

最高细菌浓度，为 $3.66 \times 10^8 cell \cdot mL^{-1}$，而后又开始下降，试验结束时矿浆中的细菌浓度为 $2.96 \times 10^8 cell \cdot mL^{-1}$。细菌浓度第 1 次出现上升是因为加入菌液中的矿粉经过一天的酸溶解开始溶出部分的 Fe^{2+}，使得菌液中又有了提供能量的物质，从而矿浆中的细菌浓度开始上升。细菌浓度第一次下降则是因为此时有大量的细菌吸附到矿石表面氧化暴露在矿石表面的 S^{2-}，从而破坏矿石组分，使得矿浆又有大量的 Fe^{2+} 溶出。因为矿浆中存在大量的 Fe^{2+}，所以细菌可以在氧化 Fe^{2+} 后获得生长繁殖的能量致使细菌浓度又大幅度上涨。细菌浓度第二次下降是因为矿石中的 Fe^{2+} 几乎全部溶出，菌液中的 Fe^{2+} 全部被氧化完全，所以细菌没有能量物质，细菌浓度开始下降。结合之前对 pH、电位 E_h 以及 Fe^{2+} 浓度变化的分析可以得知，铜钴混合精矿的组分一直被细菌氧化破坏，从而使矿中的 Co 元素以钴离子的形式溶解到浸出液中。

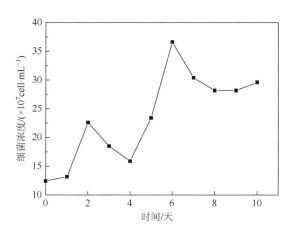

图 3-33　细菌氧化过程中细菌浓度的变化曲线图

本次试验历时 10 天,试验中最高细菌浓度为最高细菌浓度为 $3.66 \times 10^8 \mathrm{cell \cdot mL^{-1}}$,并在最后通过测定浸出渣中 Co 元素含量,经过计算后可以得出 Co 元素的浸出率为 93.80%。这说明该菌在此矿浆浓度下很好地生长,因此试验进入矿浆浓度为 5%的驯化试验。

3.3.2　矿浆浓度 5%

本试验中所采用的菌种为在矿浆浓度为 3%试验中驯化好的并经过 4 次以上活化后的菌液,加入矿粉量为 10g。

该试验中矿浆的 pH 变化如图 3-34 所示。从图 3-34 中可以看出,矿浆的 pH 总体变化趋势是下降的。在试验的过程中 pH 有时会出现略微的上升,但之后又下降。这是因为铜钴混合精矿中含有大量的 S^{2-},当它被细菌氧化时形成了硫酸,从而使矿浆中的 pH 下降。而后出现上升则是由于矿石表面的 S^{2-} 被氧化完后,矿浆中的 Fe^{2+} 被氧化和矿石被化学腐蚀都是耗酸的过程,致使矿浆 pH 上升,之后下降则是因为矿石被腐蚀后矿中的 S^{2-} 再次暴露出来。

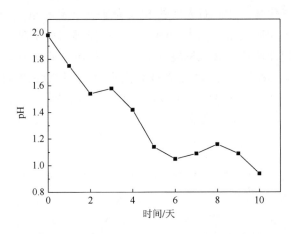

图 3-34　细菌氧化过程中 pH 的变化曲线图

该试验中矿浆的电位 E_h 变化如图 3-35 所示。从图 3-35 中可以看出,矿浆中的电位 E_h 在试验初期呈现出先略有上升后又较大幅度地下降之后又上升到 600mV 以上的现象。而在后阶段的试验中有时有略微的波动但一直保持在 600mV 以上。电位 E_h 下降是因为矿石中的 Fe^{2+} 溶解到矿浆中,矿浆中的 $[Fe^{2+}]/[Fe^{3+}]$ 增大,从而使电位下降,之后 Fe^{2+} 又被细菌氧化,致使电位 E_h 又上升。

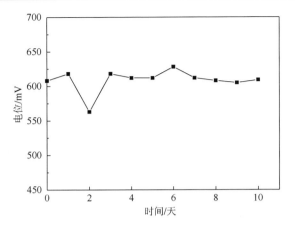

图 3-35　细菌氧化过程中电位变化曲线图

该试验中矿浆的 Fe^{2+} 浓度变化如图 3-36 所示。从图 3-36 中可以看出，矿浆中的 Fe^{2+} 浓度在第 1 天时基本不变，在第 2 天时出现快速下降，而在第 3 天之后在矿浆中几乎测不到 Fe^{2+} 的存在。在试验开始时矿石中有较多的 Fe^{2+} 溶出而此时溶液中的细菌浓度相对还是比较少，致使 Fe^{2+} 被氧化的速率和从矿石中溶出的 Fe^{2+} 速率基本相同，从而矿浆中 Fe^{2+} 浓度在第 1 天基本不变。而后由于在矿浆中细菌浓度开始增长使得矿浆中 Fe^{2+} 被氧化的速率要比从矿石中溶出的 Fe^{2+} 速率快，从而出现矿浆中 Fe^{2+} 浓度快速下降现象。

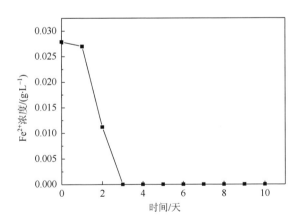

图 3-36　细菌氧化过程中 Fe^{2+} 浓度变化曲线图

在该试验的矿浆中细菌浓度变化如图 3-37 所示。从图 3-37 中可以看出，矿浆中初始细菌浓度为 1.154×10^{8} cell·mL^{-1}。在试验的第 1 天内基本不变，在第 2 天快速上升，在第 3 天和第 4 天基本不变，在第 5 天又快速上升，而在第

6 天至第 8 天则相对缓慢增长，在第 8 天结束时达到最高细菌浓度为 $6.16 \times 10^8 cell \cdot mL^{-1}$，而后又开始下降，试验结束时矿浆中的细菌浓度为 $3.32 \times 10^8 cell \cdot mL^{-1}$。细菌浓度第 1 次出现上升是因为加入菌液中的矿粉经过一天的酸溶解开始溶出部分的 Fe^{2+}，从而矿浆中的细菌浓度开始上升。在第 3 天和第 4 天基本不变则是由于矿浆中的 Fe^{2+} 浓度变小导致细菌繁殖变慢并且细菌开始逐渐吸附到矿石表面，因此在此阶段，矿浆中的细菌浓度基本不变。而后又开始快速上升是因为吸附到矿石表面的细菌已经达到饱和，并且细菌氧化矿石表面的 S^{2-}，破坏矿石组分，使得矿浆中出现大量的 Fe^{2+}，为细菌生长繁殖提供能量物质。随着矿浆中 Fe^{2+} 不断减少直到耗完，细菌生长繁殖开始减慢，最后出现负增长。结合之前对 pH、电位 E_h 以及 Fe^{2+} 浓度变化的分析后，我们可以得知铜钴混合精矿的组分一直被细菌氧化破坏，从而使矿中的钴以钴离子的形式溶解到浸出液中。

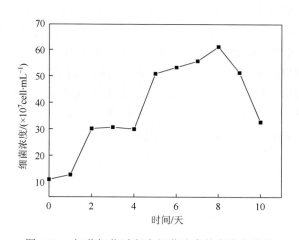

图 3-37　细菌氧化过程中细菌浓度的变化曲线图

本次试验历时 10 天，试验中最高细菌浓度为 $6.16 \times 10^8 cell \cdot mL^{-1}$，并在最后通过测定浸出渣中 Co 元素含量，经过计算后可以得出 Co 元素的浸出率为 79.08%。这说明该菌能在此矿浆浓度下很好地生长。

3.3.3　矿浆浓度 10%

本试验所采用的菌种是在矿浆浓度为 5%试验中驯化好并经过 4 次以上活化后的菌液，加入矿粉量为 20g。试验过程中 pH 随时间的变化如图 3-38 所示。图中显示 10%矿浆浓度浸出试验的初始 pH 为 1.64。加矿后第 1 天 pH 增长到 1.68。第 2 天继续增至 1.75。第 3 天开始 pH 出现下降。随后的几天里，pH 总体呈下降趋势。尽管溶液 pH 发生上述一系列变化，但仍然都在细菌适应生长的范围内。

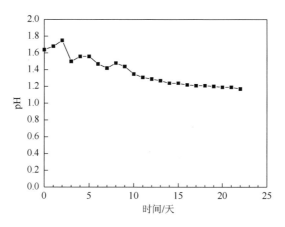

图 3-38　pH 随时间的变化曲线图

10%矿浆浓度浸出液的 E_h 变化如图 3-39 所示。从图中可以看出，刚加矿后的 E_h 为 485mV，在第 1 天时以最快速度迅速降为 420mV，并在第 2 天继续下降至最小值 403mV。从第 2 天的 E_h 为 403mV 增长到第 3 天的 436mV。随后电位持续增长，第 18 天 E_h 为 608mV。

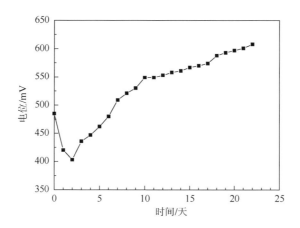

图 3-39　电位随时间的变化曲线图

从图 3-40 中可以看出 Fe^{2+} 浓度变化随时间的增加先增大后减小。在加矿后，1 天内 Fe^{2+} 浓度从零迅速增加到 6.34g·L^{-1}，增长速率达到最大值。第 1 天后 Fe^{2+} 浓度开始下降，从第 1 天的 6.34g·L^{-1} 降到第 4 天的 5.18g·L^{-1}。第 4 天后 Fe^{2+} 氧化速率达到最大值。由第 4 天的 5.18g·L^{-1} 降到第 7 天的 1.12g·L^{-1}。随后 Fe^{2+} 浓度继续下降，但下降速度减缓，在第 21 天降为 0。

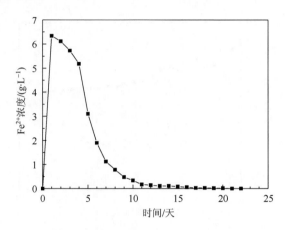

图 3-40　Fe^{2+}浓度随时间的变化曲线图

溶液中细菌浓度的变化如图 3-41 所示。从图中可以看出，在加矿后细菌浓度急剧下降，从初始的 7×10^8cell·mL^{-1}，在第 1 天时达到最小值 1.02×10^7cell·mL^{-1}。随后逐渐上升进入对数期，从第 1 天的 1.02×10^7cell·mL^{-1} 增长到第 11 天的 7.28×10^8cell·mL^{-1}。在之后的时间里保持相对稳定，细菌生长进入稳定期，细菌浓度在 7.2×10^8cell·mL^{-1} 左右波动。

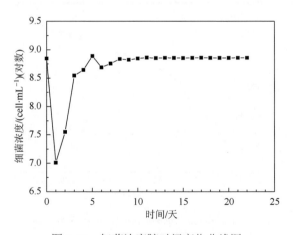

图 3-41　细菌浓度随时间变化曲线图

本次试验历时 22 天，试验中最高细菌浓度为 7.2×10^8cell·mL^{-1}，并在最后通过测定浸出渣中 Co 元素含量，经过计算后可以得出 Co 的浸出率为 84.55%。这说明了该菌能在此矿浆浓度下很好地生长，因此该菌种已可以用于浸出矿物。

3.4　浸钴微生物 ZY101

微生物冶金技术被誉为 21 世纪矿产资源加工的战略性技术，是一种环境友好的冶金技术，在环境问题日益严峻的今天，细菌浸钴工艺是一种极具竞争力的工艺。而菌种则是该工艺的核心技术，浸矿细菌对待浸矿石的耐受性，在浸出环境中的生长活性及氧化活性直接影响微生物冶金技术的应用。由上述的研究结果可知，经过长期驯化研究，培养出优势浸钴菌种 ZY101 菌，形成了菌种核心技术。在浸出过程中，ZY101 菌生长良好，细菌浓度可达 $7.0 \times 10^8 \mathrm{cell \cdot mL^{-1}}$ 以上，氧化活性强，钴浸出率可达 80%以上。可见，采用 ZY101 菌浸出含钴矿石具有很高的可行性。

3.5　浸矿体系中微生物宏基因组研究

宏基因组学（metagenomics）是针对环境样品中全部微生物 DNA 的研究，在近年来已经成为认识环境微生物群落的组成与多样性、基因功能、微生物之间相互作用等的新的研究领域[15]。为了研究本浸矿体系中微生物群落结构、基因功能等性质，作者委托苏州金唯智生物科技有限公司对浸矿体系样品进行了基于 Illumina Hiseq 测序的宏基因组分析，得到浸矿溶液中的微生物分类学信息。图 3-42 中圆圈从内到外分别代表界、门、纲、目、科、属、种水平上微生物群落的组成信息。

在界水平上，古细菌（archaea）所占比例最高，达到 57%；其次是细菌（bacteria），所占比例为 21%；同时也检测到真菌（eukaryota），占 0.03%；另外还有 21%的序列无法被归属到任何已知的微生物。古菌微生物均来自 Euryarchaeota 门、Thermoplasmata 纲中的 Thermoplasmatales 目。主要由 *Ferroplasma acidarmanus*、*Ferroplasma acidiphilum* 和 *Ferroplasma* sp. Type Ⅱ 三种微生物组成，分别占 81%、15% 和 1%。细菌微生物主要由 Proteobacteria 门和 Nitrospira 门组成，分别占 41%和 7%，仍有 52%的细菌序列门类信息未知。在种水平上，相对丰度较高的细菌主要包括 *Acidithiobacillus ferrooxidans*、*Acidithiobacillus ferrivoran*、*Acidithiobacillus thiooxidans*、*Acidithiobacillus* sp. GGI221 和 *Acidithiobacillus caldus*，分别占 16%、11%、8%、2%和 0.8%。

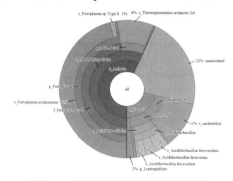

图 3-42　浸矿体系中微生物群落的组成（Krona 图）

3.6 小　　结

（1）采用逐渐增加培养液中钴离子浓度的方法，对浸矿微生物进行钴离子耐受性驯化研究。最终，细菌对钴离子的耐受性大幅度提高，得到可在含有 $30g·L^{-1}$ 钴离子的环境中生长良好的浸矿细菌。

（2）采用逐渐增加钴矿石质量的方法，对浸矿微生物进行钴矿石耐受性驯化研究。最终，细菌对钴矿石的耐受性大幅度提高，在矿浆浓度为 10% 的驯化试验中，细菌浓度可达 $7.2×10^8cell·mL^{-1}$，金属钴的浸出率为 84.55%。

（3）经过长期驯化研究，培养出优势浸钴菌种 ZY101 菌，形成了菌种核心技术，采用 ZY101 菌浸出含钴矿石具有可行性。

参 考 文 献

[1] 张晓玲，刘剑，黄弘. 钴离子与人体健康和微生物的关系[J]. 国际口腔医学杂志，2008，35（1）：30.

[2] Torma A P. The role of *Thiobacillus ferrcoxidans* in hydrometallurgical process[J]. Adv Biochem Eng，1977，6：1-38.

[3] Cabrera G，Pérez R，Gómez J M，et al. Toxic effects of dissolved heavy metals on *Desulfovibrio vulgaris* and *Desulfovibrio* sp. strains[J]. Journal of Hazardous. Materials，2006，135（1-3）：40-46.

[4] 徐海岩，颜望明. 细菌抗砷特性研究进展[J]. 微生物学通报，1995，22（4）：228-231.

[5] Lippard S L，Berg J M. 生物无机化学原理[M]. 席振丰等译. 北京：北京大学出版社，2000：103.

[6] 刘清，徐伟昌，张宇. 重金属离子对氧化亚铁硫杆菌活性的影响[J]. 铀矿冶，2004，23（3）：155-157.

[7] 李洪枚，柯家骏. Ni^{2+} 和钴离子对氧化亚铁硫杆菌活性的影响[J]. 有色金属，2000，52（1）：49-54.

[8] 佟琳琳. 细菌浸出黄铜矿机理和含铜尾矿的细菌浸出试验研究[D]. 沈阳：东北大学，2008.

[9] 罗飞侠，王洪江，吴爱祥. 金属硫化矿的微生物脱硫可行性分析[J]. 中国安全生产科学技术，2009，5（4）：25.

[10] 张苏文. 氧化亚铁硫杆菌的纯化与对重金属的耐性[J]. 江西铜业工程，1998，（3）：34-37.

[11] 柳建设，王兆慧，耿梅梅. 微生物浸出中微生物-矿物多相界面作用的研究进展[J]. 矿冶工程，2006，26（1）：40-43.

[12] 王文生，魏德洲. 微生物在扩物表面望毛附的意义及研究方法[J]. 国外金属矿选矿，2000，3：37-40.

[13] 贾春云，魏德洲. 氧化亚铁硫杆菌在硫化矿物表面的吸附[J]. 金属矿山，2007，8：34.

[14] 潘颢丹，杨洪英，陈世栋. 黄铜矿表面生物吸附量的测定条件[J]. 东北大学学报（自然科学版），2010，31（7）：1000-1002.

[15] 周丹燕，戴世鲲，王广华，等. 宏基因组学技术的研究与挑战[J]. 微生物学通报，2011，38（4）：591-600.

第4章 钴矿物微生物氧化机理研究

4.1 引　　言

对于硫化矿物生物浸出机理的研究，是生物冶金研究领域中最受研究者关注的热点之一，是生物冶金技术发展重要的理论支撑。要弄清楚硫化矿物生物浸出机理，至少要说明两个问题：①细菌在浸出过程中的作用，及如何起作用，即细菌氧化硫化矿物的作用机理是什么；②生物浸出过程的反应途径是什么，即浸出过程中经历了哪些中间过程，生成的产物是什么。经过多年来的研究与探索，关于生物浸出机理的研究获得长足进展，取得许多研究成果。在生物浸出作用机理研究方面，提出了直接作用-间接作用机理、间接作用-接触作用机理等理论。在反应途径研究方面，建立了硫代硫酸盐和多硫化物两种反应途径。但是，对于硫化矿物生物浸出机理的研究，主要集中在硫化铜矿、硫化铁矿、硫化锌矿等矿物上，对于硫化钴矿物生物浸出机理的研究涉及比较少，尤其是关于硫铜钴矿生物浸出机理的研究。

本章选用天然高纯硫铜钴矿块状矿石为试验原料，结合扫描电子显微镜（SEM）、X射线能谱分析（EDS）、X射线衍射分析（XRD）、X射线光电子能谱分析（XPS）等先进分析技术，全面地研究细菌氧化硫化矿物的作用机理、生物浸出过程的反应途径、生物浸出过程中的中间产物等问题，揭示硫铜钴矿生物浸出机理，进一步深化钴矿物生物浸出理论研究。

4.2　钴矿物微生物腐蚀动态过程研究

4.2.1　显微镜研究

1. 硫铜钴矿抛光片细菌氧化动态腐蚀过程

图4-1所示为细菌氧化腐蚀过程中硫铜钴矿抛光片表面显微特征随时间变化情况。由图可见，未经过细菌氧化腐蚀时，硫铜钴矿晶体表面干净光滑，具有强金属光泽，反射色为淡黄微带粉红色，镜下呈均质性。细菌氧化腐蚀12h时，晶体表面出现不均匀的浅蓝色微带淡黄色的氧化色，反射率降低；细菌氧化12~48h时，晶体表面颜色随着细菌氧化的进行逐渐发生变化，其变化顺序为：浅蓝色微带淡黄色→蓝绿色微带紫色→暗紫红色微带绿色→土黄色。同时，晶体表面不再平整光滑，一些缺陷或

结晶化较低的部位出现细小的氧化腐蚀小孔；细菌氧化 48～96h 时，晶体表面腐蚀逐渐加剧，表面颜色逐渐氧化变暗至黑黄色。晶体表面的腐蚀小孔逐渐变大并开始向内部氧化，深度加深，形成孔洞。同时遍布晶面的小凹点也开始加速氧化，部分凹点已被腐蚀扩大成小斑坑；细菌氧化 96～144h 时，晶体表面腐蚀进一步加剧，表面黑色逐渐加深，腐蚀孔洞继续变深、增大，晶体表面出现浅黄色腐蚀斑块。同时，大量的氧化腐蚀产物和细菌代谢产物覆着在晶体表面上，形成一层氧化产物层。氧化产物层随着氧化时间的延长逐渐增厚，对晶体表面的细菌氧化产生影响。

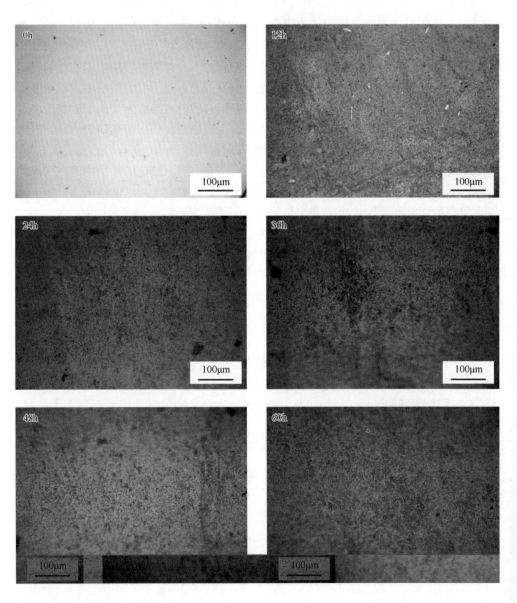

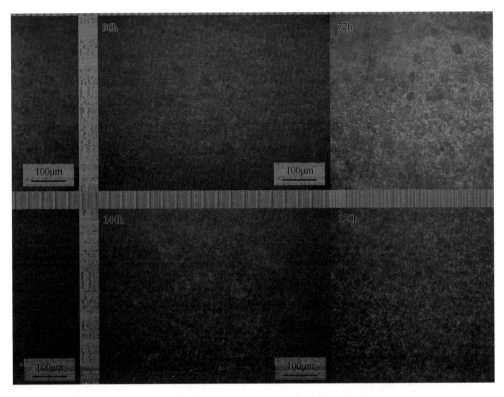

图 4-1　细菌浸出过程中硫铜钴矿抛光片表面显微特征

2. 硫铜钴矿-黄铜矿矿物对细菌氧化动态腐蚀过程

图 4-2 所示为硫铜钴矿-黄铜矿矿物对抛光片表面显微特征随时间变化情况。在硫铜钴矿-黄铜矿矿物对细菌氧化腐蚀前，硫铜钴矿晶体表面干净光滑，具有强金属光泽，反射色为淡黄微带粉红色，镜下呈均质性。黄铜矿晶体表面干净光滑，具有强金属光泽，反射色为浓亮黄色，镜下呈弱非均质性。硫铜钴矿-黄铜矿矿物对在细菌氧化过程中，两种矿物晶体表面的显微特征变化呈现明显差异：当硫铜钴矿被细菌氧化腐蚀 60h 时，晶体表面反射率降低，金属光泽消失，晶体表面颜色氧化至土黄色。同时，晶体表面不再平整光滑，一些缺陷或结晶化较低的部位出现氧化腐蚀小孔。细菌氧化至 96h 时，晶体表面腐蚀加剧，表面颜色氧化变暗至黑黄色。晶体缺陷部位的腐蚀小孔逐渐增大并向其深层氧化，深度明显加深，形成孔洞。而黄铜矿被氧化至 96h 时，晶体表面仍具有金属光泽，表面颜色氧化至土黄色。虽然晶体表面出现腐蚀小孔，但是比硫铜钴矿晶体表面的腐蚀孔洞要小且浅。可见，黄铜矿氧化腐蚀的速率要慢于硫铜钴矿。硫铜钴矿-黄铜矿矿物对晶体表面细菌氧化腐蚀动态变化过程见表 4-1。

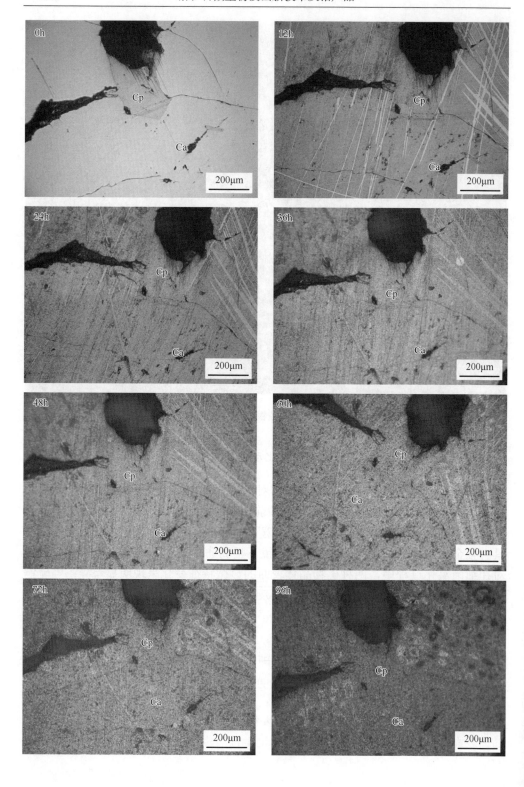

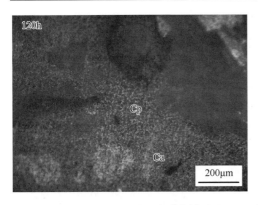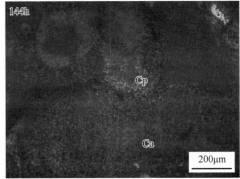

图 4-2　细菌氧化过程中硫铜钴矿（Ca）-黄铜矿（Cp）矿物对抛光片表面显微特征

表 4-1　硫铜钴矿-黄铜矿矿物对细菌氧化腐蚀动态过程

氧化时间/h	矿物表面形态变化	
	硫铜钴矿	黄铜矿
0	硫铜钴矿晶体表面干净光滑，具有强金属光泽，反射色为淡黄微带粉红色，镜下呈均质性	黄铜矿晶体表面干净光滑，具有强金属光泽，反射色为浓亮黄色，镜下呈弱非均质性
12	金属光泽减弱，晶体表面氧化为黄绿色微带浅蓝色，反射率降低	金属光泽减弱，晶体表面氧化为亮土黄色，反射率降低
12~60	金属光泽逐渐减弱至消失，晶体表面颜色逐渐发生变化，其顺序为：黄绿色微带浅蓝色→蓝色微带黄色→浅紫红色微带浅黄色→土黄色。晶体表面不再平整光滑，一些缺陷部位出现细小的氧化腐蚀小孔	金属光泽继续减弱，表面颜色逐渐变暗，由亮土黄色氧化为暗土黄色。晶体表面不再平整光滑，一些缺陷部位出现细小的氧化腐蚀斑点
60~96	腐蚀程度逐渐加剧，表面颜色变暗至黑黄色，腐蚀小孔增多，开始向深层氧化，部分腐蚀小孔逐渐变大形成孔洞	金属光泽继续减弱，表面颜色继续变暗，晶体表面形成腐蚀小孔
96~144	氧化腐蚀非常严重，表面黑色加深，出现黄色氧化斑块。晶体表面附着大量氧化产物和细菌代谢产物，形成一层氧化产物层	金属光泽消失，腐蚀逐渐加剧，表面颜色氧化为黑黄色，出现黄色氧化斑块。腐蚀小孔变大，晶体表面附着大量氧化产物和细菌代谢产物，形成一层氧化产物层

3. 硫铜钴矿-黄铁矿矿物对细菌氧化动态腐蚀过程

图 4-3 所示为硫铜钴矿-黄铁矿矿物对抛光片表面显微特征随时间变化情况。硫铜钴矿-黄铁矿矿物对细菌氧化腐蚀前，硫铜钴矿晶体表面干净光滑，具有强金属光泽，反射色为淡黄微带粉红色，镜下呈均质性。黄铁矿晶体表面干净光滑，具有强金属光泽，反射色为亮黄色，镜下呈均质性。硫铜钴矿-黄铁矿矿物对在细菌氧化过程中，两种矿物晶体表面的显微特征变化也呈现明显的差异：

硫铜钴矿氧化腐蚀 48h 时，金属光泽消失，晶体表面颜色氧化为土黄色。矿物表面腐蚀严重，出现许多腐蚀小孔，部分缺陷部位被氧化成孔洞。随着氧化继续进行，表面颜色逐渐氧化变暗至黑黄色，腐蚀孔洞增多、变大，开始向深层氧化。而黄铁矿的氧化腐蚀速率明显慢于硫铜钴矿，氧化腐蚀 48h 时，晶体表面仍具有金属光泽，表面颜色氧化至土黄色。氧化至 144h 时，晶体表面土黄色仍可看见。细菌浸出过程中，硫铜钴矿-黄铁矿矿物对晶体表面细菌氧化腐蚀动态变化过程见表 4-2。

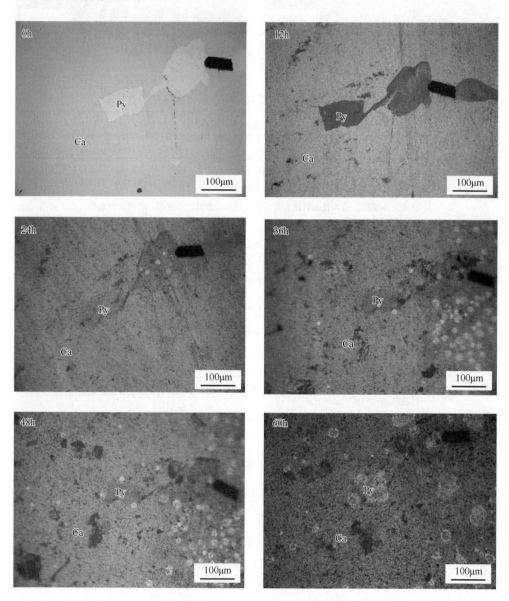

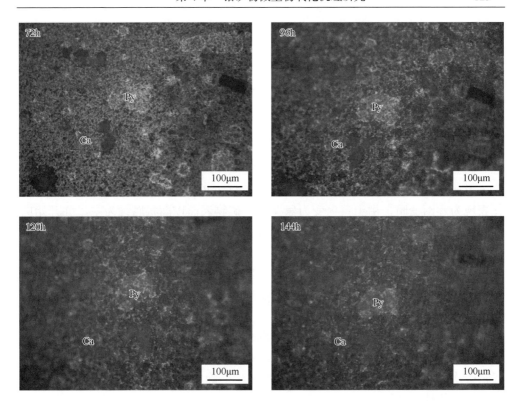

图 4-3　细菌浸出过程中硫铜钴矿（Ca）-黄铁矿（Py）矿物对抛光片表面显微特征

表 4-2　硫铜钴矿-黄铁矿矿物对细菌氧化腐蚀动态过程

氧化时间/h	矿物表面形态变化	
	硫铜钴矿	黄铁矿
0	硫铜钴矿表面干净光滑，具有强金属光泽，反射色为淡黄微带粉红色，镜下呈均质性	黄铁矿表面干净光滑，具有强金属光泽，反射色为亮黄色，镜下呈均质性
12	金属光泽减弱，矿物表面氧化为黄绿色，反射率降低	金属光泽减弱，矿物表面氧化为红棕色，反射率降低
12～48	金属光泽逐渐减弱至消失，反射率进一步降低。矿物表面颜色逐渐发生变化，其顺序为：黄绿色→蓝色带锈红色→浅紫红色微带浅绿色→土黄色。矿物表面腐蚀逐渐加剧，出现许多腐蚀小孔，部分缺陷部位被氧化成孔洞	金属光泽逐渐减弱，反射率进一步降低，表面颜色氧化为土黄色。矿物表面出现腐蚀斑点
48～96	矿物表面腐蚀继续加剧，颜色氧化为黑黄色。腐蚀孔洞增多、增大，开始向深层氧化。表面出现浅黄色氧化斑块	金属光泽继续减弱，表面颜色继续变暗。晶体表面腐蚀斑点增多增大，形成腐蚀小孔
96～144	矿物表面颜色继续变暗，腐蚀进一步加剧，腐蚀孔洞继续加深、加大，矿物表面变得凹凸不平	矿物表面腐蚀严重，表面颜色继续变暗。腐蚀小孔增大

4. 分析与讨论

通过对硫铜钴矿抛光片的细菌氧化动态腐蚀过程进行定时、定域观察，可以把硫铜钴矿的细菌氧化腐蚀分为 3 个阶段。①氧化腐蚀初期阶段（0～48h），此阶段硫铜钴矿的细菌氧化腐蚀主要表现为矿物表面颜色的变化，其变化顺序为：淡黄微带粉红色→浅蓝色微带淡黄色→蓝绿色微带紫色→暗紫红色微带绿色→土黄色。同时，矿物表面以点状氧化为主，一些缺陷或结晶化较低的部位会优先被氧化，形成腐蚀小孔。②氧化腐蚀中期阶段（48～96h），此阶段矿物表面颜色的变化表现为逐渐变暗，由土黄色变为黑黄色。矿物表面以面状腐蚀为主，并开始向内部氧化。表面腐蚀小孔增多，部分腐蚀小孔增大、加深，形成腐蚀孔洞。③氧化腐蚀后期阶段（96h 之后），此阶段矿物表面腐蚀继续加剧，继续向内部氧化，腐蚀孔洞增多。同时，随着吸附的氧化产物和细菌代谢产物增多，在矿物表面上形成一层氧化产物层。氧化产物层随着腐蚀产物的增多而逐渐增厚，对矿物表面的细菌氧化产生影响。

通过定时、定域观察两种矿物对的细菌氧化动态腐蚀过程可以发现，在同一浸出体系中，不同的硫化矿物细菌氧化速率具有明显差异，其中硫铜钴矿最快，黄铜矿次之，黄铁矿最慢。其原因是三种矿物的静电位不同，且硫铜钴矿的最低，所以其氧化速率最快。

对比单体硫铜钴矿与硫铜钴矿-黄铁矿矿物对细菌氧化腐蚀过程可以发现，与黄铁矿形成矿物对的硫铜钴矿氧化腐蚀速率明显加速（图 4-1 和图 4-3）。这是因为当硫铜钴矿与黄铁矿组成矿物对时，由于两者的静电位不同而形成原电池。根据电化学理论，静电位不同的两种硫化矿物浸没在同一电解质溶液中，当二者紧密接触时，会组成原电池对，并发生原电池反应。静电位较高的矿物作阴极，静电位较低的矿物作阳极。通过原电池效应，阳极硫化矿物腐蚀加速，阴极硫化矿物则受到阴极保护而腐蚀速率减慢。细菌氧化腐蚀过程中，硫铜钴矿-黄铁矿矿物对的原电池效应模型如图 4-4 所示。

4.2.2　扫描电镜研究

图 4-5 所示为生物氧化过程中硫铜钴矿抛光片表面微观形貌的变化情况。由图 4-5（a）可见，原始硫铜钴矿抛光片表面平整光滑，没有明显的孔洞与裂纹。氧化 24h 后，矿物表面发生腐蚀，有少量氧化腐蚀产物附着在其上［图 4-5（b）］。氧化 48h 后，抛光片表面腐蚀加剧，矿物表面一些缺陷或结晶化较低的部位出现少量大小不一的腐蚀坑洞，同时矿物表面上的氧化腐蚀产物数量

增多［图 4-5（c）］。由图 4-5（d）和（e）可见，随着氧化时间的延长，矿物表面的腐蚀继续加剧，腐蚀坑洞与氧化腐蚀产物数量继续增加。并且，腐蚀坑洞逐渐加深加大，部分腐蚀坑洞的尺寸可达 40μm×20μm。氧化 144h 后，矿物表面氧化腐蚀产物的数量继续增多，并形成一层氧化产物层将矿物表面覆盖［图 4-5（f）］。

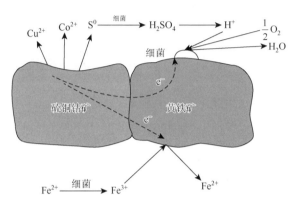

图 4-4 硫铜钴矿-黄铁矿矿物对原电池效应模型

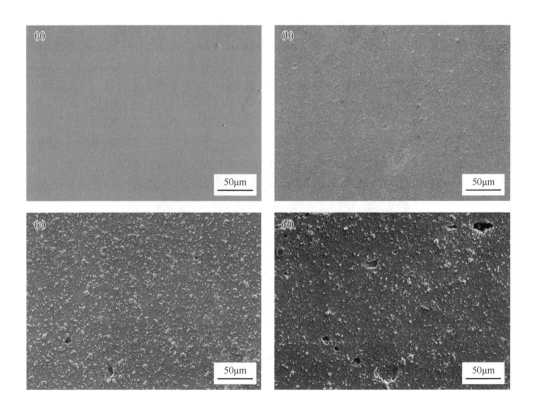

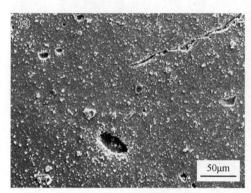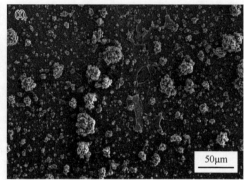

图 4-5　生物氧化过程中硫铜钴矿抛光片表面微观形貌

（a）0h；（b）24h；（c）48h；（d）72h；（e）96h；（f）144h

　　通过观察硫铜钴矿抛光片表面微观形貌的变化情况可以发现，在生物氧化过程中，矿物表面的腐蚀不是均匀性地进行，而是某些部位腐蚀严重，其他部位腐蚀程度较轻［图 4-5（d）和（e）］。大量的研究指出，细菌在矿物表面的吸附不是随意的，而是有选择性地吸附在矿物表面的晶体离子镶布点、位错点和矿物表面的缺陷处[1-6]。因此，矿物表面的缺陷处或结晶程度较低处腐蚀严重，而其他部分则腐蚀程度较轻，进而在表面形成许多大小不一的腐蚀坑洞，并随着氧化的进行逐渐加深、加大。同时，在矿物表面附着了大量的氧化腐蚀产物，并随着氧化时间的延长逐渐增多，形成一层氧化产物层。对矿物表面的氧化腐蚀产物进行 EDS 能谱分析可知，在矿物表面有单质 S^0（图 4-6）和黄钾铁矾（图 4-7）生成。

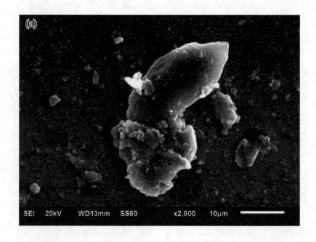

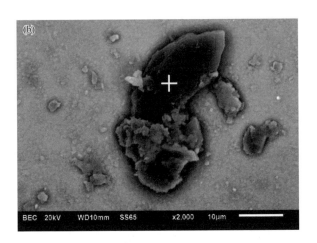

元素	质量分数/%	原子百分数/%
S	79.649	88.200
Co	10.355	6.226
Cu	9.996	5.574

图 4-6　矿物表面硫颗粒 SEM 图与 EDS 能谱分析

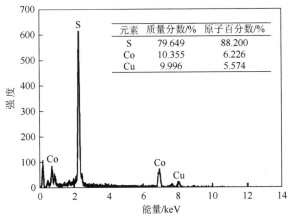

元素	质量分数/%	原子百分数/%
O	45.844	69.618
S	18.567	14.071
Fe	31.148	13.551
K	4.441	2.760

图 4-7　矿物表面黄钾铁矾颗粒 SEM 图与 EDS 能谱分析

4.3　钴矿物微生物浸出机理研究

4.3.1　作用机理

目前，对于细菌氧化硫化矿物作用机理的描述，研究者普遍接受的是"间接作用"与"间接接触作用"。这两种作用机理的主要区别在于：间接作用理论认为矿物的溶解是溶浸液中氧化剂（主要是 Fe^{3+}）作用的结果。细菌在氧化过程中的作用只是将 Fe^{2+} 氧化成 Fe^{3+}，使得氧化剂再生。而间接接触作用理论认为当细菌吸附到矿物表面后，在细菌表面会生成一层胞外聚合物（EPS）。该 EPS 层将 Fe^{3+} 与 H^+ 富集于矿物界面处，加快了氧化反应动力学，促进了矿物的氧化溶解。即细菌在浸出过程中不只是使得氧化剂再生，而是对硫化矿物的氧化溶解起着至关重要的作用[7-11]。本节通过对比硫铜钴矿抛光片分别在与细菌接触和与细菌非接触条件下的浸出结果，来探讨细菌在硫铜钴矿生物氧化过程中的作用，进而总结硫铜钴矿生物氧化作用机理。

1. 试验方法

向容积为 4L 的不锈钢（316L）充气搅拌槽中加入 3L 培养至稳定初期的菌液，将两块硫铜钴矿单体矿物抛光片悬挂在搅拌槽中进行氧化。一块直接放入菌液中，使其与细菌可以充分接触。另一块放在一个特制的无盖有机玻璃容器中，用孔径为 1μm 的半透膜封住，使硫铜钴矿抛光片与细菌无法接触，而可与溶浸液中的 Fe^{3+} 接触。氧化过程中，控制菌液 pH 在 1.3～1.6 范围内，浸出温度为 45℃，通气量为 $0.8m^3 \cdot h^{-1}$，搅拌速率为 $900r \cdot min^{-1}$，每 24h 更换一次新鲜菌液。

2. 试验结果与讨论

图 4-8 所示为分别在与细菌接触、非接触条件下氧化 96h 后硫铜钴矿抛光片表面微观形貌 SEM 图。由图可见，原始硫铜钴矿抛光片表面平整光滑，没有明显的孔洞与裂纹 [图 4-8（a）]。在与细菌非接触条件下氧化 96h 后，硫铜钴矿抛光片发生腐蚀，在其表面出现少量的腐蚀小孔及氧化腐蚀产物 [图 4-8（b）]。可见，在与细菌非接触条件下，硫铜钴矿可以与 Fe^{3+} 发生氧化反应，说明硫铜钴矿生物氧化过程中存在间接作用机理。

由图 4-8（c）可见，在与细菌接触条件下氧化 96h 后，硫铜钴矿抛光片表面腐蚀严重，在矿物表面一些缺陷或结晶化较低的部位出现许多大小不一的腐蚀坑洞，部分腐蚀坑洞的尺寸可达到 40μm×20μm。同时，在矿物表面附着大量的氧化腐蚀产物。

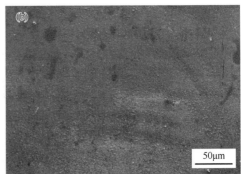

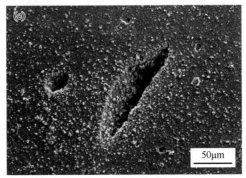

图 4-8　在与细菌接触、非接触条件下氧化 96h 后硫铜钴矿抛光片表面微观形貌
（a）原始硫铜钴矿；（b）未与细菌接触；（c）与细菌接触

　　对比图 4-8（b）和（c）可以发现，在与细菌接触条件下，硫铜钴矿的氧化腐蚀速率明显加快。可见，在硫铜钴矿生物氧化过程中，细菌的作用不仅仅是将 Fe^{2+} 氧化成 Fe^{3+}，使得氧化剂再生，细菌的参与可以使矿物氧化溶解明显加速，该结果与钴精矿生物浸出和化学浸出对比试验的结论相符。这说明在硫铜钴矿生物氧化过程中存在间接接触作用机理，且对矿物的氧化溶解有重要影响。

　　图 4-9 所示为单体硫铜钴矿电极在无菌酸性体系和有菌酸性体系中（两种体系含有相同质量浓度的 Fe^{3+}）的 Tafel 极化曲线。在无菌酸性体系下，硫铜钴矿的腐蚀电位为 0.355V，腐蚀电流密度为 $3.42 \times 10^{-6} A \cdot cm^{-2}$；有菌酸性体系下，硫铜钴矿的腐蚀电位为 0.405V，腐蚀电流密度为 $1.33 \times 10^{-5} A \cdot cm^{-2}$。通过对比可知，有菌体系中硫铜钴矿的腐蚀电位提高，表明在细菌的作用下，硫铜钴矿发生化学反应的吉布斯自由能降低，被氧化的趋势加大。同时，有菌体系中硫铜钴矿的腐蚀电流密度增大 3.89 倍，表明在细菌的作用下，硫铜钴矿的腐蚀反应速率有所提高。

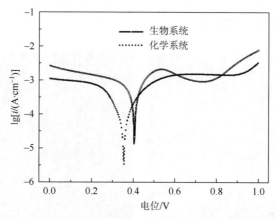

图 4-9　无菌体系和有菌体系中硫铜钴矿电极的 Tafel 极化曲线

在生物氧化过程中，当细菌吸附在矿物表面时，在细菌的细胞壁外会生成一层松散透明、黏度极大、黏液状或胶质状的胞外聚合层（EPS 层）。当细菌置于含有 Fe^{3+} 的溶液中时，溶液中 Fe^{3+} 与胞外聚合层中的葡萄糖酸的 H^+ 发生离子交换反应，Fe^{3+} 进入胞外聚合层，并与葡萄糖酸根络合生成稳定的络合物。该络合物中葡萄糖和铁的摩尔比为 2:1，反应式为[12]

$$2GluH + Fe^{3+} \longrightarrow Fe(Glu)_2^+ + 2H^+ \tag{4-1}$$

通过该络合反应，使溶液中 Fe^{3+} 被富集到胞外聚合层中，其浓度远高于溶液中的 Fe^{3+} 浓度。Sand 研究指出胞外聚合层中 Fe^{3+} 浓度约为 $53g \cdot L^{-1}$[13]。这种现象使得吸附细菌与矿物界面处的氧化反应速率要比溶液中 Fe^{3+} 氧化矿物速率快得多。另外，在硫铜钴矿氧化溶解过程中，其表面生成的元素 S 会形成致密的硫层而将矿物表面覆盖，阻碍氧化剂与矿物接触，不利于矿物的氧化溶解[14, 15]。当细菌吸附到矿物表面时，氧化硫硫杆菌可将单质硫氧化生成硫酸，将硫层溶解，使矿物表面暴露出来，可与氧化剂继续作用。因此，硫铜钴矿氧化溶解加速。由此可见，在生物氧化过程中，细菌的作用不仅仅是氧化 Fe^{2+} 使得氧化剂再生，其对硫铜钴矿的氧化溶解起着至关重要的作用。

综上所述，在与细菌接触及非接触条件下，硫铜钴矿均可发生氧化反应而溶解。当细菌吸附在矿物表面时，将溶浸液中的氧化剂 Fe^{3+} 富集到矿物界面处，使矿物溶解加速。因此，在硫铜钴矿生物氧化过程中，间接作用与间接接触作用机理均存在，且间接接触作用机理对矿物的溶解有重要影响，发生的主要反应为

$$CuCo_2S_4 + 6Fe^{3+} \longrightarrow Cu^{2+} + 2Co^{2+} + 6Fe^{2+} + 4S^0 \quad (间接作用) \tag{4-2}$$

$$CuCo_2S_4 + 6Fe^{3+} \xrightarrow{\ 细菌\ } Cu^{2+} + 2Co^{2+} + 6Fe^{2+} + 4S^0 \quad (间接接触作用) \tag{4-3}$$

$$2S^0 + 3O_2 + 2H_2O \xrightarrow{\ 细菌\ } 2SO_4^{2-} + 4H^+ \tag{4-4}$$

$$4Fe^{2+} + O_2 + 4H^+ \xrightarrow{\ 细菌\ } 4Fe^{3+} + 2H_2O \tag{4-5}$$

4.3.2　反应途径

根据矿物中元素硫氧化价态的转化过程及生成的关键中间产物,硫化矿物溶解反应途径可分为两种:硫代硫酸盐途径和多硫化物途径。在硫代硫酸盐途径中,硫化矿物被氧化剂 Fe^{3+} 氧化溶解,矿物中的还原态元素硫氧化生成硫代硫酸根,继而硫代硫酸根很快与 Fe^{3+} 作用生成硫酸根。在氧化过程中,关键中间产物为硫代硫酸盐与连多硫酸盐,矿物中元素硫的氧化价态转化过程为: $S^{2-} \rightarrow S^{2+} \rightarrow S^{6+}$ 。辉钼矿、辉钨矿、黄铁矿等硫化矿物的溶解按照硫代硫酸盐途径进行。而在多硫化物途径中, Fe^{3+} 与 H^+ 可分别氧化溶解硫化矿物,关键中间产物为单质 S^0 ,矿物中元素硫的氧化价态转化过程为: $S^{2-} \rightarrow S^0 \rightarrow S^{6+}$ 。方铅矿、闪锌矿、毒砂、方硫锰矿、黄铜矿等硫化矿物的溶解按照多硫化物途径进行[16-18]。由此可见,根据硫化矿物生物浸出过程中的关键中间产物和元素硫氧化价态的转化过程,可以判断该矿物的氧化溶解是按照何种反应途径进行的。

为了确定生物氧化过程中硫铜钴矿表面元素 S 氧化价态的转化过程,对氧化不同时间的硫铜钴矿抛光片表面进行了 XPS 分析。图 4-10 所示为生物氧化过程中硫铜钴矿表面元素 S 的 XPS 谱图,拟合峰的参数见表 4-3。由图 4-10(a)可见,原始硫铜钴矿表面 S 2p 的 XPS 谱线共有 3 个拟合峰,其对应的结合能分别为 161.477eV、162.553eV 和 163.032eV[图 4-10(a)]。对照 S 2p 标准谱线图可知,3 个拟合峰的结合能均对应于 S^{2-} ,说明硫铜钴矿中元素 S 的氧化价态为–2 价。氧化 24h 后,矿物表面 S 2p 的 XPS 谱线共有 4 个拟合峰,其对应的结合能分别为 161.849eV、162.599eV、166.860eV 和 168.569eV[图 4-10(b)]。结合能 161.849eV 与 162.599eV 对应于 S^{2-} ,结合能 166.860eV 和 168.569eV 分别对应于 S^{4+} 与 S^{6+} ,

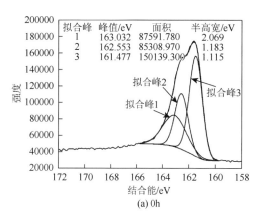

(a) 0h

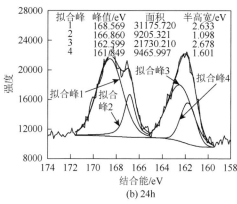

(b) 24h

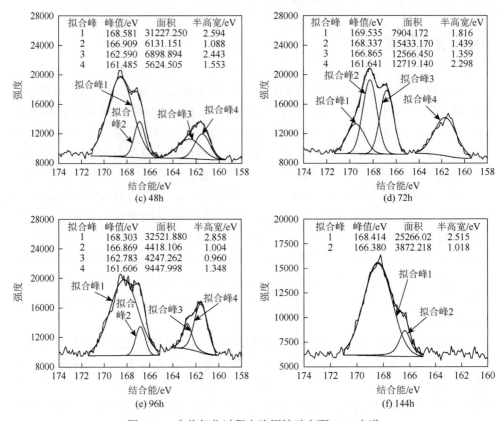

图 4-10　生物氧化过程中硫铜钴矿表面 S 2p 光谱

三种氧化价态所占比例分别为 43.58%、12.86%、43.56%。可见，矿物表面发生氧化，部分低价态元素硫被氧化成高价态，同时在矿物表面有硫酸盐和亚硫酸盐生成。由于亚硫酸盐是一种中间产物，会被迅速氧化成硫酸盐，因此含量较低。

　　氧化 48h 后，矿物表面 S 2p 的 XPS 谱线共有 4 个拟合峰，其对应的结合能分别为 161.485eV、162.590eV、166.909eV、168.581eV［图 4-10（c）］，分别对应于 S^{2-}（161.485eV 和 162.590eV）、S^{4+}（166.909eV）、S^{6+}（168.581eV），三种氧化价态所占比例分别为 25.11%、12.29%和 62.60%。可见，随着氧化时间的延长，矿物表面进一步被氧化溶解，更多的低价态元素硫被氧化成高价态，矿物表面氧化腐蚀产物中的硫酸盐含量增加。

　　氧化 72h 后，矿物表面 S 2p 的 XPS 谱线共有 4 个拟合峰，其对应的结合能分别为 161.641eV、166.865eV、168.337eV 和 169.535eV［图 4-10（d）］。4 个拟合峰的结合能分别对应于 S^{0}（161.641eV）、S^{4+}（166.865eV）和 S^{6+}（168.337eV 和 169.535eV），三种氧化价态所占的比例分别为 26.16%、25.84%和 48.00%。对应于单质 S^{0} 的拟合峰的出现说明，在生物氧化过程中硫铜钴矿表面有单质 S^{0} 生

成。对应于 S^{2-} 的拟合峰的消失说明矿物表面吸附的大量氧化腐蚀产物形成了一层松散的氧化产物层，并将矿物表面覆盖。该氧化产物层主要由单质 S^0、亚硫酸盐、硫酸盐组成。在氧化 24h 与 48h 的 XPS 分析结果中没有对应于单质 S^0 的拟合峰出现，其原因是单质 S^0 是一种低价态中间产物，在氧化初期阶段，当其在矿物表面生成时会被细菌迅速氧化成高价态，因此其含量很低，无法检测到。随着氧化时间的延长，在矿物表面形成的氧化产物层将矿物表面覆盖。由于氧化产物层的阻碍，细菌无法将在矿物表面新生成的单质 S^0 迅速氧化，单质 S^0 含量逐渐增加，因此进行 XPS 检测时出现对应于单质 S^0 的拟合峰。

氧化 96h 后，矿物表面 S 2p 的 XPS 谱线共有 4 个拟合峰，其结合能分别为 161.606eV、162.783eV、166.869eV 和 168.303eV［图 4-10（e）］，分别对应于 S^0（161.606eV 和 162.783eV）、S^{4+}（166.869eV）和 S^{6+}（168.303eV），三种氧化价态所占的比例分别为 27.41%、8.11% 和 64.48%。S^{6+} 价态比例的增加说明随着氧化的进行，不断有低价态元素硫被氧化成高氧化价态，矿物表面氧化产物层中硫酸盐的含量逐渐增加。

氧化 144h 后，矿物表面 S 2p 的 XPS 谱线共有 2 个拟合峰，其对应的结合能分别为 168.414eV 与 166.380eV［图 4-10（f）］，分别对应于 S^{4+}（166.380eV）和 S^{6+}（168.414eV），两种氧化价态所占的比例分别为 13.29% 和 86.71%。对应于 S^0 的拟合峰的消失说明，随着细菌的不断氧化，矿物表面氧化产物层中的低价态 S 元素全部被氧化成高氧化价态，氧化产物层中的元素 S 主要以高价态 S^{4+} 和 S^{6+} 的形式存在，且 S^{6+} 价态的比例达 86.71%，说明氧化产物层主要由硫酸盐（如黄钾铁矾类物质）组成。

表 4-3　S 2p 光谱拟合峰参数

时间/h	拟合峰	结合能/eV	氧化价态	含量/%
0	1	163.032	−2	46.48
	2	162.553	−2	27.11
	3	161.477	−2	26.41
24	1	168.569	+6	43.56
	2	166.860	+4	12.86
	3	162.599	−2	30.36
	4	161.849	−2	13.22
48	1	168.581	+6	62.60
	2	166.909	+4	12.29
	3	162.590	−2	13.83
	4	161.485	−2	11.28

续表

时间/h	拟合峰	结合能/eV	氧化价态	含量/%
72	1	169.535	+6	16.26
	2	168.337	+6	31.74
	3	166.865	+4	25.84
	4	161.641	0	26.16
96	1	168.303	+6	64.48
	2	166.869	+4	8.11
	3	162.783	0	8.59
	4	161.606	0	18.82
144	1	168.414	+6	86.71
	2	166.380	+4	13.29

由硫铜钴矿表面元素 S 的 XPS 分析结果可知，在生物氧化过程中，硫铜钴矿中元素硫氧化价态的转化过程为 $S^{2-} \rightarrow S^0 \rightarrow S^{4+} \rightarrow S^{6+}$。同时，在矿物表面有单质 S^0、硫酸盐和亚硫酸盐等氧化腐蚀产物生成。由此可以推断，硫铜钴矿生物氧化过程按照多硫化物途径进行 [图 4-11]，发生的主要反应为

$$n\text{CuCo}_2\text{S}_4 + (6n-8)\text{Fe}^{3+} + 8\text{H}^+ \longrightarrow n\text{Cu}^{2+} + 2n\text{Co}^{2+} + 4\text{H}_2\text{S}_n + (6n-8)\text{Fe}^{2+} \ (n \geqslant 2)$$

$$(4\text{-}6)$$

$$\text{H}_2\text{S}_n + 2\text{Fe}^{3+} \longrightarrow \frac{n}{8}\text{S}_8^0 + 2\text{Fe}^{2+} + 2\text{H}^+ \qquad (4\text{-}7)$$

$$\frac{1}{8}\text{S}_8^0 + 1.5\text{O}_2 + \text{H}_2\text{O} \longrightarrow \text{SO}_4^{2-} + 2\text{H}^+ \quad (4\text{-}8)$$

$$\frac{1}{8}\text{S}_8^0 + \text{O}_2 + \text{H}_2\text{O} \longrightarrow \text{SO}_3^{2-} + 2\text{H}^+ \quad (4\text{-}9)$$

$$2\text{SO}_3^{2-} + \text{O}_2 \longrightarrow 2\text{SO}_4^{2-} \qquad (4\text{-}10)$$

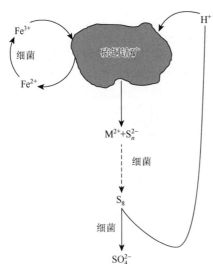

图 4-11　硫铜钴矿多硫化物溶解途径示意图

4.4　元素转化

4.4.1　硫转化

在硫化矿物微生物浸出过程中，除了硫化物的氧化外，还同时发生各种低价态元素硫，如 S^{2-}、S^0、S^{4+} 等的氧化。通过它们的氧化，细菌获得能量供其生长繁殖。在低价态元素硫氧化过程中，

伴随着元素 S 氧化价态的转化。不同硫化矿物中元素硫的氧化价态的转化过程并不相同。诸如辉钼矿、辉钨矿、黄铁矿等按照硫代硫酸盐途径溶解的硫化矿物，矿物中元素硫的氧化价态转化过程为 $S^{2-}{\rightarrow}S^{2+}{\rightarrow}S^{6+}$。而诸如方铅矿、闪锌矿、毒砂、方硫锰矿、黄铜矿等按照多硫化物途径溶解的硫化矿物，矿物中元素硫的氧化价态转化过程为 $S^{2-}{\rightarrow}S^{0}{\rightarrow}S^{6+}$。由硫铜钴矿表面元素 S 的 XPS 分析结果可知（图 4-10 和表 4-3），在钴精矿微生物浸出过程中，硫铜钴矿中元素 S 氧化价态的转化过程为 $S^{2-}{\rightarrow}S^{0}{\rightarrow}S^{4+}{\rightarrow}S^{6+}$。

4.4.2　铜和钴转化

　　图 4-12 与图 4-13 所示为微生物氧化过程中硫铜钴矿表面元素 Co、Cu 的 XPS 谱图。由图 4-12（a）可见，硫铜钴矿表面 Co 2p 的 XPS 谱线共有 2 个拟合峰，其对应的结合能分别为 778.077eV 和 779.332eV。对照 Co 2p 标准谱线图可知，结合能为 778.077eV 的拟合峰对应于 Co^{4+}，结合能为 779.332eV 的拟合峰对应于 Co^{3+}，说明硫铜钴矿中元素 Co 的氧化价态为+3 与+4 价两种价态。由图 4-13（a）可见，硫铜钴矿表面 Cu 2p 的 XPS 谱线共有 2 个拟合峰，其对应的结合能分别为 932.255eV 和 932.975eV。对照 Cu 2p 标准谱线图可知，2 个拟合峰的结合能均对应于 Cu^{+}，说明硫铜钴矿中元素 Cu 的氧化价态为+1 价。

　　由图 4-12（b）可见，氧化 24h 后，硫铜钴矿表面元素 Co 的 XPS 谱图中俄歇峰消失，其原因是此时矿物表面有含铁的氧化产物产生，而元素 Fe 的俄歇峰将元素 Co 的俄歇峰掩盖所致[图 4-14（b）]。由矿物表面 EDS 能谱分析发现，此时并没有含钴氧化产物在矿物表面生成，说明硫铜钴矿中的钴元素被还原成 Co^{2+}进入浸出液中。因此硫铜钴矿中钴元素的氧化价态转化过程为 Co^{4+}、$Co^{3+}{\rightarrow}Co^{2+}$。

　　氧化 24h 后，矿物表面 Cu 2p 的 XPS 谱的拟合峰对应的结合能为 932.240eV[图 4-13（b）]，对应于 Cu^{+}。氧化 48h 后，矿物表面 Cu 2p 的 XPS 谱的拟合峰

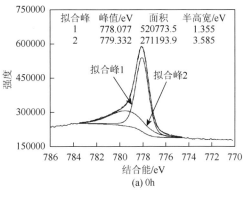

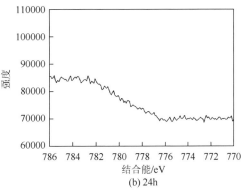

(a) 0h　　　　　　　　　　　　　　　　　　(b) 24h

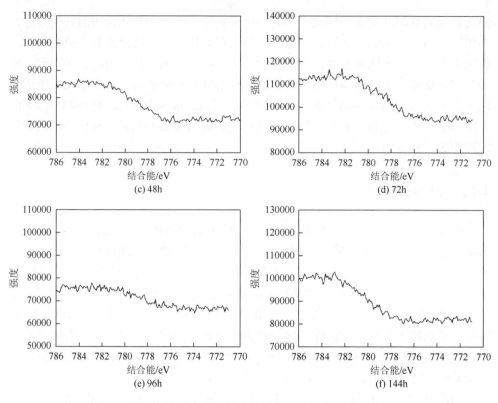

图 4-12　生物氧化过程中硫铜钴矿表面 Co 2p 光谱

对应的结合能为 932.387eV［图 4-13（c）］，也对应于 Cu^+。由矿物表面 EDS 能谱分析发现，此时并没有含铜氧化产物在矿物表面生成，说明硫铜钴矿中的铜元素被氧化成 Cu^{2+}进入浸出液中。氧化 72h 后，元素 Cu 的 XPS 谱图中俄歇峰消失说明此时矿物表面已被生成的氧化产物完全覆盖。因此硫铜钴矿中铜元素的氧化价态转化过程为 $Cu^+ \rightarrow Cu^{2+}$。

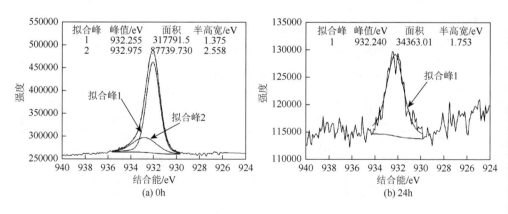

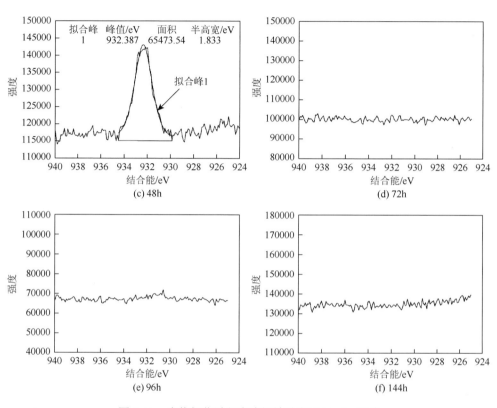

图 4-13 生物氧化过程中硫铜钴矿表面 Cu 2p 光谱

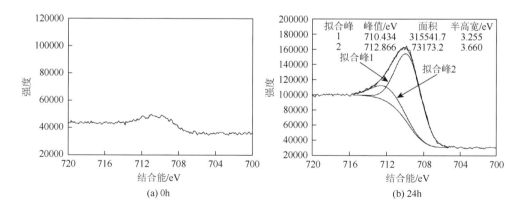

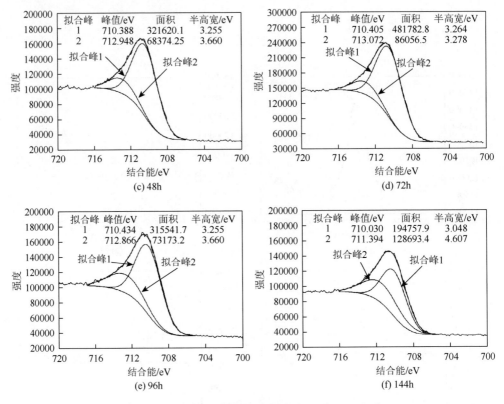

图 4-14　生物氧化过程中硫铜钴矿表面 Fe 2p 光谱

4.5　小　　结

（1）硫铜钴矿的微生物腐蚀动态过程分为 3 个阶段：初期阶段主要表现为矿物表面颜色的变化，矿物表面以点状腐蚀为主，形成腐蚀小孔。中期阶段以面状腐蚀为主，并开始向深层氧化。矿物表面腐蚀小孔增多，部分腐蚀小孔增大、加深，形成腐蚀孔洞。后期阶段矿物为深度腐蚀，表面腐蚀加剧，腐蚀孔洞增多。同时，矿物表面上形成一层氧化产物层，随着氧化腐蚀产物的增多，氧化产物层逐渐增厚。

（2）在细菌氧化腐蚀过程中，三种硫化矿物的氧化腐蚀速率存在差异：硫铜钴矿最快，黄铜矿次之，黄铁矿最慢。当硫铜钴矿与黄铁矿接触时，由于静电位不同，两者形成原电池对。静电位较低的硫铜钴矿作阳极，通过原电池效应，氧化腐蚀速率明显加速，黄铁矿作阴极而被保护。

（3）在生物氧化过程中，硫铜钴矿的氧化腐蚀不是均匀性地进行，而是在某些缺陷或结晶化较低的部位形成大小不一的腐蚀坑洞，并随着氧化时间的延长逐渐加深、加大。同时，在矿物表面吸附有大量的单质 S^0、黄钾铁矾与亚硫酸盐等氧化腐蚀产物。随着氧化时间的延长，氧化腐蚀产物逐渐增多，并形成一层氧化产物层将矿物表面覆盖。

（4）在硫铜钴矿生物氧化过程中，间接作用与间接接触作用机理均存在。当细菌吸附在矿物表面时，生成的 EPS 层将氧化剂 Fe^{3+} 富集到矿物界面处，使矿物溶解加速，因此间接接触作用机理在硫铜钴矿生物氧化过程中占有重要地位。

（5）硫铜钴矿的氧化溶解按照多硫化物途径进行，矿物中元素硫氧化价态的转化过程为 $S^{2-} \rightarrow S^0 \rightarrow S^{4+} \rightarrow S^{6+}$，在矿物表面有单质 S^0、硫酸盐和亚硫酸盐等氧化腐蚀产物生成。

（6）由天然高纯硫铜钴矿的 XPS 分析结果可知，硫铜钴矿中 S、Co、Cu 三种元素氧化价态可描述为 $Cu^{I}Co^{III}\text{-}Co^{IV}S_4$。在微生物浸出过程中，硫铜钴矿中元素 S 氧化价态的转化过程为 $S^{2-} \rightarrow S^0 \rightarrow S^{4+} \rightarrow S^{6+}$，钴元素的氧化价态转化过程为 Co^{4+}、$Co^{3+} \rightarrow Co^{2+}$，铜元素的氧化价态转化过程为 $Cu^+ \rightarrow Cu^{2+}$。

参 考 文 献

[1]　Hiltunen P，Vuorinen A. Bacterial pyrite oxidation：Release of iron and scanningelectron microscope observation[J]. Hydrometallurgy，1981，7：147-158.

[2]　Escoba B，Jedlicki E，Vargas T. A method for evaluating the proportion of free andattached bacteria in the bioleaching of chalcopyrite with thiobacillus ferrooxidans[J]. Hydrometallurgy，1996，40（1-2）：1-10.

[3]　Poglazova M N，Mitskevich I N，Kuzhinovsky V A. A spectroflurimetric method fordetermination of total bacterial counts in environmental samples[J]. Journal of microbiological methods，1996，24（3）：211-218.

[4]　Carlos A，Arredondo J R. Sensitive immunological metho to enumerate *Leptospirillum ferrooxidans* in the presence of *Thiobacillus ferrooxidans*[J]. Microbiology Letters，1991，78（1）：99-102.

[5]　Karan G，Natarajan K A，Modak J M. Estimation of mineral-adhered biomass of *Thiobacillus ferrooxidans* by protein assay：Some problems and remedies[J]. Hydrometallurgy，1996，42（2）：169-172.

[6]　Bennet J C，Tributsch H. Bacterial leaching patterns on pyrite crystal surface[J]. Journal of Bacteriology，1978，134：310-313.

[7]　Silverman M P，Ehrlich H L. Microbial formation and degradation of minerals[J]. Advances in Applied Microbiology，1964，6：153-206.

[8]　Govender Y，Gericke M. Extracellular polymeric substances（EPS）from bioleaching systemsand its application in bioflotation[J]. Minerals Engineering，2011，24（11）：1122-1127.

[9]　He Z G，Yang Y P，Zhou S，et al. Effect of pyrite，elemental sulfur and ferrous ions on EPS production by metal sulfide bioleaching microbes[J]. Transactions of Nonferrous Metals Society of China，2014，24（4）：1171-1178.

[10]　Kinzler K，Gehrke J，Telegdi，et al. Bioleaching-a result of interfacial processes caused by extracellular polymeric substances（EPS）[J]. Hydrometallurgy，2003，71（1-2）：83-88.

[11]　Grundwell F K. How do bacteria interact with minerals[J]? Hydrometallurgy，2003，71（1）：75-81.

[12]　杨显万，沈庆峰，郭玉霞. 微生物湿法冶金[M]. 北京：冶金工业出版社，2003：228-230.

[13]　Sand W，Geherke T，Jozsa P G，et al. Direct versus indirect bioleaching[J]. Process Metallurgy，1999，9：27-49.

[14]　Kinnunen P H M，Heimala S，Riekkola-vanhanen M L，et al. Chalcopyrite concentrate leaching with biologically produced ferric sulphate[J]. Bioresource Technology，2006，97（14）：1727-1734.

[15]　Zhou H B，Zeng W M，Yang Z F，et al. Bioleaching of chalcopyrite concentrate by a moderately thermophilic culture in a stirred tank reactor[J]. Bioresource Technology，2009，100（2）：515-520.

[16]　Li Y，Kawashima N，Li J，et al. A review of the structure，and fundamental mechanisms and kinetics of the leaching of chalcopyrite[J]. Advances in Colloid and Interface Science，2013，197-198（9）：1-32.

[17]　Rohwerder T，Gehrke T，Kinzler K，et al. Bioleaching review part A：Progress in bioleaching：Fundamentals and mechanisms of bacterial metal sulfide oxidation[J]. Appl Microbiol Biotechnol，2003，63（3）：239-248.

[18]　Sand W，Geherke T，Jozsa P G，et al. （Bio）chemistry of bacteria leaching-direct vs. indirect bioleaching[J]. Hydrometallurgy，2001，59（2-3）：159-175.

第 5 章 钴矿石微生物浸出新工艺研究

5.1 引　　言

以生物冶金为代表的先进湿法冶金技术被认为是 21 世纪矿产资源加工的战略性技术，被学者称为完美技术，各国对该技术高度重视，投入巨资加以研究。生物冶金被称为环境友好冶金，其特点是：①装备简单，易于操作、流程较短，投资与生产成本低；②无 SO_2、As_2O_3 等有毒气体排放，废水能循环利用，环境清洁。同时，生物冶金技术在处理低品位、难处理矿产资源方面也具有传统冶炼工艺所没有的优势。生物冶金技术经过半个世纪的发展，在产业化生产和基础理论研究方面均取得了长足进展，并获得了许多研究成果。微生物浸出是一个复杂的过程，影响其效果的因素很多，主要有浸矿菌种、矿浆浓度、浸出介质 pH、浸出温度、矿石粒度等。

在利用浸矿细菌浸出某种矿石时，浸矿细菌在浸出环境中的生长状况及氧化活性是制约浸出效果的重要因素。为使浸矿细菌具有良好的生长状况、最大的氧化活性，必须通过驯化使细菌适应其工作的环境。驯化的方法往往采用逐步提高溶浸液中金属离子浓度，使菌株对高浓度金属离子适应。浸出介质 pH 主要从细菌繁殖速率、细菌的氧化活性、固体氧化产物（如铁矾类沉淀）的生成等几个方面影响浸出效果。每一种细菌均有其适宜生长的 pH 范围与最佳生长 pH，而细菌的生长是微生物浸出过程中主要的制约因素[1]。同时，微生物浸矿是在一个含有高浓度铁离子的环境下进行的，浸出介质 pH 是铁矾类沉淀生成速率与生成量的一个重要影响因素[2, 3]。选择合适的浸出温度是因为微生物浸出与一般的化学反应是不同的，该过程所能选择的浸出温度首先受到微生物生长的制约，只能在适宜微生物生长的温度范围内进行。每种浸矿细菌都有其适宜生长的温度范围。在此温度范围内，存在一个最佳浸矿温度，浸出最好在此温度下进行。有研究表明，从最佳温度每下降 6℃，浸出速率减半[1]。细菌浸矿是在矿物界面上进行的过程，矿物的氧化溶解速率与矿物的比表面积大小有关。矿物粒度越小，其比表面积越大，氧化溶解速率越快[1]。因此，在浸出之前常进行机械细磨，减小矿物粒度，增加其比表面积。研究表明，矿物颗粒在摩擦、碰撞、冲击、剪切等机械力的作用下，颗粒粒度变细，晶体结构及物化性能发生改变，晶格缺陷增加，化学活性增强。同时，部分机械能转变成矿物颗粒的内能，矿物的内能增大，氧化溶解反应速率加快，从而金属浸出率增加[4, 5]。

本章通过研究浸矿菌种、浸出介质 pH、浸出温度、磨矿时间等工艺参数对生物浸出效果的影响，来分析各项重要影响因素。

5.2　铜钴混合精矿微生物浸出新工艺试验研究

5.2.1　浸矿细菌对浸出的影响

1. 试验方法

浸矿菌种为东北大学生物冶金实验室特有菌种 ZY101 菌。在 500mL 锥形瓶中加入 180mL 9K 培养基与 20mL 菌液（接种量 10%），加入 20g 经过细磨的铜钴混合精矿，调节矿浆初始 pH 为 1.65。将锥形瓶放入温度为 45℃、转速为 180r·min^{-1} 的恒温振荡箱中进行浸出。定时监测细菌浓度、pH、氧化还原电位（E_h）以及溶浸液中 Fe^{2+}、Co^{2+}浓度等项目。

2. 试验结果与讨论

浸出过程中浸出体系的 pH、E_h 及 Fe^{2+}、细菌浓度变化趋势如图 5-1（a）～（d）所示。由图 5-1（a）可见，浸出过程中两个浸出体系的 pH 均呈先上升而后缓慢下降的趋势。原始菌体系 pH 在浸出第 3 天上升到 2.26，随后一直在 2.0～2.3 波动。浸出 15 天后开始迅速下降，浸出结束时，pH 为 1.08。而驯化菌体系 pH 在浸出第 3 天时上升为 2.14，而后开始逐渐下降，浸出结束时降为 1.00。在浸出过程中，随着硫化矿物中低价态的元素硫不断被细菌氧化而生成硫酸，浸出体系的酸度不断增加，溶浸液的 pH 逐渐下降。下降的趋势越快，说明低价态元素硫的氧化速率越快。通过对比可知，驯化菌体系中低价态元素硫的氧化速率快于原始菌体系，即驯化菌的氧化活性优于原始菌。

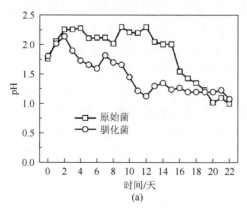
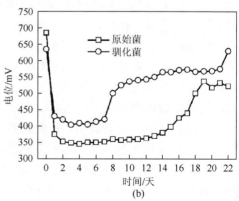

(a)　　　　　　　　　　　　　　(b)

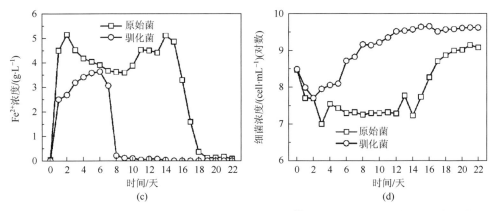

图 5-1　驯化菌与原始菌浸出体系 pH（a）、E_h（b）、Fe^{2+}浓度（c）、细菌浓度（d）变化趋势

由图 5-1（b）可见，浸出过程中两种浸出体系的氧化还原电位均呈先下降后上升的趋势。在加矿后，原始菌体系电位降为 375mV，驯化菌体系电位降为 430mV。随后原始菌体系电位一直维持在 375mV 左右，在浸出 15 天后才开始逐渐上升。驯化菌体系电位在浸出第 7 天开始进入增长期，并在浸出过程中驯化菌体系电位始终高于原始菌体系电位。可见，驯化菌适应期的时间仅为 7 天，要小于原始菌的 15 天。

由图 5-1（c）可见，浸出过程中两种浸出体系的 Fe^{2+} 浓度均呈先上升后下降的趋势。原始菌体系 Fe^{2+} 浓度在浸出第 2 天上升到 5.13g·L^{-1}，随后开始下降，在浸出第 9 天降为 3.6g·L^{-1}。从第 9 天开始上升，在第 14 天上升到最大值 5.12g·L^{-1}。从第 14 天开始 Fe^{2+} 浓度开始迅速下降。驯化菌体系 Fe^{2+} 浓度在第 6 天增长到最大值 3.64g·L^{-1}。在浸出第 6 天 Fe^{2+} 浓度开始迅速下降，浸出第 9 天降为 0.21g·L^{-1}，浸出第 15 天降为 0。在整个浸出过程中，驯化菌体系 Fe^{2+} 浓度小于在相同时间段原始菌体系 Fe^{2+} 浓度，说明驯化菌的氧化活性优于原始菌。

由图 5-1（d）可见，驯化菌的生长迟缓期为 5 天，而后生长进入对数期，在第 12 天进入生长稳定期。而原始菌的生长迟缓期为 14 天，而后生长进入对数期，在第 19 天进入生长稳定期。从图中可以看出在相同时间段，驯化菌体系的细菌浓度始终高于原始菌体系的细菌浓度。试验结果表明，在浸出过程中驯化菌的生长优于原始菌。

图 5-2 所示为原始菌体系与驯化菌体系的钴浸出率对比图。浸出结束时，原始菌体系的钴浸出率为 52.7%，驯化菌体系的钴浸出率为 86.2%，驯化菌体系的钴浸出率提高 33.5%。由此可见，驯化菌对铜钴混合精矿的浸出效果优于原始菌，驯化菌可以更好地实现对金属钴的浸出。通过 pH、E_h、Fe^{2+} 浓度和细菌浓度的比较，也可以看出驯化菌的氧化活性优于原始菌。因此，浸矿菌种选择驯化后的混合菌种。

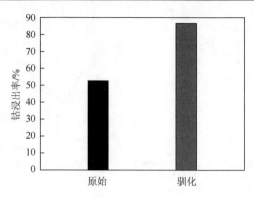

图 5-2　两种浸出体系的钴浸出率

5.2.2　矿浆浓度对浸出的影响

1. 试验方法

分别向三个 500mL 锥形瓶中加入 180mL 9K 培养基与 20mL ZY101 菌液，加入不同质量的经过细磨的铜钴混合精矿，使矿浆浓度分别为 3%、5%、10%。调节矿浆初始 pH 为 1.65。将锥形瓶放入温度为 45℃、转速为 180r·min^{-1} 的恒温振荡箱中进行浸出。定时监测细菌浓度、pH、氧化还原电位（E_h）以及溶浸液中 Fe^{2+}、Co^{2+}浓度等项目。

2. 试验结果与讨论

浸出体系的 pH、E_h、Fe^{2+}浓度、细菌浓度变化趋势如图 5-3（a）～（d）所示，浸出试验结果见表 5-1。由表 5-1 中数据可见，3%矿浆浓度浸出体系浸出 9 天后失重率为 26.7%，铜浸出率为 38.2%，钴浸出率为 94.5%；5%矿浆浓度浸出体系浸出 18 天后失重率为 30.0%，铜浸出率为 44.8%，钴浸出率为 91.1%；10%矿浆浓度浸出体系浸出 22 天后失重率为 48.2%，铜浸出率为 51.7%，钴浸出率为 89.3%。

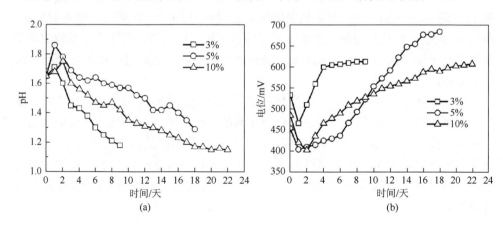

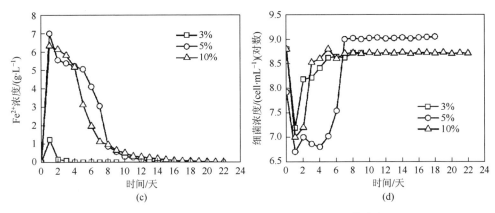

图 5-3　不同矿浆浓度浸出体系 pH（a）、E_h（b）、Fe^{2+}浓度（c）、
细菌浓度（d）变化趋势

表 5-1　不同矿浆浓度浸出结果

矿浆浓度	浸出时间/天	失重率/%	金属浸出率/%
3%	9	26.7	Co：94.5 Cu：38.2
5%	18	30.0	Co：91.1 Cu：44.8
10%	22	48.2	Co：89.3 Cu：51.7

随着矿浆浓度的增加，矿浆的黏稠度增加，同时溶浸液中 Fe^{2+}浓度加大，浸出体系电位的增长减缓，不利于金属钴的浸出。因此随着矿浆浓度增加，钴的浸出速率逐渐降低，浸出周期逐渐延长。随着矿浆浓度由 3%增加到 10%，钴浸出率由 94.5%降为 89.3%，浸出周期由 9 天增加到 22 天。

由于矿石中的含铜矿物主要为黄铜矿，因此黄铜矿的浸出效果直接影响铜的最终浸出率。随着矿浆浓度的增加，浸出体系的电位增长减缓，长时间维持较低值。由 Hiroyoshi 等提出的黄铜矿两步溶解模型可知，在低电位条件下 Fe^{2+}会还原黄铜矿，生成次生铜矿辉铜矿。而辉铜矿易被溶解氧和 Fe^{3+}氧化溶解，进而黄铜矿的溶解加速[6]。因此矿浆浓度的增加，有利于金属铜的浸出，铜浸出率逐渐增大。矿浆浓度由 3%增加到 10%时，铜浸出率由 38.2%增加到 51.7%。

5.2.3　浸出介质 pH 对浸出的影响

1. 试验方法

分别向三个 500mL 锥形瓶中加入 180mL 9K 培养基与 20mL ZY101 菌液，加入 20g 经过细磨的铜钴混合精矿,将锥形瓶放入温度为 45℃、转速为 180r·min^{-1} 的恒温振荡箱中进行浸出。浸出过程中,利用稀硫酸溶液(1+1)与氢氧化钠溶液(1+1)控制三个试样的矿浆 pH 分别在 1.1~1.4、1.4~1.7、1.7~2.0 范围之内。定时监测细菌浓度、氧化还原电位(E_h)以及溶浸液中的 Fe^{2+}、总铁浓度等项目。

2. 试验结果与讨论

浸出过程中浸出体系的 E_h、Fe^{2+}浓度、总铁浓度、细菌浓度变化趋势如图 5-4(a)~(d)所示。图 5-4(a)所示为三个试样的氧化还原电位变化趋势。由图可见,三个浸出体系电位的变化趋势基本相同,均呈先下降后上升的趋势。在浸出第 4 天,氧化还原电位分别下降至 385mV、400mV、385mV。随着浸出继续进行,电位开始逐渐上升,在浸出结束时,浸出体系的电位分别为 635mV、640mV、588mV,pH 为 1.7~2.0 体系的电位略低于其他两个体系的。

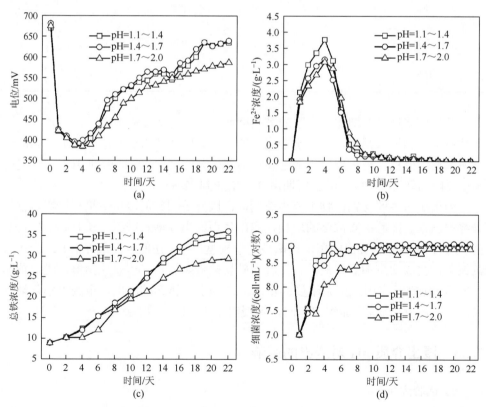

图 5-4　不同 pH 浸出体系 E_h(a)、Fe^{2+}浓度(b)、总铁浓度(c)、细菌浓度(d)变化趋势

浸出过程中总铁浓度变化趋势如图 5-4（c）所示。由图可见，三个浸出体系的总铁浓度变化趋势相同，均呈逐渐上升的趋势，浸出结束时总铁浓度分别为 34.38g·L^{-1}、35.88g·L^{-1}、29.33g·L^{-1}。通过对比可见，pH 为 1.7～2.0 体系的总铁浓度略低于其他两个浸出体系。在浸出过程中，Fe^{3+} 会水解生成黄钾铁矾沉淀，而浸出介质 pH 是影响黄钾铁矾沉淀生成速率与生成量的重要因素。浸出介质 pH 越高，沉淀生成量越大。因此，pH 为 1.7～2.0 体系的总铁浓度因生成大量黄钾铁矾沉淀而低于其他体系的。

图 5-4（d）所示为浸出过程中溶浸液中细菌浓度变化趋势。由图可见，三个浸出体系细菌浓度的变化趋势基本一致，溶浸液中的细菌浓度相差不大，说明此 pH 范围（1.1～2.0）对 ZY101 菌的生长没有不利影响，细菌可以正常生长。图 5-4（b）所示为浸出过程中溶浸液中 Fe^{2+} 浓度变化趋势。由图可见，三个浸出体系 Fe^{2+} 的氧化速率基本一致。pH 为 1.1～1.4、1.4～1.7 两个浸出体系在浸出第 18 天，Fe^{2+} 浓度降为零，pH 为 1.7～2.0 体系 Fe^{2+} 氧化速率稍慢，在浸出第 20 天，Fe^{2+} 浓度降为零。可见，pH 为 1.1～1.4、1.4～1.7 两个浸出体系的细菌氧化活性优于 pH 为 1.7～2.0 体系的。

三个浸出体系的浸出试验结果见表 5-2。浸出结束时，三个浸出体系的钴浸出率分别为 94.5%、92.5%、83.4%，铜浸出率分别为 52.8%、51.5%、44.7%，失重率分别为 50.3%、48.8%、38.2%。通过对比可见，pH 为 1.7～2.0 体系的浸出效果稍逊于其他两个浸出体系的。这是因为 pH 为 1.7～2.0 体系中生成大量的黄钾铁矾沉淀并吸附在矿物表面，阻碍细菌和氧化剂 Fe^{3+} 与矿物的接触，抑制矿物进一步的氧化溶解。同时，黄钾铁矾沉淀的生成会降低溶浸液中氧化剂 Fe^{3+} 的浓度，降低氧化反应的速率。因此 pH 为 1.7～2.0 体系的金属浸出率低于其他两个浸出体系的，失重率也由于生成大量黄钾铁矾沉淀而低于其他两个浸出体系的。因此，在浸出过程中，浸出介质 pH 控制在 1.1～1.7 为宜。

表 5-2　不同矿浆浓度浸出结果

pH 范围	失重率/%	金属浸出率/%
1.1～1.4	50.3	Co: 94.5 Cu: 52.8
1.4～1.7	48.8	Co: 92.5 Cu: 51.5
1.7～2.0	38.2	Co: 83.4 Cu: 44.7

5.2.4　浸出温度对浸出的影响

1. 试验方法

分别向四个 500mL 锥形瓶中加入 180mL 9K 培养基与 20mL ZY101 菌液,加入 20g 经过细磨的铜钴混合精矿,调节矿浆初始 pH 为 1.65。浸出过程中,控制浸出温度分别为 35℃、40℃、45℃、50℃。定时监测细菌浓度、pH、氧化还原电位(E_h)以及溶浸液中的 Fe^{2+} 等。

2. 试验结果与讨论

浸出过程中浸出体系的 pH、E_h、Fe^{2+} 浓度、细菌浓度变化趋势如图 5-5(a)～(d)所示。图 5-5(a)所示为浸出体系 pH 变化趋势。由图可见,在浸出过程中,四个浸出体系的 pH 均呈现先上升而后逐渐下降的趋势。通过对比可以发现,浸出温度为 40℃、45℃体系的 pH 下降速度最快。浸出结束时,浸出介质 pH 分别

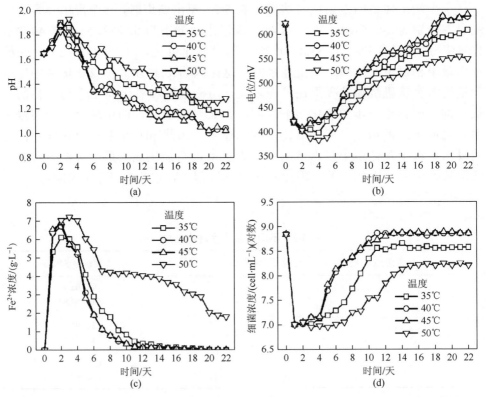

图 5-5　不同温度浸出体系 pH(a)、E_h(b)、Fe^{2+} 浓度(c)、细菌浓度(d)变化趋势

为 1.04 与 1.02。浸出温度为 35℃ 体系的 pH 下降速度次之，浸出结束时 pH 为 1.15。浸出温度为 50℃ 体系的 pH 下降速度最慢，浸出结束时 pH 为 1.28。可见，浸出温度为 40℃、45℃ 体系的元素硫生物氧化速率最快，浸出温度为 35℃ 体系的次之，浸出温度为 50℃ 体系的最差。

图 5-5（b）所示为浸出体系 E_h 变化趋势。由图可见，加矿后，浸出温度为 40℃、45℃ 体系的 E_h 在浸出第 2 天下降至 410mV 后开始缓慢上升，在浸出第 6 天开始迅速上升，浸出结束时分别达到 635mV、640mV。浸出温度为 35℃ 体系的 E_h 在浸出第 4 天下降至 400mV 后开始逐渐上升，浸出结束时达到 608mV。浸出温度为 50℃ 体系的 E_h 在浸出第四天下降至 385mV 后开始缓慢上升，浸出结束时仅为 550mV。

图 5-5（c）所示为 Fe^{2+} 浓度变化趋势。浸出温度为 40℃、45℃ 体系的 Fe^{2+} 浓度在浸出第 2 天时达到最大值，而后迅速下降，在浸出第 18 天降至零。浸出温度为 35℃ 体系的 Fe^{2+} 浓度氧化速率稍慢，在浸出第 20 天降至零。而浸出温度为 50℃ 体系的 Fe^{2+} 浓度在浸出 3 天后达到最大值，而后开始缓慢下降，浸出结束时 Fe^{2+} 浓度为 1.79g·L^{-1}。可见，浸出温度为 40℃、45℃ 体系的细菌氧化活性最强，Fe^{2+} 氧化速率最快，浸出温度为 35℃ 体系的次之，浸出温度为 50℃ 体系的最差。

图 5-5（d）所示为溶浸液中细菌浓度变化趋势。由图可见，浸出温度为 40℃、45℃ 体系的细菌生长良好，生长迟缓期为 4 天，浸出温度为 35℃ 体系的细菌生长情况稍差，生长迟缓期为 5 天，而浸出温度为 50℃ 体系的细菌生长情况最差，生长迟缓期延长至 7 天，进入对数期后细菌浓度增长缓慢。可见，ZY101 菌种最佳生长温度范围为 40～45℃。在此温度范围内，细菌生长良好，细菌浓度多。

表 5-3 所列数据为浸出试验结果。由表中数据可见，浸出温度为 40℃ 和 45℃ 时浸出效果最佳，钴浸出率分别为 94.90% 与 93.85%，浸出温度为 35℃ 时浸出效果次之，钴浸出率为 88.50%，而浸出温度为 50℃ 时浸出效果最差，钴浸出率仅为 53.45%。因此，最佳浸出温度范围为 40～45℃，在此温度范围内，细菌生长良好，细菌浓度多，氧化活性强，金属矿物氧化溶解速率快，有价金属回收率高。在实际生产过程中，浸出温度高有利于节省生产成本，因此浸出温度选择 45℃。

表 5-3　不同温度浸出结果

浸出温度/℃	失重率/%	金属浸出率/%
35	31.40	Co：88.50 Cu：44.25
40	32.49	Co：94.90 Cu：54.25
45	34.52	Co：93.85 Cu：55.85
50	20.84	Co：53.45 Cu：38.25

5.2.5　加矿方式对浸出的影响

1. 试验方法

分别向两个 500mL 锥形瓶中加入 180mL 9K 培养基与 20mL ZY101 菌液，以两种方式加入经过细磨的铜钴混合精矿。一种是加入过程分为三段，当溶浸液中细菌浓度达到高浓度时加矿，每次加入 10g。另一种是加入过程分为三段，当体系电位达到 600mV 以上时加矿，每次加入 10g。调节初始 pH 为 1.65，在温度为 45℃、转速为 180r·min^{-1} 的恒温振荡箱中进行浸出。定时监测细菌浓度、氧化还原电位（E_h）以及溶浸液中的 Fe^{2+}、总铁浓度等项目。

2. 试验结果与讨论

高细菌浓度分段加矿体系的 pH、E_h、Fe^{2+}浓度、细菌浓度变化趋势如图 5-6（a）～（d）所示。由图 5-6（a）可见，第一次加矿后，浸出体系 pH 迅速下降，

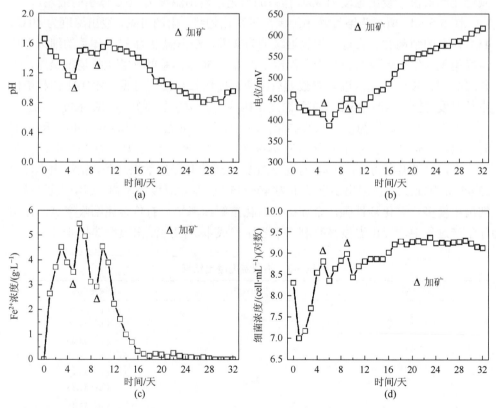

图 5-6　高细菌浓度加矿方式浸出体系 pH（a）、E_h（b）、Fe^{2+}浓度（c）、细菌浓度（d）变化趋势

在浸出第 5 天时,pH 降至 1.15,此时进行第二次加矿。加矿后浸出体系 pH 迅速上升至 1.51,这是由矿石中的碱性脉石酸溶解耗酸造成的。随着浸出的进行,pH 继续开始逐渐下降,在浸出第 9 天时降至 1.46,而后进行第三次加矿。加矿后浸出体系 pH 上升至 1.61 后开始逐渐下降,浸出结束时降至 0.96。

由图 5-6（b）可见,第一次加矿后,浸出体系 E_h 由刚加矿时的 459mV 逐渐下降至第 5 天的 415mV,开始进行第二次加矿。加矿后浸出体系电位继续下降至 387mV 后又开始逐渐上升,在浸出第 9 天电位升至 450mV,此时进行第三次加矿。加矿后浸出体系电位出现短暂下降趋势后开始逐渐上升,浸出结束时上升至 615mV。

由图 5-6（c）可见,第一次加矿后,浸出体系 Fe^{2+} 浓度在浸出第 3 天升至 4.65g·L^{-1} 后开始下降,在浸出第 5 天降至 3.52g·L^{-1},此时进行第二次加矿。加矿后浸出体系 Fe^{2+} 浓度上升至 5.47g·L^{-1} 后开始下降,在浸出第 9 天降至 2.93g·L^{-1},开始进行第三次加矿,加矿后浸出体系 Fe^{2+} 浓度升至 4.55g·L^{-1} 后又继续下降,在浸出第 29 天降至零。由图 5-6（d）可见,第一次加矿后,浸出体系细菌浓度迅速下降,从初始的 $2×10^8$cell·mL^{-1} 下降到 $1×10^7$cell·mL^{-1}。这是由于加矿后细菌在矿上吸附引起的。随后细菌生长迅速进入对数期,在浸出第 5 天细菌浓度达到 $6.3×10^8$cell·mL^{-1},细菌的生长逐渐进入稳定期。在浸出第 5 天时进行第二次加矿,加矿后浸出体系细菌浓度降至 $2.23×10^8$cell·mL^{-1} 后开始上升,在浸出第 9 天细菌浓度缓慢增至 $3.43×10^8$cell·mL^{-1},这时进行第三次加矿,加矿后浸出体系中细菌浓度在 $2.7×10^8$cell·mL^{-1}。从浸出第 10 天细菌浓度开始增加,但增长缓慢。在浸出第 18 天达到 $18.6×10^8$cell·mL^{-1} 后细菌生长进入稳定期,细菌浓度在 $18×10^8$cell·mL^{-1} 左右波动,一直到第 29 天。由于溶浸液 pH 过低以及营养物质的减少,细菌生长进入衰亡期,细菌浓度开始下降。浸出结束时细菌浓度降至 $13×10^8$cell·mL^{-1}。

高电位分段加矿体系的 pH、E_h、Fe^{2+} 浓度、细菌浓度变化趋势如图 5-7（a）～（d）所示。由图 5-6（a）可见,第一次加矿后,浸出体系 pH 迅速下降,在浸出

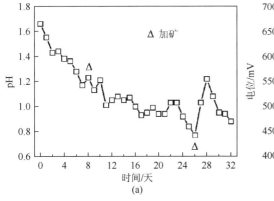

(a)

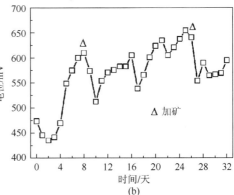

(b)

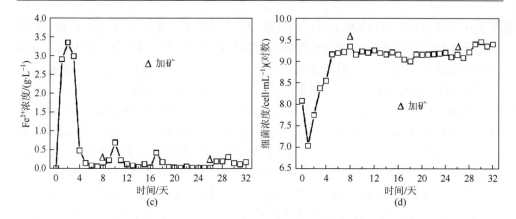

图 5-7　高电位分段加矿体系 pH（a）、E_h（b）、Fe^{2+}浓度（c）、细菌浓度（d）变化趋势

第 8 天降至 1.13，然后进行第二次加矿，加矿后浸出体系 pH 虽出现过波动，但整体上仍呈逐渐下降的趋势，在浸出第 26 天降至 0.77，这时开始进行第三次加矿，加矿后浸出体系 pH 先上升至 1.22 后开始逐渐下降，浸出结束时降至 0.85。

由图 5-7（b）可见，第一次加矿后，浸出体系 E_h 由刚加矿时的 474mV 逐渐下降，在浸出第 2 天的降至 436mV。随后开始逐渐上升，在浸出第 8 天上升至 610mV，开始进行第二次加矿。加矿后浸出体系电位下降至 513mV 后开始逐渐上升，在浸出第 26 天升至 641mV，而后进行第三次加矿。加矿后浸出体系电位出现短暂下降趋势后开始逐渐上升，浸出结束时上升至 595mV。

由图 5-7（c）可见，第一次加矿后，浸出体系 Fe^{2+}浓度在浸出第 2 天升至 3.35g·L^{-1} 后开始下降，在浸出第 8 天降至 0.028g·L^{-1}。而后进行第二次加矿，加矿后浸出体系 Fe^{2+}浓度上升至 0.68g·L^{-1} 后开始下降。在浸出第 26 天时进行第三次加矿，加矿后浸出体系 Fe^{2+}浓度升至 0.31g·L^{-1} 后开始下降。

由图 5-7（d）可见，第一次加矿后，浸出体系细菌浓度迅速下降，从初始的 $1.2×10^8$cell·mL^{-1} 下降到 $1.08×10^7$cell·mL^{-1}。随后细菌生长迅速进入对数期，在浸出第 8 天细菌浓度达到 $1.46×10^9$cell·mL^{-1}。在之后的时间里细菌的生长逐渐进入稳定期。随后的两次加矿，溶浸液的细菌浓度波动不大，一直维持在 $1×10^9$～$2.52×10^9$cell·mL^{-1} 之间。

图 5-8 所示为两种加矿方式钴浸出率随时间的变化曲线。由图可见，高电位分段加矿体系的钴浸出率在前期（浸出前 4 天）很小且增长速率缓慢。随着浸出的进行，钴浸出速率迅速加快，浸出率也随之迅速增加。浸出结束时，高电位分段加矿体系的钴浸出率为 85.32%。高细菌浓度加矿体系中，在浸出前 16 天钴浸出速率慢，钴浸出率的增长十分缓慢，从浸出第 17 天开始，钴浸出速率

开始迅速加快，相应的钴浸出率也迅速增加，但是在整个浸出过程中始终低于高电位分段加矿体系的钴浸出率。浸出结束时，高细菌浓度加矿体系的钴浸出率为 71.43%。可见，两种加矿方式中，高电位加矿方式的浸出效果优于高细菌浓度加矿方式。

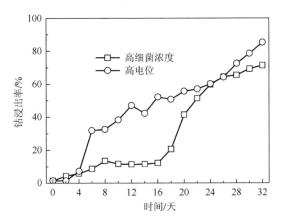

图 5-8　钴浸出率随时间的变化曲线图

5.3　钴精矿生物浸出新工艺试验研究

5.3.1　浸矿细菌对浸出的影响

1. 试验方法

选用的浸矿菌种为东北大学生物冶金实验室特有菌种 ZY101 菌。将 200mL 培养至稳定初期的原始菌与驯化菌分别加入两个 500mL 的锥形瓶中，加入 10g 经过细磨的钴精矿，调节矿浆初始 pH 为 1.5。将锥形瓶放入温度为 45℃、转速为 180r·min^{-1} 的恒温振荡箱中进行浸出。定时监测细菌浓度、pH、氧化还原电位（E_h）以及溶浸液中 Fe^{2+}、Co^{2+} 浓度等。

2. 试验结果与讨论

浸出过程中浸出体系的 pH、E_h、Fe^{2+} 浓度、细菌浓度变化趋势如图 5-9（a）～（d）所示。在浸出过程中，随着硫化矿物中低价态的元素硫不断被细菌氧化而生成硫酸，浸出体系的酸度不断增加，溶浸液的 pH 逐渐下降。下降的趋势越快，说明低价态元素硫的氧化速率越快。由图 5-9（a）可见，虽然两种浸出体系的 pH 均呈逐渐下降的趋势，但是驯化菌体系的 pH 下降趋势明显要比原始菌体系快，在整个浸出过程中始终低于原始菌体系的pH。浸出结束时，驯化菌体系的pH为1.20，而原始菌体系的pH则为1.33，说明驯化菌体系中低价态元素硫的氧化速率快于原始菌体系的，即驯化菌的氧化活性优于原始菌的。

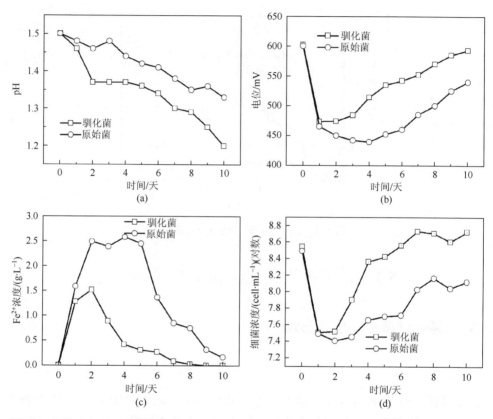

图5-9　驯化菌与原始菌浸出体系pH（a）、E_h（b）、Fe^{2+}浓度（c）、细菌浓度（d）变化趋势

浸出过程中浸出体系的E_h变化趋势如图5-9（b）所示。由图可见，浸出过程中两种浸出体系的氧化还原电位均呈先下降后上升的趋势。但是，驯化菌体系的E_h在浸出第2天下降至473mV后开始逐渐上升，浸出结束时达到593mV；而原始菌体系的E_h在浸出第4天下降至442mV后才开始缓慢上升，并且整个浸出过程中低于驯化菌体系的，浸出结束时仅为540mV。浸出过程中，浸出体系的氧化还原电位之所以下降是由于溶浸液中的Fe^{3+}氧化硫化矿物而被还原成Fe^{2+}。同时，此时细菌需要适应新的生长环境，生长繁殖进入迟缓期，氧化Fe^{2+}减弱，因此溶浸液中Fe^{2+}浓度上升，$[Fe^{3+}]/[Fe^{2+}]$比值降低，体系氧化还原电位下降。但逐渐适应生长环境，细菌生长进入对数生长期，氧化能力增强，溶浸液中Fe^{2+}浓度下降，

电位开始上升。由 Fe^{2+} 浓度变化趋势可见 [图 5-9 (c)]，驯化菌体系的 Fe^{2+} 浓度在浸出第 2 天达到最大值 $1.52g\cdot L^{-1}$ 后开始迅速下降，在浸出第 9 天降为零。而原始菌体系的 Fe^{2+} 浓度在浸出第 4 天达到最大值 $2.58g\cdot L^{-1}$ 后才开始下降，并且在整个浸出过程中高于驯化菌体系，浸出结束时溶浸液中仍含有 $0.17g\cdot L^{-1}$。因此驯化菌体系的$[Fe^{3+}]/[Fe^{2+}]$比值大于原始菌体系的，进而浸出过程中驯化菌体系的电位高于原始菌体系的。

图 5-9 (d) 所示为浸出过程中溶浸液中细菌浓度变化趋势。通过对比发现，驯化菌的生长迟缓期为 2 天，进入对数期后细菌繁殖速度很快，数量迅速增加，浸出结束时细菌浓度达到 $5.3\times10^8 cell\cdot mL^{-1}$。而驯化菌的生长迟缓期为 4 天，进入对数期后繁殖速度较慢，在整个浸出过程中细菌浓度始终低于驯化菌体系的，浸出结束时仅为 $1.3\times10^8 cell\cdot mL^{-1}$。可见，经过长期驯化，驯化菌适应了浸出环境，生长迟缓期缩短，能够在浸出介质中迅速生长繁殖。

两种浸出体系的钴浸出率变化趋势及浸出试验结果见图 5-10、表 5-4。由表 5-4 中数据可见，驯化菌体系的钴浸出率为 87.71%，比原始菌体系增加 31.17%，平均钴浸出速率提高 1.5 倍；铜浸出率为 61.83%，比原始菌体系增加 16.48%，平均铜浸出速率提高 1.4 倍。在驯化菌体系中，浸矿细菌经过驯化，能够很好地适应浸出环境，快速生长繁殖，细菌浓度远高于原始菌体系的 [图 5-9 (d)]。因此吸附在矿物表面的细菌浓度增加，硫化矿物的氧化环境优于原始菌体系的，进而矿物溶解速率加快，金属浸出率增大。

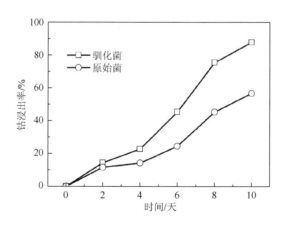

图 5-10　两种浸出体系的钴浸出率

由驯化菌与原始菌浸出钴精矿对比试验结果可知，采用驯化后的 ZY101 菌浸出钴精矿能够获得更好的浸出效果，有价金属钴、铜的浸出速率与浸出率均有大幅度提高。因此，浸矿菌种选择驯化后的 ZY101 菌。

表 5-4 菌种驯化对浸出的影响

浸出体系	钴浸出结果		铜浸出结果	
	浸出率/%	平均浸出速率/ ($mg \cdot L^{-1} \cdot d^{-1}$)	浸出率/%	平均浸出速率/ ($mg \cdot L^{-1} \cdot d^{-1}$)
驯化菌	87.71	71.48	61.83	32.46
原始菌	56.54	46.08	45.35	23.81

5.3.2 矿浆浓度对浸出的影响

1. 试验方法

分别将 200mL 已培养至稳定初期的 ZY101 菌液加入三个 500mL 锥形瓶中,加入不同质量的经过细磨的钴精矿,质量分数分别为 3%、5%、10%。调节矿浆初始 pH 为 1.5。将锥形瓶放入温度为 45℃、转速为 180r·min^{-1} 的恒温振荡箱中进行浸出。定时监测细菌浓度、pH、氧化还原电位(E_h)以及溶浸液中 Fe^{2+}、Co^{2+} 浓度等。

2. 试验结果与讨论

浸出过程中浸出体系的 pH、E_h、Fe^{2+} 浓度、细菌浓度及钴浸出率变化趋势如图 5-11(a)~(d)与图 5-12 所示。由图 5-11(a)~(d)可见,随着矿浆浓度增加,细菌适应浸出环境时间延长,生长迟缓期增加,其氧化活性降低,Fe^{2+} 氧化速率与硫氧化速率均下降,进而矿物氧化溶解速率减慢,浸出周期逐渐延长。这是因为矿浆浓度的升高会限制溶液中氧气和二氧化碳的传递与扩散,影响浸矿细菌对营养物质的吸收,抑制细菌的生长,进而细菌氧化活性降低,矿物氧化溶解速率下降[7]。另外随着矿浆浓度的增加,固体矿粒间的碰撞及摩擦加剧,吸附于矿粒表面的细菌损伤与脱落量增加,细菌在矿粒表面上的吸附受到抑制,影响矿物的氧化溶解,钴浸出速率降低[8]。因此低矿浆浓度有利于矿物的微生物浸出,缩短浸出周期。

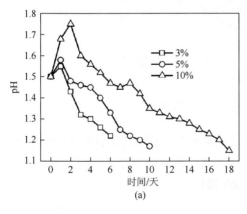
(a)

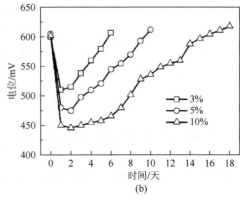
(b)

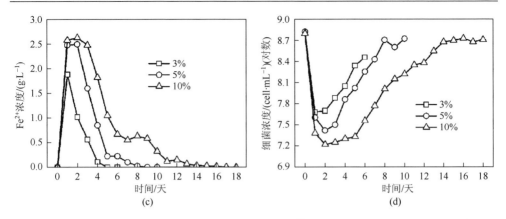

图 5-11　不同矿浆浓度浸出体系 pH（a）、E_h（b）、Fe^{2+} 浓度（c）、细菌浓度（d）变化趋势

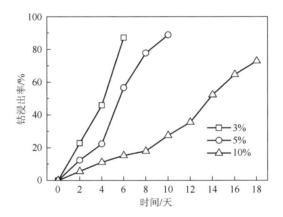

图 5-12　不同矿浆浓度浸出体系的钴浸出率

　　虽然低矿浆浓度有利于钴精矿的微生物浸出，但是低矿浆浓度将导致矿石处理量降低，生产效率下降。并且低矿浆浓度会使浸出液中钴离子浓度过低，这会增加后续浓缩、富集工艺流程的工作量，增加生产成本。因此，在实际生产中选择矿浆浓度时，浸出速率与生产成本两者要综合考虑。

5.3.3　浸出介质 pH 对浸出的影响

1. 试验方法

　　分别将 200mL 已培养至稳定初期的 ZY101 菌液加入三个 500mL 锥形瓶中，加入 10g 经过细磨的钴精矿，将锥形瓶放入温度为 45℃、转速为 180r·min^{-1} 的恒温振荡箱中进行浸出。浸出过程中，利用稀硫酸溶液（1+1）与氢氧化钠溶液

（1+1）控制三个试样的矿浆 pH 分别在 1.1～1.4、1.4～1.7、1.7～2.0 范围之内。定时监测细菌浓度、氧化还原电位（E_h）以及溶浸液中的 Fe^{2+}、Co^{2+} 浓度、总铁浓度等。

2. 试验结果与讨论

浸出过程中浸出体系的 E_h、Fe^{2+} 浓度、总铁浓度、细菌浓度变化趋势如图 5-13（a）～（d）所示。图 5-13（a）所示为三个试样的氧化还原电位变化趋势。由图可见，三个浸出体系电位的变化趋势基本相同，均呈先下降后上升的趋势。在浸出第 2 天，氧化还原电位分别下降至 464mV、474mV、473mV。随着浸出继续进行，电位开始逐渐上升，在浸出结束时，浸出体系的电位分别为 607mV、596mV、585mV，pH 为 1.7～2.0 体系的电位略低于其他两个体系。

浸出过程中总铁浓度变化趋势如图 5-13（c）所示。由图可见，pH 为 1.1～1.4、1.4～1.7 两个浸出体系的总铁浓度变化趋势基本一致，均呈逐渐上升的趋势，浸出结束时总铁浓度分别为 12.25g·L^{-1}、11.83g·L^{-1}。而 pH 为 1.7～2.0 体系的总铁浓度变化趋势略有不同，在浸出前两天略有下降，然后呈逐渐上升的趋势，在浸出结束时，总铁浓度为 11.05g·L^{-1}。通过对比发现，pH 为 1.1～1.4 体系的总铁浓度最高，pH 为 1.4～1.7 体系的居中，而 pH 为 1.7～2.0 体系的最低。在浸出过程中，Fe^{3+} 会水解生成黄钾铁矾沉淀，而浸出介质 pH 是影响黄钾铁矾沉淀生成速率与生成量的重要因素。浸出介质 pH 越高，沉淀生成量越大。因此，pH 为 1.7～2.0 体系的总铁浓度因生成大量黄钾铁矾沉淀而低于其他体系。pH 为 1.4～1.7 体系因在浸出后期随着硫化矿物中的低价态元素硫不断氧化生成硫酸，浸出体系酸度不断增大，需要不断滴加氢氧化钠溶液来调节浸出介质 pH，在调节过程中，会造成氢氧化钠溶液滴加部分的浸出介质 pH 升高，进而促进黄钾铁矾沉淀生成。因此该体系的总铁浓度略低于 pH 为 1.1～1.4 体系的。

图 5-13（d）所示为浸出过程中溶浸液中细菌浓度变化趋势。由图可见，在浸出初期（0～2d），由于细菌大量吸附在矿物表面以及细菌生长处于迟缓期，溶浸液中细菌浓度迅速下降。随着浸出的进行，细菌逐渐适应浸出环境，生长开始进入对数期，进而溶浸液中细菌浓度逐渐增加。三个浸出体系细菌浓度的变化趋势基本一致，溶浸液中的细菌浓度相差不大，说明此 pH 范围（1.1～2.0）对 ZY101 菌的生长没有不利影响，细菌可以正常生长。图 5-13（b）所示为浸出过程中溶浸液中 Fe^{2+} 浓度变化趋势。由图可见，三个浸出体系 Fe^{2+} 的氧化速率基本一致，均在浸出第 9 天 Fe^{2+} 浓度降为 0，说明三个浸出体系的细菌氧化活性相同。

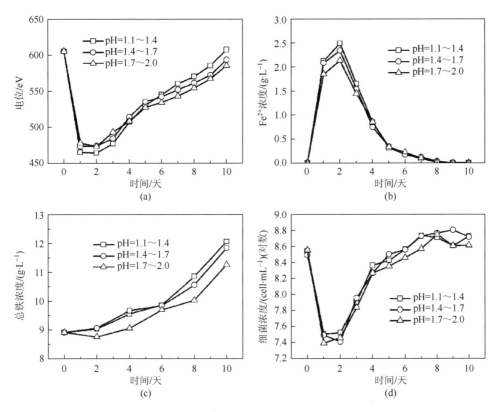

图 5-13　不同 pH 浸出体系 E_h（a）、Fe^{2+} 浓度（b）、总铁浓度（c）、细菌浓度（d）变化趋势

　　三个浸出体系的钴浸出率变化趋势与浸出试验结果见图 5-14 和表 5-5。由图可见，三个浸出体系的钴浸出率变化趋势基本一致，均呈先缓慢增加再迅速增长的趋势。在浸出前 4 天，三个浸出体系的钴浸出速率相差不大，钴浸出率分别为 22.69%、20.38%、21.36%。随着浸出继续进行，pH 为 1.1～1.4、1.4～1.7 体系的钴浸出速率开始加快，钴浸出率迅速增加，浸出结束时分别为 85.58%、86.45%。而 pH 为 1.7～2.0 体系的钴浸出速率虽然在浸出 4 天后开始加快，但是略低于其他两个浸出体系的，浸出结束时钴浸出率为 70.48%。这是因为 pH 为 1.7～2.0 体系中生成大量的黄钾铁矾沉淀并吸附在矿物表面，阻碍细菌和氧化剂 Fe^{3+} 与矿物的接触，抑制矿物进一步的氧化溶解。同时，黄钾铁矾沉淀的生成会降低溶浸液中氧化剂 Fe^{3+} 的浓度，降低氧化反应的速率。因此 pH 为 1.7～2.0 体系的钴浸出率低于其他两个浸出体系的。

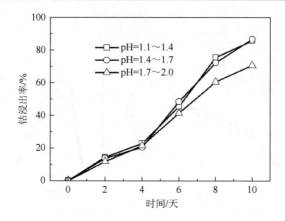

图 5-14　不同 pH 浸出体系的钴浸出率

表 5-5　不同 pH 浸出体系的浸出结果

pH 范围	钴浸出结果		铜浸出结果	
	浸出率/%	平均浸出速率/(mg·L^{-1}·d^{-1})	浸出率/%	平均浸出速率/(mg·L^{-1}·d^{-1})
1.1～1.4	85.58	69.68	63.53	33.35
1.4～1.7	86.45	70.45	60.56	31.79
1.7～2.0	70.48	57.44	43.42	22.79

由不同浸出介质 pH 对比试验结果可知，由于微生物浸矿是在一个含有高浓度 Fe^{3+} 的环境下进行的，过高的 pH 虽然对细菌的生长没有不利影响，但是会促进黄钾铁矾沉淀的生成。大量的黄钾铁矾沉淀会吸附在矿物表面，阻碍细菌和氧化剂 Fe^{3+} 与矿物的接触，抑制矿物进一步的氧化溶解，降低金属浸出率。因此，在浸出过程中，浸出介质 pH 要控制在 1.1～1.7。

5.3.4　浸出温度对浸出的影响

1. 试验方法

将 200mL 已培养至稳定初期的 ZY101 菌液分别加入四个 500mL 的锥形瓶中，加入 10g 经过细磨的钴精矿，调节矿浆初始 pH 为 1.5。控制浸出温度分别为 35℃、40℃、45℃、50℃。定时监测细菌浓度、pH、氧化还原电位（E_h）以及溶浸液中的 Fe^{2+}、Co^{2+} 浓度等。

2. 试验结果与讨论

浸出过程中浸出体系的 pH、E_h、Fe^{2+} 浓度、细菌浓度变化趋势如图 5-15（a）～

（d）所示。图 5-15（a）所示为浸出过程中浸出介质 pH 变化趋势。由图可见，在浸出过程中，四个体系的 pH 均呈逐渐下降的趋势。其中，浸出温度为 40℃、45℃体系的 pH 下降速度最快。浸出结束时，pH 分别为 1.24 与 1.22。浸出温度为 35℃体系的 pH 下降速度次之，浸出结束时 pH 为 1.32。浸出温度为 50℃体系的 pH 下降速度最慢，浸出结束时 pH 为 1.40。由于浸出介质 pH 的降低是细菌氧化低价态元素硫生成硫酸造成的，可见浸出温度为 40℃、45℃体系的细菌氧化活性最强，元素硫生物氧化速率最快，浸出温度为 35℃体系的次之，浸出温度为 50℃体系的最差。

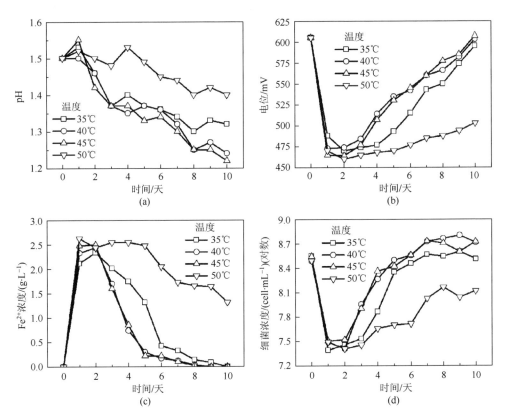

图 5-15　不同温度浸出体系 pH（a）、E_h（b）、Fe^{2+}浓度（c）、细菌浓度（d）变化趋势

图 5-15（b）所示为浸出体系 E_h 变化趋势。由图可见，浸出温度为 40℃、45℃体系的 E_h 变化趋势基本一致，在浸出第 2 天迅速下降至 470mV 左右，而后开始逐渐上升，浸出结束时分别达到 603mV、607mV。浸出温度为 35℃体系的 E_h 在浸出第 2 天迅速下降至 470mV 后，在浸出 2~4 天维持在 470mV~477mV 之间，而后开始逐渐上升，浸出结束时达到 593mV。浸出温度为 50℃体系的 E_h 下降至 470mV 后，在浸出前 5 天，一直维持在 465mV~470mV，而后开始缓慢上升，浸

出结束时仅为 503mV。图 5-15（c）所示为 Fe^{2+} 浓度变化趋势。浸出温度为 40℃、45℃体系的 Fe^{2+} 浓度在浸出第 2 天时达到最大值，而后迅速下降，在浸出第 8 天降至 0。浸出温度为 35℃体系的 Fe^{2+} 浓度氧化速率稍慢，在浸出第 10 天降至 0。而浸出温度为 50℃体系的 Fe^{2+} 浓度在浸出 1 天后达到最大值，浸出 2～5 天，溶浸液中 Fe^{2+} 浓度维持在 $2.4～2.6g \cdot L^{-1}$。而后开始缓慢下降，浸出结束时 Fe^{2+} 浓度为 $1.32g \cdot L^{-1}$。可见，浸出温度为 40℃、45℃体系的细菌氧化活性最强，Fe^{2+} 氧化速率最快，浸出温度为 35℃体系的次之，浸出温度为 50℃体系的最差。

图 5-15（d）所示为溶浸液中细菌浓度变化趋势。浸出温度对细菌的生长有重要的影响，在适宜其生长的温度下可迅速繁殖，数量迅速增加。由图可见，浸出温度为 40℃、45℃体系的细菌生长良好，生长迟缓期为 2 天，进入对数期后溶浸液中细菌浓度迅速增加，浸出结束时细菌浓度分别为 $5.2 \times 10^{8} cell \cdot mL^{-1}$ 与 $5.3 \times 10^{8} cell \cdot mL^{-1}$。浸出温度为 35℃体系的细菌生长情况稍差，生长迟缓期为 3 天。浸出结束时，细菌浓度稍低于浸出温度为 40℃、45℃体系的，为 $3.2 \times 10^{8} cell \cdot mL^{-1}$。而浸出温度为 50℃体系的细菌生长情况最差，生长迟缓期延长至 6 天，进入对数期后细菌浓度增长缓慢，浸出结束时细菌浓度仅为 $1.3 \times 10^{8} cell \cdot mL^{-1}$。可见，ZY101 菌种最佳生长温度范围为 40～45℃。在此温度范围内，细菌生长良好，细菌浓度多。

四个浸出体系的钴浸出率变化趋势及浸出试验结果见图 5-16、表 5-6。浸出前 4 天，四个浸出体系的钴浸出速率基本相同，浸出率分别为 21.36%、22.69%、20.38%、20.55%。随着浸出继续进行，浸出温度为 40℃、45℃体系的钴浸出率迅速增加，浸出温度为 35℃体系的次之，而浸出温度为 50℃体系的钴浸出率则增长缓慢。浸出结束时，四个浸出体系的钴浸出率分别为 68.45%、85.77%、86.35%、45.58%，铜浸出率分别为 53.53%、61.56%、62.37%、38.76%。可见，矿样最佳浸出温度范围为 40～45℃。在此温度范围内，金属矿物氧化溶解速率快，有价金属回收率高。

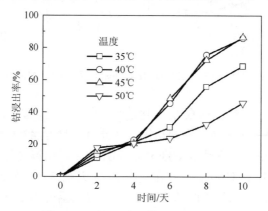

图 5-16 不同浸出温度体系钴浸出率

表 5-6　不同浸出温度试验结果

浸出温度	钴浸出结果		铜浸出结果	
	浸出率/%	平均浸出速率/(mg·L^{-1}·d^{-1})	浸出率/%	平均浸出速率/(mg·L^{-1}·d^{-1})
35℃	68.45	55.79	53.53	28.10
40℃	85.77	69.90	61.56	32.32
45℃	86.35	70.37	62.37	32.74
50℃	45.58	37.15	38.76	20.35

由不同浸出温度对比试验结果可知，ZY101 菌种最佳生长温度范围与矿样最佳浸出温度范围为 40~45℃。在此温度范围内，细菌生长良好，细菌浓度多，氧化活性强，金属矿物氧化溶解速率快，有价金属回收率高。在实际生产过程中，浸出温度高有利于节省生产成本，因此浸出温度选择 45℃。

5.3.5　矿石粒度对浸出的影响

1. 试验方法

采用球磨机对矿样进行活化细磨，时间分别为 0min、15min、30min、45min、60min。然后在矿浆浓度为 5%、浸出温度为 45℃、转速为 180r·min^{-1} 的条件下进行浸出。定时监测细菌浓度、pH、氧化还原电位（E_h）以及溶浸液中的 Fe^{2+}、Co^{2+} 浓度等。

2. 试验结果与讨论

不同磨矿时间对矿石粒度的影响见表 5-7。由表中数据可见，经过细磨之后，矿石粒度明显变细，粒度小于 38μm 的矿粒所占比例迅速增加，并且随细磨时间的延长所占比例也逐渐增大。细磨 15min，粒度大于 150μm 的矿粒所占比例降至 2.13%，粒度小于 38μm 的矿粒所占比例由 13.63%上升到 44.13%。细磨 30min，粒度大于 150μm 的矿粒全部消失，粒度小于 38μm 的矿粒所占比例达到 71.27%。但是，继续增加细磨时间，矿石粒度变化不大。细磨时间延长至 60min 时，粒度小于 38μm 的矿粒所占比例仅从细磨 30min 的 71.27%上升到 77.99%。

表 5-7　机械细磨对矿石粒度的影响

细磨时间/min	粒度/μm			
	<38	38~75	75~150	>150
0	13.63%	16.37%	33.58%	36.42%
15	44.13%	40.36%	13.38%	2.13%
30	71.27%	24.91%	3.82%	0
45	76.48%	19.83%	3.69%	0
60	77.99%	19.12%	2.89%	0

浸出过程中浸出体系的 pH、E_h、Fe^{2+}浓度、细菌浓度变化趋势如图 5-17（a）～（d）所示。由图 5-17（a）可见，五个浸出体系的 pH 在浸出过程中均随着浸出的进行逐渐下降。其中，未磨体系的 pH 下降趋势稍慢于其他四个体系的。其原因是矿物颗粒经过细磨后，粒度变细，比表面积增大，与氧化剂作用面积增加。并且，矿物晶体结构及物化性能发生改变，晶格缺陷增加，内能增大，化学活性增强[9-11]。进而，矿物氧化溶解反应速率加快，大量低价态元素硫被细菌氧化，体系酸度增加。因此，磨矿体系的 pH 低于未磨体系的。同时，随着大量硫化矿物被氧化溶解，Fe^{3+}还原生成的 Fe^{2+}浓度迅速增加，并高于未磨体系的［图 5-17（c）］。由于磨矿体系中大量的 Fe^{3+}被还原成 Fe^{2+}，体系[Fe^{3+}]/[Fe^{2+}]比值低于未磨体系的。因此，浸出初期磨矿体系的电位低于未磨体系的［图 5-17（b）］。

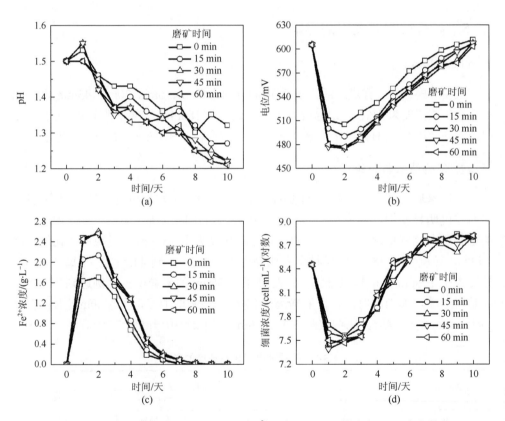

图 5-17　浸出体系 pH（a）、E_h（b）、Fe^{2+}浓度（c）、细菌浓度（d）变化趋势

五个浸出体系的钴浸出率变化趋势及浸出试验结果见图 5-18、表 5-8。由图可见，五个浸出体系的钴浸出率均呈逐渐增加的趋势。其中，磨矿时间为 30min、

45min、60min 体系的钴浸出率增加速度最快，磨矿时间为 15min 体系的次之，未磨体系的最慢。浸出结束时，五个浸出体系的钴浸出率分别为 44.04%、66.85%、86.75%、85.68%、88.82%，铜浸出率分别为 35.53%、51.56%、62.37%、61.45%、63.88%。可见，经过机械细磨，矿物氧化溶解速率加快，金属浸出率提高，且随着细磨时间的延长，强化效果增加。细磨 30min，钴浸出率较未磨体系的提高 42.71%，平均钴浸出速率提高近 2 倍；铜浸出率提高 26.84%，平均铜浸出速率提高 1.8 倍。但是继续延长细磨时间，强化效果不再增加，金属浸出率变化不大。细磨 60min，钴浸出率由 86.75%上升至 88.82%，铜浸出率由 62.37%上升至 63.88%。可见，细磨 30min，小于 38μm 的矿粒所占比例达到 70%以上，即可达到理想的强化效果。

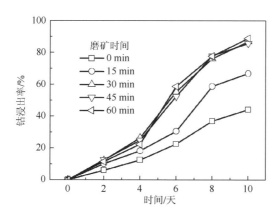

图 5-18　不同磨矿时间浸出体系的钴浸出率

表 5-8　不同磨矿时间浸出试验结果

细磨时间/min	钴浸出结果		铜浸出结果	
	浸出率/%	平均浸出速率/(mg·L⁻¹·d⁻¹)	浸出率/%	平均浸出速率/(mg·L⁻¹·d⁻¹)
0	44.04	35.89	35.53	18.65
15	66.85	54.48	51.56	27.07
30	86.75	70.70	62.37	32.74
45	85.68	69.83	61.45	32.26
60	88.82	72.39	63.88	33.54

　　由浸出对比试验结果可知，经过机械细磨，矿物粒度变细，比表面积增大，晶格缺陷增加，反应活性增强。同时，矿物连生体充分解离，矿物与细菌和氧化剂的接触面积增加。因此，矿物氧化溶解速率加快，金属浸出率提高。因此矿石粒度要求小于 38μm 的矿粒所占比例达到 70%以上。

5.4　钴矿石生物浸出新工艺

由上述的研究结果可知，钴矿石的微生物浸出过程是一个极其复杂的氧化还原反应过程，在这个过程中，浸矿菌种、矿浆浓度、浸出介质 pH、浸出温度、加矿方式、矿石粒度等因素对最终的浸出效果均有重要的影响。因此，在进行工艺研究时，要结合浸出效果与实际生产情况考察上述因素的影响，选择最佳的工艺条件。采用 ZY101 菌浸出含钴矿石时，最佳工艺条件为：浸出介质 pH 控制在 1.1～1.7，温度为 45℃，矿石粒度小于 38μm 的矿粒所占比例达到 70%以上，选择高电位加矿方式。

5.5　小　　结

（1）由钴矿石微生物浸出工艺试验研究结果可知，选择驯化菌种有利于提高钴矿石的浸出效果，金属浸出率大幅度提高。

（2）由钴矿石微生物浸出工艺试验研究结果可知，较低的矿浆浓度有利于钴矿石的微生物浸出，金属浸出速率高。但是选择较低的矿浆浓度时，矿石处理量小，浸出液中金属离子浓度低，后续浓缩、富集工艺流程的工作量增加，生产效率低，生产成本提高。因此，在实际生产中选择矿浆浓度时，浸出速率与生产成本两者要综合考虑。

（3）由钴矿石微生物浸出工艺试验研究结果可知，浸出过程中浸出介质 pH 对浸出效果有重要影响。在浸出过程中，浸出介质 pH 控制在 1.1～1.7 为宜。

（4）ZY101 菌种最佳生长温度范围与矿样最佳浸出温度范围为 40～45℃。在此温度范围内，细菌生长良好，金属矿物氧化溶解速率快，金属浸出率高。选择较高的浸出温度高有利于节省生产成本，因此浸出温度可选择 45℃。

（5）在实际的工业生产过程中，细菌浸出过程是连续作业。不同加矿模式对细菌生长和矿石浸出有不同的影响。由钴矿石微生物浸出工艺试验研究结果可知，高电位加矿方式的浸出效果优于高细菌浓度加矿方式。

（6）减小矿物粒度，可以增加其比表面积，有利于细菌与氧化剂和矿物的接触，同时，通过机械细磨矿物的内能增大，化学活性增强，从而矿物的氧化溶解反应速率加快，金属浸出率增加。由钴矿石微生物浸出工艺试验研究结果可知，要求矿石粒度小于 38μm 的矿粒所占比例达到 70%以上。

参 考 文 献

[1]　　陈朋，李红玉，晏磊，等. 生物浸出过程影响因素与环境参数的数学模型[J]. 微生物学杂志，2014，34（4）：71-76.

[2]　王长秋, 马生凤, 鲁安怀, 等. 黄钾铁矾的形成条件研究及其环境意义[J]. 岩石矿物学杂志, 2005, 24 (6): 607-611.

[3]　时启立, 朱艳彬, 杨钱华, 等. 细菌氧化法制取黄钾铁矾的研究[J]. 环境科学与技术, 2010, 33 (9): 39-43.

[4]　Zhao Z W, Ouyang K S, Wang M. Structural macrokinetics of synthesizing ZnFe$_2$O$_4$ by mechanical ball milling[J]. Transactions of Nonferrous Metals Society of China, 2010, 20 (6): 1131-1135.

[5]　司伟, 高宏, 姜姐, 等. 机械活化镍铁尾矿的酸浸工艺研究[J]. 矿产综合利用, 2010, (3): 3-5.

[6]　Hiroyoshi N, Arai M, Miki H, et al. A new reaction model for the catalytic effect of silver ions on chalcopyrite leaching in sulfuric acid solutions[J]. Hydrometallurgy, 2002, 63 (3): 257-267.

[7]　徐金光, 温建康, 武彪, 等. 中等嗜热菌浸出黄铜矿的影响因素研究[J]. 稀有金属, 2009, 33 (2): 258-262.

[8]　张德成, 罗学刚. 较低温度下细菌浸出黄铜矿工艺影响因素研究[J]. 金属矿山, 2007, (11): 65-68.

[9]　Baláž P. Mechanical activation in hydrometallurgy[J]. International Journal of Mineral Processing, 2003, 72(1-4): 341-354.

[10]　Mulaka W, Balaz P, Chojnacka M. Chemical and morphological changes of millerite by mechanical activation[J]. International Journal of Mineral Processing, 2002, 66 (1-4): 233-240.

[11]　Ahimovičová M, Baláž P. Influence of mechanical activation on selectivity of acid leaching of arsenopyrite[J]. Hydrometallurgy, 2005, 77 (1-2): 3-7.

第 6 章　钴矿石微生物强化浸出研究

6.1　引　言

与传统冶炼工艺相比，虽然生物冶金工艺在处理低品位、难处理矿产资源方面具有巨大的优势，但是其浸出慢、浸出周期长的缺陷也是不容忽视的。Peng等[1-3]的研究表明添加表面活性剂可以促进中间产物硫在矿物表面的分散，提高硫颗粒的亲水性，有利于细菌在其表面上的吸附，促进元素硫层的氧化溶解，抑制氧化产物层的生成，进而矿物溶解速率加速，提高金属浸出率。在浸出过程中添加活性炭，通过原电池效应可促进矿物的氧化溶解。Nakazawa等[4-6]通过研究活性炭对黄铜矿生物浸出的影响发现添加活性炭可以抑制细菌氧化溶液中的Fe^{2+}，降低$[Fe^{3+}]/[Fe^{2+}]$的比值，使浸出体系的氧化还原电位维持在较低值。在低电位条件下Fe^{2+}可还原黄铜矿，生成次生铜矿辉铜矿，促进黄铜矿的溶解。

本章通过研究表面活性剂 Tween-20、Tween-80、RB-1181 的浓度、活性炭的浓度与形状及催化剂组合对钴矿石生物浸出的影响，探讨强化钴矿石生物浸出的方法，进而优化钴矿石生物浸出过程，提高金属浸出率，缩短浸出时间，形成钴矿石生物浸出新工艺。

6.2　表面活性剂对微生物浸出作用研究

在生物浸出过程中，氧化剂与细菌存在于溶浸液中，因此溶浸液与矿石的接触、润湿和渗透是影响生物浸矿速率的一个关键因素。矿物表面性质、溶浸液自身的表面张力在一定程度上阻碍溶浸液与矿石的接触，降低浸出速率[7]。为了解决这一问题，研究者考虑加入表面活性剂。表面活性剂具有特殊的双亲结构，易于吸附、定向于物质界面上，从而降低表面张力，增强物质界面的渗透性、润湿性等性能。研究表明，添加表面活性剂可以改变矿物表面性质，降低界面张力，增强矿物的亲水性[8, 9]。

本节以国外某矿山的钴精矿为研究对象，在浸出过程中添加表面活性剂Tween-20、Tween-80 和 RB-1181，考察这三种表面活性剂对细菌生长及钴矿石生物浸出的影响，探讨利用表面活性剂强化钴矿物生物浸出的可行性。

6.2.1 促进微生物吸附作用

图 6-1 所示为表面活性剂对溶浸液与硫铜钴矿表面接触角的影响，表面活性剂的质量浓度为 $0.1g\cdot L^{-1}$。经过测量，未添加表面活性剂的溶浸液与硫铜钴矿表面接触角为 65.21°。添加表面活性剂后，溶浸液与硫铜钴矿表面接触角分别降至 41.75°（添加 Tween-20）、45.27°（添加 Tween-80）和 52.75°（添加 RB-1181）。可见，添加表面活性剂后，溶浸液与硫铜钴矿表面的接触角显著减小。

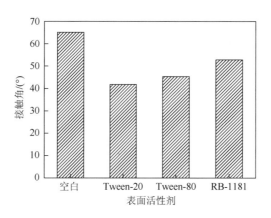

图 6-1　表面活性剂对溶液与矿石接触角的影响

吴爱祥等[7]研究指出，溶浸液与矿物表面的接触角减小，可提高矿物表面的润湿性、渗透性，有利于溶浸液在矿石表面的铺展及在矿石裂隙间的渗透，促进细菌和氧化剂在矿物表面上的吸附。同时添加表面活性剂可减小矿石表面的液膜厚度，加快溶浸液中的传质过程和对流扩散过程。Lan 等[10, 11]的研究结果表明添加适量的表面活性剂可以提高硫颗粒的亲水性，促进中间产物硫在矿物表面的分散，增强细菌在硫颗粒表面的吸附，促进细菌氧化矿物表面的元素硫层，进而硫化矿物氧化溶解加速，金属浸出率大大提高。

6.2.2 强化微生物浸出作用

1. 试验方法

向四个盛有 200mL 已培养至稳定初期的菌液的锥形瓶中分别加入钴精矿及不同质量的表面活性剂 Tween-20。矿浆浓度为 10%，表面活性剂质量浓度分别为

$0g\cdot L^{-1}$、$0.10g\cdot L^{-1}$、$0.25g\cdot L^{-1}$、$0.50g\cdot L^{-1}$。调节矿浆初始 pH 为 1.5，在温度为 45℃、转速为 $180r\cdot min^{-1}$ 的恒温振荡箱中进行浸出。定时监测矿浆 pH、E_h 及 Fe^{2+}、Co^{2+} 浓度等，考察 Tween-20 对钴精矿生物浸出的影响。Tween-80 与 RB-1181 采取相同的方法考察其对钴精矿生物浸出的影响。

2. 试验结果与讨论

表面活性剂 Tween-20 对钴精矿生物浸出的影响试验结果见图 6-2、表 6-1。浸出结束时，四个试样的钴浸出率分别为 57.61%、92.44%、84.41%、16.77%，铜浸出率分别为 48.57%、64.31%、62.86%、15.61%。试验结果表明，在浸出过程中添加表面活性剂 Tween-20 能够促进硫铜钴矿氧化溶解，提高金属钴、铜的浸出率。当添加 $0.10g\cdot L^{-1}$ 的 Tween-20 时催化效果最佳，钴浸出率提高 34.83%，铜浸出率提高 15.74%，强化效果显著。

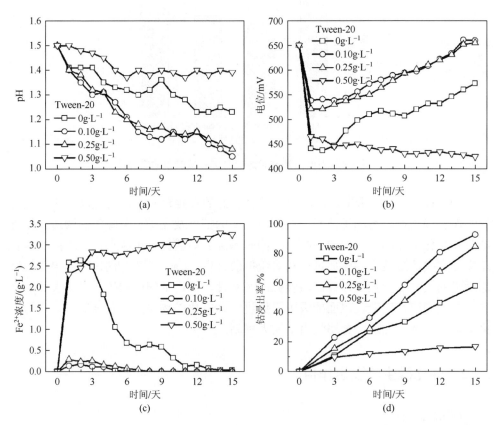

图 6-2　表面活性剂 Tween-20 对浸出体系的 pH（a）、电位（E_h）（b）、Fe^{2+}浓度（c）和钴浸出率（d）的影响

表 6-1　表面活性剂对钴精矿生物浸出的影响

表面活性剂	浸出金属	不同表面活性剂浓度下的浸出率/%			
		0	0.10g·L⁻¹	0.25g·L⁻¹	0.50g·L⁻¹
Tween-20	钴	57.61	92.44	84.41	16.77
	铜	48.57	64.31	62.86	15.61
Tween-80	钴	57.61	93.25	82.55	17.43
	铜	48.57	65.71	58.10	14.82
RB-1181	钴	57.61	69.50	92.26	20.20
	铜	48.57	54.64	63.82	12.33

$0.10g \cdot L^{-1}$, $0.25g \cdot L^{-1}$, $0.50g \cdot L^{-1}$ 见表头。

图 6-3 所示为天然高纯硫铜钴矿生物浸出 96h 后矿物表面 S 2p 的 XPS 谱。由图可见，S 2p 谱图共有四个拟合峰，对应的结合能分别为 168.303eV、166.869eV、162.783eV 和 161.606eV，其中结合能 161.606eV 和 162.783eV 对应于 S^0，说明生物浸出过程中硫铜钴矿表面有单质 S^0 生成。由第 5 章的研究结果可知，单质 S^0 与黄钾铁矾等氧化腐蚀产物会在矿物表面形成一层氧化产物层。该氧化产物层会阻碍细菌和氧化剂与矿物表面的接触，抑制矿物的进一步氧化溶解，降低反应动力学[12-15]。添加表面活性剂可以改变中间产物硫颗粒的表面性质，促进其在矿物表面的分散[11]。并提高硫颗粒的亲水性，增强细菌在硫颗粒表面的吸附，促进硫颗粒的生物氧化[1-3]，加速矿物表面氧化产物层的氧化溶解，降低氧化产物层对矿物溶解的抑制作用，进而矿物氧化溶解加速，金属浸出率提高。

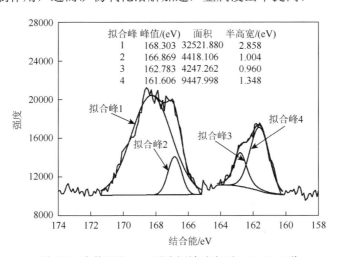

图 6-3　生物浸出 96h 后硫铜钴矿表面 S 2p XPS 谱

图 6-4（a）所示为浸出过程中浸出介质 pH 变化趋势。由图可见，随着硫化矿物中元素硫不断被细菌氧化生成硫酸，浸出介质的 pH 逐渐降低。浸出结束时，空白试样的 pH 为 1.23。添加表面活性剂后，浸出介质 pH 下降趋势明显加快，表

面活性剂浓度为 0.10g·L^{-1} 与 0.25g·L^{-1} 试样的 pH 在浸出第 2 天即低于空白试样。浸出结束时，pH 分别为 1.05 和 1.08。Pich 等和 Zhang 等[16, 17]研究指出，添加适当浓度的表面活性剂可以促进细菌在硫颗粒表面的吸附，提高硫氧化速率和硫酸生成速率。由于当表面活性剂浓度达到 0.50g·L^{-1} 时，对细菌生长产生抑制作用，因此浓度为 0.50g·L^{-1} 的试样 pH 在浸出前 6 天呈缓慢下降的趋势，在浸出 7 天～15 天一直维持在 1.37～1.40 之间。图 6-4 (c) 所示为浸出过程中 Fe^{2+}浓度变化趋势。由图可见，添加表面活性剂后，Fe^{2+}氧化速率明显加快，浓度为 0.10g·L^{-1} 与 0.25g·L^{-1} 试样的 Fe^{2+}在浸出第 7 天即全部氧化完全，而空白试样在浸出 15 天后 Fe^{2+}仍然存在。可见添加表面活性剂后，浸出体系酸度增大，促进了细菌氧化 Fe^{2+}反应。由于细菌氧化 Fe^{2+}速率加快，生成的 Fe^{2+}迅速被氧化成 Fe^{3+}，Fe^{2+}浓度降低而 Fe^{3+}浓度增加，因此浸出体系的[Fe^{3+}]/[Fe^{2+}]增大，氧化还原电位迅速上升并高于空白试样 [图 6-4（b）]。由于浓度为 0.50g·L^{-1} 试样的细菌生长受到抑制，氧化活性减弱，Fe^{2+}生物氧化速率降低，因此 Fe^{2+}浓度呈先迅速上升而后缓慢增加的趋势，浸出结束时达到 3.24g·L^{-1}。进而浸出体系的氧化还原电位呈逐渐降低的趋势，浸出结束时降至 424mV。

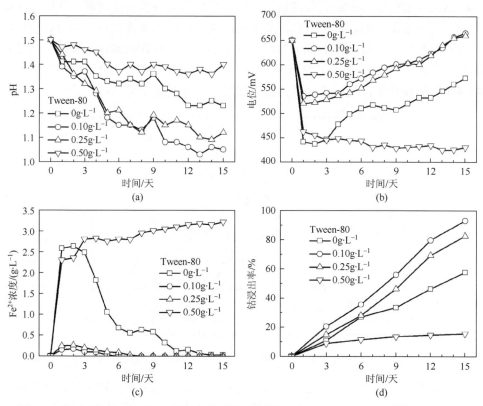

图 6-4 表面活性剂 Tween-80 对浸出体系的 pH（a）、电位（E_h）（b）、Fe^{2+}浓度（c）和钴浸出率（d）的影响

在浸出过程中，添加表面活性剂 Tween-80、RB-1181 对钴精矿生物浸出的影响见图 6-4、图 6-5 和表 6-1。表面活性剂 Tween-80 对钴精矿生物浸出的影响与 Tween-20 具有相同的趋势。添加 $0.10g \cdot L^{-1}$ Tween-80 时催化效果最佳，钴浸出率为 93.25%，提高 35.64%；铜浸出率为 65.71%，提高 17.14%。表面活性剂 RB-1181 对钴精矿生物浸出的影响与 Tween-20 稍有不同，质量浓度为 $0.25g \cdot L^{-1}$ 时其催化效果最佳，钴浸出率为 92.26%，提高 34.65%；铜浸出率为 63.82%，提高 15.25%。可见，表面活性剂 Tween-80 与 RB-1181 对钴精矿生物浸出也具有显著的强化效果。

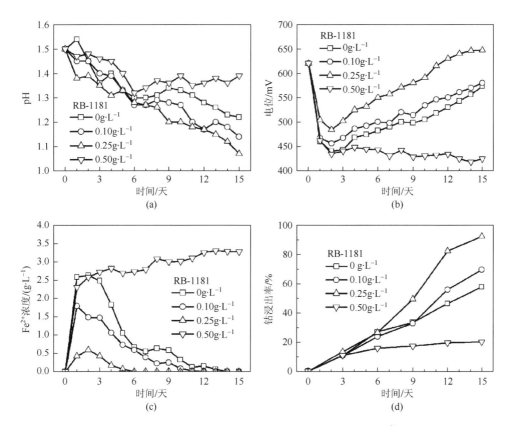

图 6-5　表面活性剂 RB-1181 对浸出体系的 pH（a）、电位（E_h）（b）、Fe^{2+} 浓度（c）和钴浸出率（d）的影响

由表面活性剂对钴精矿生物浸出影响试验结果可知，在浸出过程中，添加表面活性剂可以降低溶浸液与矿物之间的接触角，促进溶液在矿石表面的润湿作用，增强细菌和氧化剂与矿物表面的接触，并减小矿石表面的液膜厚度，加快传质过程和对流扩散过程。同时，添加表面活性剂能够改变中间产物硫颗粒

的表面性质，提高硫颗粒的亲水性，促进细菌对硫颗粒表面的生物氧化，加速矿物表面氧化产物层的溶解，降低氧化产物层对矿物氧化溶解的抑制作用。进而矿物溶解加速，金属浸出率大幅度提高。因此，添加表面活性剂可以强化钴精矿生物浸出。

通过对比可以发现，Tween-20 与 Tween-80 的催化效果优于 RB-1181，质量浓度为 $0.10g·L^{-1}$ 时即可达到最佳催化效果，而 RB-1181 则在质量浓度为 $0.25g·L^{-1}$ 时才能达到最佳催化效果。质量浓度的增加意味着生产成本的提高，因此优先选择 Tween-20 或 Tween-80 强化钴精矿生物浸出。

6.3　活性炭对微生物浸出的作用研究

6.3.1　强化浸出

1. pH 对活性炭吸附 Co^{2+} 的影响

在三个 250mL 锥形瓶中，分别移入 100mL 浸出液，此浸出液中含有一定质量浓度的 Co^{2+}。加入活性炭，质量浓度为 $2.0g·L^{-1}$。调节溶液 pH 分别为 1.2、1.5 和 1.8。在温度为 45℃、转速为 $180r·min^{-1}$ 的恒温振荡箱中进行吸附试验。定时监测溶液中 Co^{2+} 浓度，研究不同 pH 对活性炭吸附 Co^{2+} 的影响。

表 6-2 所列为 pH 对活性炭吸附 Co^{2+} 的影响试验结果。由表中数据可见，活性炭对 Co^{2+} 的吸附量随着溶液 pH 的降低而减小：当 pH 为 1.8 时，吸附量为 3.07%；pH 为 1.5 时，吸附量为 2.78%；pH 为 1.2 时，吸附量为 2.63%。同时，活性炭对 Co^{2+} 的吸附速率很快，吸附 24h 即可达到吸附平衡。试验结果表明，在活性炭质量浓度小于 $2g·L^{-1}$，浸出液 pH≤1.8 的条件下，活性炭对钴离子的吸附量小于 3%，吸附量很低。

表 6-2　pH 对活性炭吸附 Co^{2+} 的影响

吸附时间/h	溶液中 Co^{2+} 的浓度/$(g·L^{-1})$		
	pH=1.2	pH=1.5	pH=1.8
0	0.683	0.683	0.683
2	0.669	0.669	0.669
8	0.665	0.665	0.665
24	0.665	0.664	0.662
48	0.665	0.664	0.662

活性炭表面各类含氧基团、官能团主要以—CHO、—OH、—COOH、—C＝O

四种形式存在，它们通常是活性炭吸附金属离子的活性中心。在低 pH 条件下，溶液中存在着高浓度的 H^+，活性炭表面的活性基团会与 H^+ 结合。此时，大量的活性中心被 H^+ 占据，可吸附 Co^{2+} 的活性基团减少，因此吸附量很低[18, 19]。此外，在浸出过程中，由于矿物与活性炭充分混合，部分矿物微粒会与活性炭接触并吸附在活性炭表面，使可吸附金属离子的活性面积减小，活性炭对 Co^{2+} 的吸附量进一步下降。而活性炭对铜离子的吸附由张卫民和谷士飞[20]的研究可知，其吸附量也低于 3%，吸附量很小。因此，在浸出过程中，由于矿浆 pH 的降低以及部分矿物微粒对活性表面的占据，活性炭对 Co^{2+}、Cu^{2+} 的吸附量很小，不会造成有价金属的大量损失，利用活性炭强化钴精矿生物浸出是可行的。

2. 活性炭对微生物浸出的强化作用

1）不同质量浓度的活性炭对钴精矿生物浸出的影响

向五个盛有 200mL 已培养至稳定初期的菌液的锥形瓶中分别加入钴精矿及不同质量的活性炭粉末。矿浆浓度为 10%，活性炭质量浓度分别为 $0g\cdot L^{-1}$、$0.5g\cdot L^{-1}$、$1.0g\cdot L^{-1}$、$1.5g\cdot L^{-1}$、$2.0g\cdot L^{-1}$。调节矿浆初始 pH 为 1.5，在温度为 45℃、转速为 $180r\cdot min^{-1}$ 的恒温振荡箱中进行浸出。定时监测矿浆 pH、E_h 及 Fe^{2+}、Co^{2+} 浓度等，考察活性炭浓度对钴精矿生物浸出的影响。

不同质量浓度活性炭对钴精矿生物浸出的影响试验结果见图 6-6（a）～（d）、表 6-3。由表中数据可见，浸出结束时，五个试样的钴浸出率分别为 72.92%、87.63%、94.98%、86.58%、84.32%，铜浸出率分别为 50.19%、61.90%、65.62%、63.01%、60.81%。试验结果表明，添加活性炭能够促进硫铜钴矿氧化溶解，提高金属浸出率。当添加 $1.0g\cdot L^{-1}$ 活性炭时，催化效果最佳，钴浸出率提高 22.06%，铜浸出率提高 15.43%，强化效果显著。

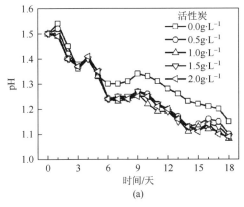

(a)

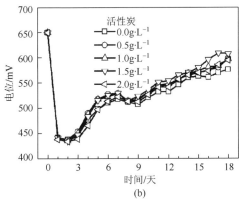

(b)

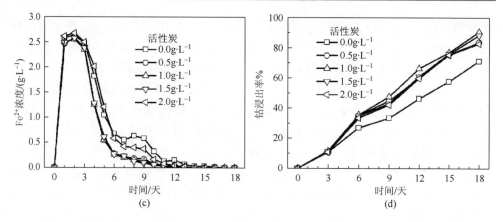

图 6-6 活性炭对浸出体系的 pH（a）、电位（E_h）（b）、Fe^{2+}浓度（c）和钴浸出率
（d）的影响

表 6-3 不同浓度活性炭对生物浸出的影响

	活性炭浓度/(g·L⁻¹)				
	0	0.5	1.0	1.5	2.0
钴浸出率/%	72.92	87.63	94.98	86.58	84.32
铜浸出率/%	50.19	61.90	65.62	63.01	60.81

　　活性炭是良导体，静电位高，比表面积大，且极其稳定，不溶于任何溶剂，因此是一种理想的阴极材料[21]。在生物浸出过程中，当活性炭与硫铜钴矿接触时，两者将组成一组原电池对。由于活性炭具有较高的静电位，因此作阴极，而硫铜钴矿静电位较低则为阳极。通过原电池效应，静电位较低的阳极硫铜钴矿的氧化溶解速率加快，进而钴浸出率提高。电极反应可以表示为

阳极反应：

$$CuCo_2S_4 \longrightarrow 2Co^{2+} + Cu^{2+} + 4S^0 + 6e^- \qquad (6\text{-}1)$$

阴极反应：

$$1.5O_2 + 6H^+ + 6e^- \longrightarrow 3H_2O \qquad (6\text{-}2)$$

　　随着活性炭浓度的增大，活性炭与硫铜钴矿接触的概率增加，为原电池反应提供了更大的反应面积，原电池效应增强，因此钴浸出率随着活性炭浓度的增加而提高。但是，由于活性炭对细菌有很强的吸附作用，加入活性炭后细菌大量吸附在活性炭表面，细菌在硫铜钴矿表面的吸附量降低，不利于硫铜钴矿的氧化溶解。当活性炭浓度较低时，活性炭吸附细菌而产生的抑制作用较小，整体上呈现的催化作用随活性炭浓度增加而有增强的趋势。但是，随着活性炭浓度的增加，抑制作用逐渐增强，虽然整体上仍呈现催化作用，但是其催化效果与活性炭浓度

较低时相比有所减弱。因此，当活性炭浓度大于 $1g \cdot L^{-1}$ 后，钴浸出率随着活性炭浓度的增加而降低，如图 6-6（d）所示。

图 6-6（a）所示为浸出过程中 pH 变化趋势。由图可见，浸出过程中，浸出介质 pH 随着浸出的进行呈逐渐下降的趋势。浸出结束时，浸出介质 pH 分别降至 1.15、1.10、1.08、1.09、1.09。其中，添加活性炭试样的 pH 下降速率较快，浸出 5 天后即低于未添加活性炭试样的 pH。在浸出过程中，硫化矿物中元素硫的氧化价态按照 $S^{2-} \rightarrow S^0 \rightarrow S^{6+}$（$H_2SO_4$）的形式转化，使得浸出介质酸度增加，pH 下降。由阳极硫铜钴矿溶解反应［反应式（6-1）］可知，每溶解 1mol 硫铜钴矿，可生成 8mol H^+（$CuCo_2S_4 \longrightarrow 4S^0 \xrightarrow{细菌} 4H_2SO_4 \longrightarrow 8H^+$）和 6mol 电子。虽然，阴极反应会消耗 6mol H^+［反应式（6-2）］，但是仍剩余 2mol H^+。因此，添加活性炭后，通过原电池效应，溶浸液中 H^+ 浓度增加，酸度增大，浸出介质 pH 低于未添加活性炭试样的。

由于浸出介质中 H^+ 浓度增加，细菌氧化 Fe^{2+} 的反应得到促进（$4Fe^{2+} + O_2 + 4H^+ \xrightarrow{细菌} 4Fe^{3+} + 2H_2O$），$Fe^{2+}$ 氧化速率加快。因此，添加活性炭试样的 Fe^{2+} 在浸出 13 天时即被全部氧化完全，而未添加活性炭试样的 Fe^{2+} 需要 16 天才被氧化完全，如图 6-6（c）所示。

由浸出体系 E_h 与 Fe^{2+} 浓度的变化趋势可以看出，添加活性炭可以促进浸矿细菌对 Fe^{2+} 的氧化，降低 Fe^{2+} 浓度，提高浸出体系的 E_h。而 Nakazawa 等在活性炭催化黄铜矿的研究中指出，添加活性炭会抑制细菌氧化 Fe^{2+}，降低浸出体系 $[Fe^{3+}]/[Fe^{2+}]$ 比值，进而浸出体系的氧化还原电位低于空白试样[4-6]。研究结果不同的原因有两个：其一，在黄铜矿浸出体系中，黄铜矿氧化溶解时将释放出 Fe^{2+}［见反应式（6-3）］[4]，因此当活性炭强化阳极黄铜矿氧化溶解时，Fe^{2+} 生成量将大于空白试样，浸出体系 $[Fe^{3+}]/[Fe^{2+}]$ 比值降低，进而浸出体系的氧化还原电位低于空白试样[5]。而硫铜钴矿氧化溶解时不会释放出 Fe^{2+}［见反应式（6-1）］，因此溶浸液中的 Fe^{2+} 浓度不会因为阳极硫铜钴矿的溶解加速而发生变化。其二，由 Hiroyoshi 等提出的黄铜矿两步溶解模型可知，在低电位条件下 Fe^{2+} 会还原黄铜矿，生成次生铜矿辉铜矿。而辉铜矿易被溶解氧和 Fe^{3+} 氧化溶解，进而黄铜矿的溶解加速［见反应式（6-4）、反应式（6-5）、反应式（6-6）］[5, 22]。由于 Fe^{2+} 是浸矿细菌生长的主要能源物质，当 Fe^{2+} 参与还原溶解黄铜矿时，浸矿细菌生长所需的能源物质减少，生长被抑制，氧化能力降低。而在硫铜钴矿浸出体系中，在低电位条件下即存在高浓度 Fe^{2+} 时，硫铜钴矿的氧化溶解速率没有加快，钴浸出率增长缓慢［图 6-6（c）和（d）］。可见 Fe^{2+} 没有参与还原硫铜钴矿，浸矿细菌生长所需的能源物质没有减少，细菌生长没有被抑制。同时，由于原电池效应，浸出介质 H^+ 浓度增加，Fe^{2+} 氧化速率加快。因此，Fe^{2+} 浓度降低，浸出体系 $[Fe^{3+}]/[Fe^{2+}]$ 比值增大，氧化还原电位迅速上升并高于空白试样 [图 6-6（b）]。

$$CuFeS_2 \longrightarrow Cu^{2+} + Fe^{2+} + 2S^0 + 4e^- \qquad (6-3)$$

$$CuFeS_2 + 3Cu^{2+} + 3Fe^{2+} \longrightarrow 2Cu_2S + 4Fe^{3+} \qquad (6-4)$$

$$Cu_2S + 4H^+ + O_2 \longrightarrow 2Cu^{2+} + S^0 + 2H_2O \qquad (6-5)$$

$$Cu_2S + 4Fe^{3+} \longrightarrow 2Cu^{2+} + S^0 + 4Fe^{2+} \qquad (6-6)$$

2）不同形状的活性炭对钴精矿生物浸出的影响

向两个盛有 200mL 已培养至稳定初期的菌液的锥形瓶中分别加入活性炭粉末（粒度小于 75μm 的占 65%）与活性炭颗粒（粒径为 2~3mm），质量浓度为 1g·L^{-1}。在初始 pH 为 1.5，矿浆浓度为 10%，温度为 45℃、转速为 180r·min^{-1} 的条件下进行浸出，考察不同形状的活性炭对钴精矿生物浸出的影响。

不同形状活性炭对生物浸出的影响试验结果见图 6-7。由图可见，两个试样的钴浸出速率基本一致。浸出结束时，添加活性炭粉末试样的钴浸出率为 92.49%，添加活性炭颗粒试样的钴浸出率为 93.27%，两个试样的钴浸出率基本相同，说明活性炭的形状对催化效果没有影响。因此，在浸出过程中可以用活性炭颗粒代替活性炭粉末，有利于活性炭的回收利用，降低生产成本。

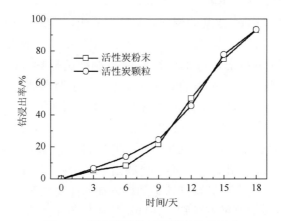

图 6-7 活性炭形状对细菌浸钴的影响

6.3.2 原电池效应

为了考察活性炭与矿物的接触对原电池效应的影响，试验特别设计一个无盖容器，容器尺寸为 20mm×20mm×20mm。容器内装入 0.2g 活性炭，用孔径为 1μm 的半透膜封住，防止浸出过程中与钴精矿接触。在初始 pH 为 1.5，溶浸液体积为 200mL，矿浆浓度为 10%，浸出温度为 45℃，转速为 180r·min^{-1} 的条件下进行浸出。在对比试验中，将相同质量的活性炭直接加入溶浸液中，使活性炭与钴精矿可以充分接触，在相同的条件下进行浸出。

　　图 6-8 所示为活性炭与矿物的接触对原电池效应的影响试验结果。由图可见，活性炭与钴精矿充分接触试样的矿物氧化溶解速率明显快于未接触试样的。浸出结束时，活性炭与钴精矿充分接触试样的钴浸出率为 92.05%，未接触试样的钴浸出率为 73.10%，与上述未添加活性炭试验的钴浸出率接近。试验结果说明，当活性炭与钴精矿没有接触时，原电池效应没有产生，不能促进钴精矿的生物浸出。因此，活性炭与矿物充分接触是发生原电池效应的一个必要条件。

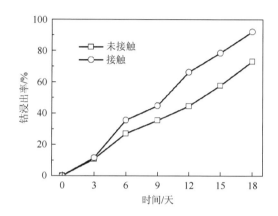

图 6-8　活性炭与钴精矿的接触对浸出的影响

　　在浸出过程中，当硫铜钴矿与活性炭接触时，由于静电位不同，两者将组成一组原电池对。活性炭具有较高的静电位，因此作为阴极，而硫铜钴矿则为阳极，两者原电池效应如图 6-9 所示。通过原电池效应，阳极硫铜钴矿溶解速率加快，钴浸出率提高。在生物浸出过程中，细菌的参与，促进了原电池效应，溶浸液中的溶解氧在阴极活性炭表面的得电子行为得到强化[23]。同时，含铁硫化矿物氧化分解释放出的 Fe^{2+} 被细菌氧化为 Fe^{3+}，Fe^{3+} 在活性炭表面上得到电子还原为 Fe^{2+}[24]。而 Fe^{2+} 又是细菌的营养物质，该反应使消耗掉的营养物质得到补充，从而促进了细菌的生长，增强了细菌的氧化能力。并且，由于细菌氧化能力增强，细菌氧化元素硫生成硫酸的反应也得到促进，硫铜钴矿表面氧化产物层的溶解加快，降低了氧化产物层对硫铜钴矿氧化溶解的抑制作用。图 6-9 中各反应式分别为

$$CuCo_2S_4 \longrightarrow 2Co^{2+} + Cu^{2+} + 4S^0 + 6e^-$$

$$S^0 + 2O_2 + 2e^- \longrightarrow SO_4^{2-}$$

$$1.5O_2 + 6H^+ + 6e^- \longrightarrow 3H_2O$$

$$Fe^{2+} \longrightarrow Fe^{3+} + e^-$$

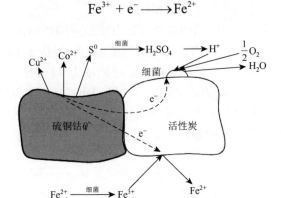

图 6-9　活性炭与硫铜钴矿原电池效应模型示意图

6.4　钴矿石微生物强化浸出新技术

在微生物浸出过程中，添加表面活性剂或活性炭均可以促进硫化矿物的氧化溶解，提高金属浸出率。本节研究添加表面活性剂与活性炭组合对钴精矿微生物浸出的影响，探讨催化剂组合强化微生物浸出的可行性，优化钴精矿生物浸出过程，提高金属浸出率，进而形成钴精矿微生物浸出新工艺。

6.4.1　试验方法

两组催化剂组合分别为活性炭+Tween-20 与活性炭+Tween-80。活性炭质量浓度为 $1.0g·L^{-1}$，表面活性剂质量浓度为 $0.10g·L^{-1}$。在矿浆浓度为 10%，初始 pH 为 1.5，浸出温度为 45℃，转速为 $180r·min^{-1}$ 的条件下进行浸出。

6.4.2　试验结果与讨论

两组催化剂组合对浸出体系的电位（E_h）、pH、Fe^{2+}浓度和钴浸出率的影响如图 6-10 所示，浸出试验结果见表 6-4。浸出 12 天后，添加活性炭+Tween-20 催化剂组合试样的钴浸出率为 93.42%，铜浸出率为 63.81%。与未添加催化剂试样的金属浸出率相比，钴浸出率提高 47.08%，铜浸出率提高 24.24%；添加活性炭+Tween-80 催化剂组合试样的钴浸出率为 88.09%，提高 41.75%，铜浸出率为 64.51%，提高 24.94%。可见，添加活性炭与表面活性剂催化剂组合，矿物氧化溶解速率加快，金属钴、铜浸出率均有大幅度提高，说明催化剂组合可以强化钴精矿生物浸出，且强化效果显著。

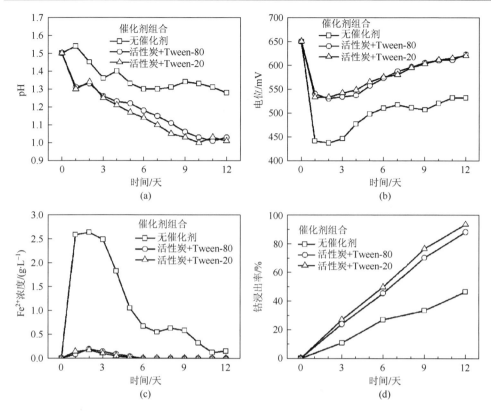

图 6-10　催化剂组合对浸出体系的 pH（a）、电位（E_h）（b）、Fe^{2+}浓度（c）和钴浸出率（d）
的影响

表 6-4　催化剂组合对钴精矿生物浸出的影响

	无催化剂	活性炭+Tween-80	活性炭+Tween-20
钴浸出率/%	46.34	88.09	93.42
铜浸出率/%	39.57	64.51	63.81

表 6-5 所列为三种强化钴精矿生物浸出方法的对比结果。添加活性炭强化浸
出，钴浸出率提高 22.06%，铜浸出率提高 15.43%，但是浸出周期与空白试样的
相同；添加表面活性剂强化浸出，钴浸出率提高 20.33%，铜浸出率提高 15.52%，
浸出周期缩短 1/6；添加催化剂组合强化浸出，钴浸出率提高 20.50%，铜浸出率
提高 13.62%，浸出周期缩短 1/3。可见，三种强化方法中，添加活性炭与表面活
性剂组合的催化效果最佳。其原因是：同时添加活性炭与表面活性剂时，两者之
间产生协同效应，催化能力得到提升。通过上述试验结果可知，添加表面活性剂
可以改变中间产物硫颗粒的表面性质，促进硫颗粒的生物氧化，加速矿物表面氧

化产物层的氧化溶解。同时,表面活性剂能够降低活性炭与矿物表面的界面能量,促进颗粒间的分散,降低矿物颗粒、活性炭颗粒的团聚情况。因此,活性炭与矿物颗粒的接触面积增大,原电池效应得到促进。

表 6-5　不同强化方式浸出结果的对比

催化剂	浸出时间/天	钴浸出率/%	铜浸出率/%
无催化剂	18	72.92	50.19
活性炭	18	94.98	65.62
表面活性剂	15	93.25	65.71
催化剂组合	12	93.42	63.81

通过添加催化剂组合,优化了生物浸出过程,矿物氧化溶解加速,金属浸出率大幅度提高。同时,浸出时间缩短,生产成本降低,最终形成了钴精矿生物浸出新工艺。

6.5　小　　结

(1)在浸出过程中,添加表面活性剂既可以增强溶液在矿石表面的润湿作用,促进细菌和氧化剂与矿物表面的接触,减小矿石表面的液膜厚度,加快传质过程和对流扩散过程,也可以改变中间产物硫颗粒的表面性质,提高硫颗粒的亲水性,促进细菌对硫颗粒表面的生物氧化,加速矿物表面氧化产物层的溶解,降低氧化产物层对矿物氧化溶解的抑制作用,进而加速矿物的氧化溶解,大幅度提高金属浸出率。因此,添加表面活性剂具有强化钴精矿生物浸出作用。由试验结果可知,Tween-20 和 Tween-80 的催化效果优于 RB-1181 的,质量浓度为 $0.10g\cdot L^{-1}$ 时催化效果最佳。

(2)在浸出过程中,活性炭对钴、铜离子的吸附量很小,不会造成有价金属的大量损失。当硫铜钴矿与活性炭接触时,由于静电位不同,两者将组成一组原电池对。活性炭具有较高的静电位,作为阴极,硫铜钴矿则为阳极。通过原电池效应,硫铜钴矿的氧化溶解得到促进,金属浸出率提高。由试验结果可知,活性炭质量浓度为 $1.0g\cdot L^{-1}$ 时,催化效果最佳。活性炭的形状对催化效果没有影响,在浸出过程中可以用活性炭颗粒代替活性炭粉末,有利于活性炭的回收利用,降低生产成本。

(3)添加催化剂组合,由于两者之间的协同效应,催化能力得到提升,与未添加催化剂试样相比,钴浸出率提高 20.50%,铜浸出率提高 13.62%,而浸出周期缩短 1/3。通过添加催化剂组合,矿物氧化溶解加速,金属浸出率大幅度提高,浸出时间大幅度缩短，最终形成了钴矿石生物浸出新工艺。

参 考 文 献

[1]　Peng A A，Liu H C，Nie Z Y，et al. Effect of surfactant Tween-80 on sulfur oxidation and expression of sulfur metabolism relevant genes of *Acidithiobacillus ferrooxidans*[J]. Transaction of Nonferrous Metals Society of China，2012，22（12）：3147-3155.

[2]　Behera S K，Sukla L B. Microbial extraction of nickel from chromite overburdens in the presence of surfactant[J]. Transaction of Nonferrous Metals Society of China，2012，22（11）：2840-2845.

[3]　宋言，杨洪英，佟琳琳. 表面活性剂吐温 80 对钴精矿生物浸出的作用[J]. 东北大学学报（自然科学版），2014，35（12）：1750-1753.

[4]　Nakazawa H，Fujisawa H，Sato H. Effect of activated carbon on the bioleaching of chalcopyrite concentrate[J]. International Journal of Mineral Processing，1998，55（2）：87-94.

[5]　Liang C L，Xia J L，Zhao X J，et al. Effect of activated carbon on chalcopyrite bioleaching with extreme thermophile *Acidianus manzaensis*[J]. Hydrometallurgy，2010，105（1-2）：179-185.

[6]　Zhang W M，Gu S F. Catalytic effect of activated carbon on bioleaching of low-grade primary copper sulfide ores[J]. Transactions of Nonferrous Metals Society of China，2007，17（5）：1123-1127.

[7]　吴爱祥，艾纯明，王贻明. 表面活性剂强化铜矿石浸出[J]. 北京科技大学学报，2013，35（6）：709-713.

[8]　张德诚，朱莉，罗学刚. 低温下非离子表面活性剂加速细菌浸出黄铜矿[J]. 化工进展，2008，27（4）：540-543.

[9]　齐海珍，谭凯旋，曾晟. 应用表面活性剂进行低渗透砂岩铀矿床地浸采铀的实验研究[J]. 南华大学学报（自然科学版），2010，24（4）：19-23.

[10]　Lan Z Y，Hu Y H，Qin W Q. Effect of surfactant OPD on the bioleaching of marmatite[J]. Minerals Engineering，2009，22：10-13.

[11]　Owusu G，Dreisinger D B，Ernest P. Effect of surfactants on zinc and iron dissolution rates during oxidative leaching of sphalerite [J]. Hydrometallurgy，1995，38：315-324.

[12]　Ahmadi A，Schaffie M，Manafi Z，et al. Electrochemical bioleaching of high grade chalcopyriteflotation concentrates in astirred bioreactor[J]. Hydrometallurgy，2010，104（1）：99-105.

[13]　Li Y，Kawashima N，Li J，et al. A review of the structure，and fundamental mechanisms and kinetics of the leachingof chalcopyrite[J]. Advances in Colloid and Interface Science，2013，197-198（9）：1-32.

[14]　Kinnunen P H M，Heimala S，Riekkola-vanhanen M L，et al. Chalcopyrite concentrate leaching with biologically produced ferric sulphate[J]. Bioresource Technology，2006，97（14）：1727-1734.

[15]　Zhou H B，Zeng W M，Yang Z F，et al. Bioleaching of chalcopyrite concentrate by a moderately thermophilic culture in a stirred tank reactor[J]. Bioresource Technology，2009，100（2）：515-520.

[16]　Pich O A，Curutchet G，Donati E，et al. Action of *Thiobacillus thiooxidans* on sulphur in the presence of a surfactant agent and its application in the indirect dissolution of phosphorus [J]. Process Biochemistry，1995，30（8）：747-750.

[17]　Zhang C G，Xia J L，Zhang R Y，et al. Comparative study oneffects of Tween-80 and sodium isobutyl-xanthate on growth and sulfur-oxidizing activities of *Acidithiobacillus albertensis* BY-05[J]. Transaction of Nonferrous Metals Society of China，2008，18（4）：1003-1007.

[18]　张淑琴，童仕唐. 活性炭对重金属离子铅镉铜的吸附研究[J]. 环境科学与管理，2008，33（4）：91-94.

[19] 徐啸，刘伯羽，邓正栋. 活性炭吸附重金属离子的影响因素分析[J]. 能源环境保护，2010，24（2）：48-50.

[20] 张卫民，谷士飞. 活性炭在原生硫化铜矿细菌浸出中对铜与铁离子吸附的影响[J]. 中国有色金属，2009，（1）：64-67.

[21] Li C Y，Wan Y Z，Wang J，et al. Antibacterial pitch-based activated carbon fiber supporting silver[J]. Carbon，1998，36（1-2）：61-65.

[22] Hiroyoshi N，Arai M，Miki H，et al. A new reaction model for the catalytic effect of silver ions on chalcopyrite leaching in sulfuric acid solutions[J]. Hydrometallurgy，2002，63（3）：257-267.

[23] 李宏煦，邱冠周，胡岳华，等. 原电池效应对混合硫化矿细菌浸出的影响[J]. 中国有色金属学报，2003，13（5）：1283-1287.

[24] Mulaka W，Balaz P，Chojnacka M. Chemical and morphological changes of milleriteby mechanical activation[J]. International Journal of Mineral Processing，2002，66（1-4）：233-240.

第7章 生物浸出液的絮凝剂净化

7.1 引 言

在世界范围内，采用溶剂萃取剂术回收浸出液中的铜已得到广泛应用[1]。但这些萃取剂在与酸性物质长期接触后会发生分解[2, 3]，并随着萃取剂的复用逐渐累积。这些分解后的有机物常会与一些无机盐、有机质[4]及固体杂质积累在有机相和水相之间的界面上，阻碍了正常萃取过程的进行，降低了生产效率[5, 6]，甚至可能导致工厂停工[7, 8]。这种混合了降解有机物及其他杂质的混合物被称为界面污物。

首先，固体成分的"围栏"作用使污物分布于浸出液中[3, 6, 9]，如微生物、金属杂质、腐殖酸、木质素、微溶的硫酸盐、硅酸盐等[4, 10-13]。其次，浸出液中的表面活性物质会对界面污物的稳定进一步强化。这些表面活性物质主要来源于细菌的生命活动及萃取有机相的分解[3, 10, 14-16]。

为回收硫铜钴矿生物浸出液中的铜，采用 LIX984N 对铜进行萃取分离。然而，试验中发现浸出液与萃取有机相接触后的乳液分相缓慢，在有机相/水相界面处存在大量界面污物。

生物浸出液中有价金属的溶剂萃取受到浸出液特性的影响。其中铁离子主要影响有价金属的分离过程，改变产物的纯度；表面活性物质及固体颗粒则易引起萃取界面污物。因此，将溶剂萃取技术应用于生物浸出成分需要避免这些不利因素造成的影响。

本章中的生物浸出液是在钴矿石经过浸钴微生物 ZY101 浸出获得的，其成分见表 7-1。溶液中微生物及其降解产物含量高。同时，溶液中含有矿物的微晶，对萃取产生影响。

表 7-1 低品位钴矿生物浸出液元素组成（质量浓度，$g \cdot L^{-1}$）

Cu	Co	Fe	Ca	Mg	Si	Mn	蛋白质
12.46	0.87	28.57	0.22	0.074	<0.001	0.052	0.28

7.2　界面污物的分离与鉴定

7.2.1　试验方法

分离、干燥界面沉淀物，并采用扫描电子显微镜确定其微观形貌、构成的主要元素。采用 X 射线衍射仪进行沉淀物光谱扫描，确定主要成分。对界面污物中分离的沉淀物、水相及有机相分别采用傅里叶变换红外光谱仪进行红外光谱扫描。

7.2.2　界面污物类型

铜萃取界面污物如图 7-1 所示，具有液相-固相共存的特点。

界面污物中黏稠固相、水相、有机相质量分数如表 7-2 所示。界面污物中水相质量分数最大，达到 72.04%，黏稠固相质量分数最小，为 4.70%。

表 7-2　界面污物构成（质量分数，%）

水相	油相	固相
72.04	23.26	4.70

溶剂萃取反应速率是由油水界面上的化学反应速率决定。当水相中离子浓度、有机相中萃取剂浓度恒定时，溶剂萃取速度主要受限于两相接触面积[17]。加速溶剂萃取过程，可采取增加两相接触面积的方法。

界面污物的显微图像如图 7-2 所示。有机相中水相的分散液滴直径小于 200μm，固体颗粒分散在有机相与水相界面处，使分散的水相不能聚集。在固体颗粒包围下界面膜呈现出圆形，且具有一定黏弹性，这增加了分散相凝聚所需时间[18]。

图 7-1　铜萃取的界面污物

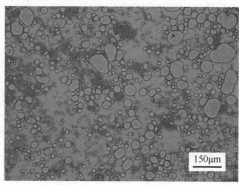

图 7-2　界面污物的显微图像

一般将界面污物视为萃取过程析出的乳膏，有机相为分散相时会在乳剂顶部析出乳膏，水为分散相时会在乳剂底部析出乳膏。本节中界面污物位于乳剂的底部，为油包水型乳化。

机械混合是强制有机相与水相混合的主要方法。通过强力打散，分散相形成液滴进入连续相，形成不稳定乳化。随后分散相逐渐凝聚而完成分相。若分散相长时间不凝聚则出现稳定乳化的现象。

7.2.3　化学结构分析

LIX984N（样品 a）、磺化煤油（样品 b）、分离的有机相（样品 c）、黏稠固体（样品 d）的红外光谱如图 7-3 所示，图中已标识主要峰位，解析结果如表 7-3 所示。

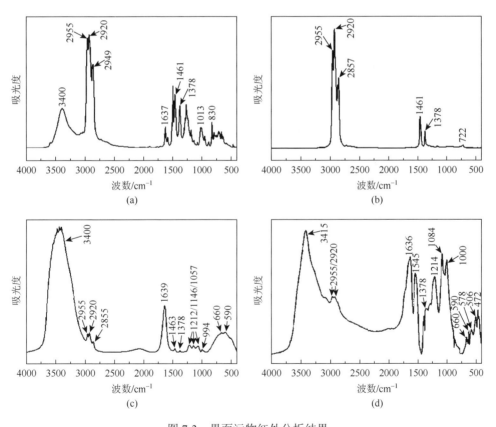

图 7-3　界面污物红外分析结果

（a）LIX984N；（b）磺化煤油；（c）有机相；（d）黏稠固体

表 7-3　红外光谱主要峰位解析结果

波数	归属	波数	归属
3400cm^{-1}	酚羟基 O—H 键伸缩振动	1146cm^{-1}	S—O 键伸缩振动
2955cm^{-1}	烷基—CH_2 伸缩振动	1084cm^{-1}	S—O 键伸缩振动
2920cm^{-1}	烷基—CH_2 伸缩振动	1013cm^{-1}	1, 2, 4-取代苯基振动
2849cm^{-1}	烷基—CH_2 伸缩振动	1000cm^{-1}	Si—O 键伸缩振动
1637cm^{-1}	肟基 C＝N 键伸缩振动	660cm^{-1}	Cu—N 键伸缩振动
1461cm^{-1}	1, 2, 4-取代苯基振动	590cm^{-1}	Fe—O 伸缩振动
1378cm^{-1}	1, 2, 4-取代苯基振动	578cm^{-1}	Fe—O 伸缩振动
1214cm^{-1}	S—O 键伸缩振动	472cm^{-1}	Cu—O 键伸缩振动
1212cm^{-1}	S—O 键伸缩振动		

　　样品 c、d 位于 1084cm^{-1} 处的吸收峰是由 S＝O 键伸缩振动引起，1212cm^{-1}、1214cm^{-1}、1146cm^{-1} 处的吸收峰是 R—SO_3^-、＝S(＝O)$_2$ 的 S—O 键伸缩振动峰。浸出液中的微溶性硫酸盐、被界面污物截留与吸附的浸出液是这些吸收振动的主要来源。

　　样品 c、d 位于 590cm^{-1}、578cm^{-1} 处的吸收峰为 Fe—O 键伸缩振动峰。样品 d 位于 472cm^{-1} 与 660cm^{-1} 处的吸收峰是萃取剂与铜键合后，形成的萃合物中的 Cu—O 键及 Cu—N 键的伸缩振动所引起。

　　样品 d 位于 1000cm^{-1} 处的吸收峰是 Si—O 键伸缩振动峰，主要来源于硅酸盐类物质或石英（固体颗粒）。

　　光谱在其他处出现的吸收峰主要源于烷基取代基。如位于 2849cm^{-1}、2920cm^{-1}、2955cm^{-1} 处的吸收峰是由烷基—CH_2 伸缩振动引起，它们主要源于构成萃取剂及煤油分子的脂肪链；位于 1461cm^{-1}、1378cm^{-1}、1013cm^{-1} 处的吸收峰为 1, 2, 4-取代苯基振动引起，其主要来源于 4-壬基酚（萃取剂的添加剂）。

　　样品 d 为黏稠固体的红外分析结果，含有萃取剂有效成分，且不能被丙酮洗脱。因此，萃取剂中金属离子饱和后，不仅具有较高的黏度，还易与固体颗粒作用。本节中与萃取剂结合的固体颗粒主要为硫酸盐及硅酸盐等。此外，在样品 d 中还检测出 Fe—O 基团，这是铁矾及其前驱产物的重要基团。

　　红外分析中并未观测到有机相分解的迹象，因此本节中界面污物的出现与萃取剂降解的关系不紧密。

　　如图 7-3 所示，固体颗粒阻碍了有机相的聚结，并对部分有机相截留使其不再参与萃取流程。若这部分有机相负载铜，则会造成铜的损失。这种情况下损失的铜可以通过破乳的手段予以回收，是伪损失；而被固体颗粒吸附的萃取剂——铜络合物则不易重新进入萃取流程，不能采取破乳的方式予以回收，将其归结为真损失。

LIX984N 对铜的萃取能力远大于钴，所以钴的损失主要为伪损失。因此，并未在黏稠固体中发现钴的萃合物。无论真损失还是伪损失，减少水相固体颗粒含量是减少有价金属损失的最好途径。

7.2.4　固体成分分析

界面污物分离出的黏稠固体如图 7-4 所示，主要组成元素如表 7-4 所示。黏稠固体由直径小于 1μm 的不规则小颗粒聚集而成，呈现出"花菜状"。主要组成元素依次为氧、硫、钙、硅、铁、铜、钠、钴、铝。物相分析结果如图 7-5 所示，黄铁矿、胆矾、石英、石膏、钠沸石（硅铝酸盐）及铁矾等是组成黏稠固体的主要成分。

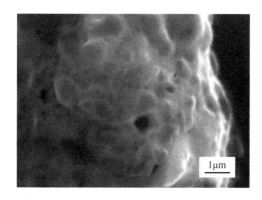

图 7-4　界面污物黏稠固体 SEM 图

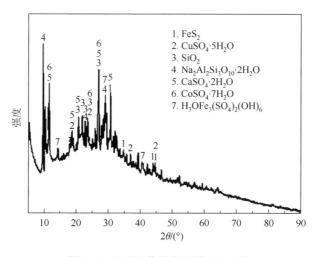

图中图例：
1. FeS_2
2. $CuSO_4 \cdot 5H_2O$
3. SiO_2
4. $Na_2Al_2Si_3O_{10} \cdot 2H_2O$
5. $CaSO_4 \cdot 2H_2O$
6. $CoSO_4 \cdot 7H_2O$
7. $H_3OFe_3(SO_4)_2(OH)_6$

图 7-5　界面污物黏稠固体 XRD 谱

表 7-4　界面污物中固体颗粒成分 EDS 分析结果（质量分数，%）

O	S	Ca	Si	Fe	Cu	Na	Co	Al
45.19	25.76	9.39	5.54	5.23	4.72	2.22	1.04	0.89

硅酸盐矿物及石英：在酸性介质中硅酸盐矿物，石英、长石、钠沸石（硅铝酸盐）会发生部分溶解，产生可溶解的石英，浓度会高于 0.15g·L^{-1}。当浸出液 pH 小于 1.50 时，石英会部分聚合析出。

硫化物：固体颗粒中黄铁矿主要来源于对矿石的破碎，这些微粒由于较差的固液分离性能而留在浸出液中。

铁矾：铁矾是在浸矿微生物过程中形成的。在 pH 大于 0.50 的硫酸铁溶液中，微生物可加速使三价铁转化为铁矾[19]。细菌促进三价铁转化为铁矾的过程如式（7-1）～式（7-6）所示，其中 R 代表 $K^+/Na^+/NH_4^+$ 等成矾阳离子。其中$[Fe(OH)]^{2+}$、$[Fe_2(OH)_2]^{4+}$ 等为铁矾形成的前驱物。

$$4Fe^{2+} + O_2 + 4H^+ \xrightarrow{\text{细菌}} 4Fe^{3+} + 2H_2O \tag{7-1}$$

$$Fe^{3+} + H_2O \longrightarrow [Fe(OH)]^{2+} + H^+ \tag{7-2}$$

$$[Fe(OH)]^{2+} + H_2O \longrightarrow [Fe(OH)_2]^+ + H^+ \tag{7-3}$$

$$2Fe^{3+} + 2H_2O \longrightarrow [Fe_2(OH)_2]^{4+} + 2H^+ \tag{7-4}$$

$$2[Fe_2(OH)_2]^{4+} + 2H_2O \longrightarrow 2[Fe_2(OH)_3]^{3+} + 2H^+ \tag{7-5}$$

$$Fe(OH)_3 + 2SO_4^{2-} + 2Fe^{3+} + 3H_2O + R^+ \longrightarrow R[Fe_3(SO_4)_2(OH)_6] + 3H^+ \tag{7-6}$$

7.3　界面污物稳定-脱稳机理

7.3.1　EDLVO 理论

在胶体分散体系中，胶体颗粒在多种力作用下发生互相接触碰撞形成聚团。EDLVO 理论（扩展的德加根-兰多-弗韦-奥弗比克理论）认为，胶体颗粒间界面能包括 DLVO 作用能部分及非 DLVO 作用能部分[20]。其中 DLVO 作用能部分包括胶体颗粒之间的静电作用能和范德华作用能，二者均属于短程力；而非 DLVO 作用能则属于中长程力或长程力，作用范围比静电作用力和范德华作用力大 2 个数量级，是胶体体系稳定的主要作用力[21]。

硫酸介质中细小固体颗粒间总的相互作用势能 V_T 可表示为式（7-7）。其中 V_A 为固体颗粒间的范德华作用能；V_R 为固体颗粒间的静电作用能；V_H 为固体颗粒间的界面极性相互作用能。颗粒间的凝聚或分散行为可由式（7-7）决定，若 $V_T>0$，则固体颗粒之间以斥力为主，固体颗粒将处于分散状态；若 $V_T<0$，则固体颗粒之间以引力为主，固体颗粒将以凝聚态存在。

$$V_{\mathrm{T}} = V_{\mathrm{A}} + V_{\mathrm{R}} + V_{\mathrm{H}} \tag{7-7}$$

1. 范德华作用能

对于两个半径均为 R 的固体颗粒，它们之间的范德华力 V_{A} 可由式（7-8）计算，其中 H 为固体颗粒界面间的距离；A_{131} 为固体颗粒在介质中的哈马克（Hamaker）常数。

$$V_{\mathrm{A}} = -\frac{A_{131}R}{12H} \tag{7-8}$$

2. 静电作用能

两个半径为 R 的固体颗粒在发生双电层重叠时，静电作用力 V_{R} 可由式（7-9）～式（7-12）计算。式中 n_0 为溶液离子浓度；k 为玻尔兹曼常量；T 为热力学温度；Z 为溶液离子价态数；ε 为溶液节点常数；κ 为德拜常数；ε_0 为真空中的介电常数；ε_{R} 为溶液的相对介电常数；e 为电子电荷数；φ_0 为颗粒表面电位，可以用 Zeta 电位代替。

$$V_{\mathrm{R}} = \frac{64\pi n_0 RkT\gamma_0^2}{\kappa^2}\exp(-\kappa H) \tag{7-9}$$

$$\kappa = \left(\frac{8\pi e^2 n_0 Z^2}{\varepsilon \kappa T}\right)^{\frac{1}{2}} \tag{7-10}$$

$$\varepsilon = \varepsilon_0 \times \varepsilon_{\mathrm{R}} \tag{7-11}$$

$$\gamma_0 = \frac{\exp\left(\dfrac{Ze\varphi_0}{2\kappa T}\right) - 1}{\exp\left(\dfrac{Ze\varphi_0}{2\kappa T}\right) - 1} \tag{7-12}$$

若固体颗粒表面电位较低且 κH 较大或颗粒之间的距离大于双电层厚度，式（7-9）～式（7-12）的计算过程可简化为式（7-13）。

$$V_{\mathrm{R}} = \frac{1}{2}\varepsilon R\varphi_0^2 \ln[1 + \exp(-\kappa H)] \tag{7-13}$$

3. 界面极性相互作用能

目前固体颗粒间界面极性相互作用能的计算尚无理论推导，仅是通过大量试验研究获得了经验公式。对于在水溶液中的半径分别为 R_1 及 R_2 的两个球形颗粒，界面极性相互作用能可由式（7-14）描述[22]。其中 h_0 为衰减长度，H 为界面能作用距离。

$$V_{\mathrm{H}} = 2\pi \frac{R_1 R_2}{R_1 + R_2} h_0 V_{\mathrm{H}}^0 \exp\left(-\frac{H}{h_0}\right) \tag{7-14}$$

亲水性固体颗粒或表面吸附了亲水性物质后的固体颗粒对其邻近水分子可产生极化作用，形成水化层。当两个固体颗粒接近时，产生较强的水化排斥能，其强度取决于破坏水分子有序结构、去水化所需的能量。此时，$V_H^0 > 0$，被称为水化排斥力能量常数；$V_H > 0$，被称为亲水胶体颗粒间的水化排斥能。根据式（7-14）可知，水化排斥能随颗粒间距离的减小而迅速升高；相反，当固体颗粒间距离增大时，水化排斥能也迅速降低。

疏水性固体颗粒或表面覆盖疏水性物质的固体颗粒，其周围水分子的结构会发生重排，并产生熵变。当两个固体颗粒接近时，水分子结构进一步重排，导致固体颗粒表面之间产生疏水引力。此时，$V_H^0 < 0$，被称为疏水引力能量常数；$V_H < 0$，被称为疏水胶体颗粒间的疏水吸引能。由式（7-14）可知，疏水吸引能随固体颗粒间距离的减小迅速升高，随固体颗粒间距离增大而迅速降低，但疏水吸引能的减小速度低于水化排斥能。因此疏水吸引力的衰减长度较大，作用距离较长。

亲水胶体颗粒间的水化排斥能或疏水颗粒之间的疏水吸引能均是胶体颗粒间的界面极性相互作用能。EDLVO 理论综合考虑颗粒间的各种相互作用，能够在较为精确的作用距离内解释生物浸出液中固体颗粒的凝聚分散行为。

7.3.2　固体颗粒稳定悬浮机理

1. 固体颗粒间的范德华作用能

生物浸出过程伴随着矿石的溶解、微溶性物质的析出。根据界面污物固体颗粒的分离结果，选择黄铁矿、黄铜矿、黄钾铁矾、石英、伊利石（铝硅酸盐）等作为研究对象。它们在真空中的 Hamaker 常数如表 7-5 所示。

表 7-5　生物浸出液中主要固体颗粒的 Hamaker 常数 A_{11}

矿物	化学式	$A_{11}/（\times 10^{-20} J）$
黄铁矿	FeS_2	12.0[23]
黄铜矿	$CuFeS_2$	3.30[23]
黄钾铁矾	$KFe_3(SO_4)_2(OH)_6$	28.80[24]
氢氧化铁	$Fe(OH)_3$	18.00[24]
石英	SiO_2	16.40[25]
伊利石	$K_{0.75}(Al_{1.75}R)[Si_{3.5}Al_{0.5}O_{10}](OH)_2$	9.10[26]
金红石	TiO_2	19.70[25]
石膏	$CaSO_4$	0.85[27]
水	H_2O	4.00[25]

根据式（7-8），分别计算颗粒尺度为 1μm、5μm、10μm、20μm、40μm 条件下同相颗粒间的范德华作用能，结果如图 7-6 所示。计算结果表明，相同固体颗粒间的范德华力主要表现为引力。由于范德华力为短程力，当随固体颗粒间距离的增大时，其逐渐减小最终趋向于 0。

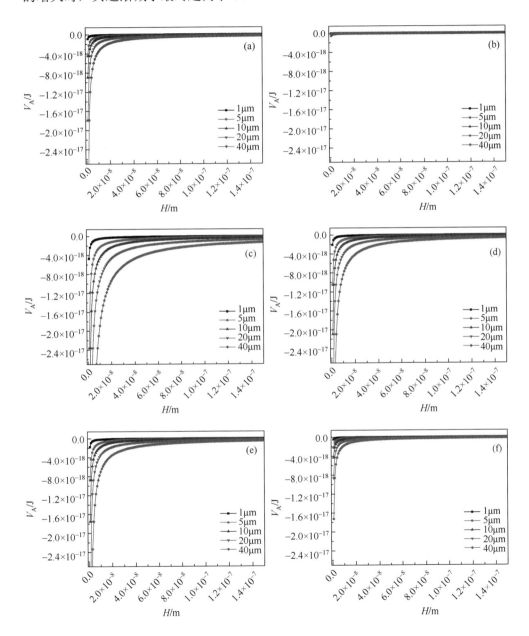

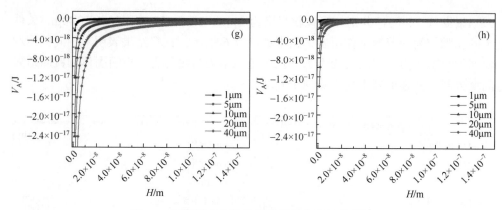

图 7-6　同相固体颗粒之间范德华能的计算结果

（a）黄铁矿；（b）黄铜矿；（c）黄钾铁矾；（d）氢氧化铁；（e）石英；（f）伊利石；（g）金红石；（h）石膏

2. 固体颗粒间的静电作用能

生物浸出过程会产生硫酸，一般情况下浸出液 pH 为 0.5～2.0。在此范围内，生物浸出液的相对介电常数为 73.25[28]。

采用表 7-1 中的浸出液进行试验，pH 为 1.25。向溶液中分别加入纯净的矿物颗粒，待分散均匀后采用微电泳仪测定固体颗粒表面动电位，结果如表 7-6 所示。

表 7-6　pH 1.25 下固体颗粒动电位（mV）

黄铁矿	黄铜矿	黄钾铁矾	氢氧化铁	石英	伊利石	金红石	石膏
23.88	10.12	37.70	—	16.11	2.99	47.43	15.53

根据式（7-13），计算固体颗粒之间的静电作用能 V_R。水的相对介电常数为 78.5[28]，真空中的介电常数为 $8.85 \times 10^{-12} F \cdot m^{-1}$[28]，计算结果如图 7-7 所示。

黄铁矿是常见矿物，伴随浸出过程逐渐溶解。由图 7-7 可知，处于浸出液中的黄铁矿颗粒间存在静电排斥能，并且该斥力随颗粒间距的增加而急剧减小 [图 7-7（a）]。此外，当矿石粒径增加，颗粒之间的静电能也显著增加。黄铜矿颗粒之间静电能的变化与黄铁矿的情况大致相同，但其随颗粒间距离的增加而衰减趋势较弱 [图 7-7（b）]。

黄钾铁矾是生物浸出液中常见沉淀物。快速生成黄钾铁矾需要溶液 pH 达到 2.0 以上，并提供热源[29, 30]，常温下 pH 小于 2.0 时，黄钾铁矾的析出是缓慢的。在生物浸出液中，黄钾铁矾颗粒间静电能的作用范围与黄铜矿的分析结果趋于一致 [图 7-7（c）]。有研究表明，处于生物浸出液中的黄铜矿，表面会被黄钾铁矾覆盖[31]。因此，当采用生物浸出液进行试验时，不排除黄铜矿表面被黄钾铁矾薄膜覆盖的可能。

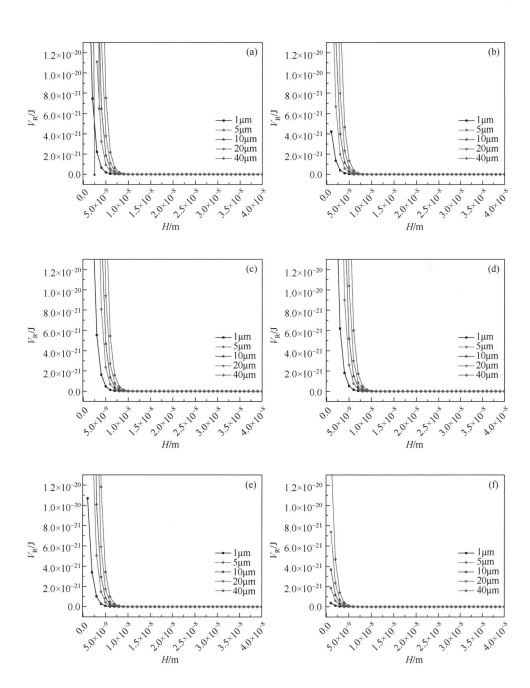

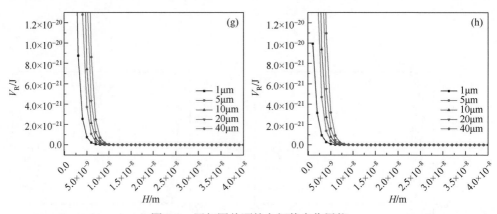

图 7-7 同相固体颗粒之间静电作用能

（a）黄铁矿；（b）黄铜矿；（c）黄钾铁矾；（d）氢氧化铁；（e）石英；（f）伊利石；（g）金红石；（h）石膏

氢氧化铁是生物浸出液中常见的析出物，其析出条件与溶液中三价铁离子浓度及酸度密切相关。铁的不完全水解产物在浸出液中以胶核的形式存在（图 7-8），并且在酸性介质中带正电荷。

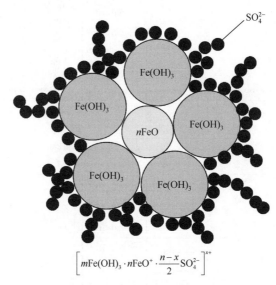

$$\left[mFe(OH)_3 \cdot nFeO^+ \cdot \frac{n-x}{2}SO_4^{2-} \right]^{x+}$$

图 7-8 氢氧化铁胶体的胶核示意图

试验用浸出液的铁离子浓度为 $28.56g \cdot L^{-1}$，根据氢氧化铁的溶度积进行计算，只有当 pH 高于 1.25 时，氢氧化铁颗粒才能稳定存在。

图 7-7（d）的研究结果证实，氢氧化铁颗粒之间的静电能与黄钾铁矾颗粒之间静电能的变化规律一致。在硫酸溶液中，一般认为氢氧化铁是黄钾铁矾的前驱体［式（7-15）和式（7-6）］[19]，这使两者在颗粒之间的静电能上表现出一致性。

$$Fe^{3+} + 3OH^- \longrightarrow Fe(OH)_3 \tag{7-15}$$

石英颗粒 [图 7-7（e）]、伊利石（硅铝酸盐矿物）[图 7-7（f）]、金红石颗粒均带有正电荷 [图 7-7（g）]，石膏颗粒在生物浸出液中也带有正电荷。硅、铝、钛、钙元素广泛存在于脉石矿物中，在浸矿微生物作用下，逐渐溶解并进入溶液中。由于微溶的特点，它们很容易受到环境的影响而析出形成细微颗粒。在酸性介质中，析出的颗粒均带有正电荷，很难凝聚。因此，为使这些固体颗粒凝聚，必须提供电子供体。

3. 固体颗粒间界面极性相互作用能

用于检测计算固体颗粒表面能的液体及其表面能参数如表 7-7 所示，计算结果为方程式（7-15）的解。

表 7-7　检测液体的表面能参数（mJ·m^{-2}）

检测液体	γ	γ^{LW}	γ^+	γ^-
水	72.8	21.8	25.5	25.5
环己烷	25.2	25.2	0.0	0.0
乙二醇	48.8	32.8	3.0	30.1

$$\begin{cases} (\gamma_{L1}^{LW} + 2\sqrt{\gamma_{L1}^+ \gamma_{L1}^-})(1+\cos\theta_1) = 2(\sqrt{\gamma_S^{LW}\gamma_{L1}^{LW}} + \sqrt{\gamma_S^+\gamma_{L1}^-} + \sqrt{\gamma_S^-\gamma_{L1}^+}) \\ (\gamma_{L2}^{LW} + 2\sqrt{\gamma_{L2}^+ \gamma_{L2}^-})(1+\cos\theta_2) = 2(\sqrt{\gamma_S^{LW}\gamma_{L2}^{LW}} + \sqrt{\gamma_S^+\gamma_{L2}^-} + \sqrt{\gamma_S^-\gamma_{L2}^+}) \\ (\gamma_{L3}^{LW} + 2\sqrt{\gamma_{L3}^+ \gamma_{L3}^-})(1+\cos\theta_3) = 2(\sqrt{\gamma_S^{LW}\gamma_{L3}^{LW}} + \sqrt{\gamma_S^+\gamma_{L3}^-} + \sqrt{\gamma_S^-\gamma_{L3}^+}) \end{cases} \tag{7-16}$$

式中，γ^{LW}、γ^+、γ^- 依次为测试液体的 Lifshitz-vander Waals 分量、路易斯酸分量和路易斯碱分量；θ 为检测液体与固体颗粒之间的接触角。

试验中根据颗粒在检测液体中的接触角，计算获得的表面能如表 7-8 所示。生物浸出液中的固体颗粒均表现出良好的亲水性。其中金属硫化矿物（如黄铁矿及黄铜矿）的亲水性相对较差。金属氧化矿、金属硫酸盐的亲水性则较好。

表 7-8　固体颗粒与检测液接触角及表面能参数

固体颗粒	接触角/(°)			表面能/(mJ·m^{-2})				
	水	乙二醇	环己烷	γ^{LW}	γ^+	γ^-	γ^{AB}	V_H^0
黄铁矿	66.38	40.74	17.66	19.7	4.24	15.5	6.66	−13.31
黄铜矿	69.62	40.35	16.63	19.8	2.17	17.1	6.54	−13.08
黄钾铁矾	44.87	16.99	19.24	24.4	29.7	5.3	−2.20	4.40

续表

固体颗粒	接触角/(°)			表面能/(mJ·m⁻²)				
	水	乙二醇	环己烷	γ^{LW}	γ^+	γ^-	γ^{AB}	V_H^0
氢氧化铁	44.59	50.04	13.30	17.2	26.5	11.3	−0.33	0.66
石英	45.13	25.38	14.44	23.1	27.3	6.9	−0.85	1.70
伊利石	42.34	33.69	18.64	21.4	32.4	6.6	−3.19	6.37
金红石	42.07	52.17	5.672	16.6	28.1	12.2	−0.78	1.56
石膏	41.06	30.49	21.40	22.1	35.7	5.4	−5.04	10.09

通过式（7-17）及式（7-18）计算 γ^{AB}、V_H^0。

$$\gamma^{AB} = 2(\sqrt{\gamma_S^+} - \sqrt{\gamma_L^-})(\sqrt{\gamma_S^+} - \sqrt{\gamma_L^-}) \tag{7-17}$$

$$V_H^0 = -2\gamma^{AB} \tag{7-18}$$

半径为 R 的球形固体颗粒的溶剂化作用能 V_{rj}（或疏水化作用能 V_{sy}）可表示为式（7-19）。

$$V = \pi R h_0 V^0 \exp\left[-\frac{H}{h_0}\right] \tag{7-19}$$

$$h_0 = (12.2 \pm 1.0) \times \frac{\exp\left(\dfrac{\theta}{100} - 1\right)}{e - 1} \tag{7-20}$$

式中，h_0 为衰减长度；V^0 为与颗粒表面润湿性能有关的作用能量常数。根据该式计算同相固体颗粒之间的界面极性相互作用能，衰减长度取 10nm。结果如图 7-9 所示。

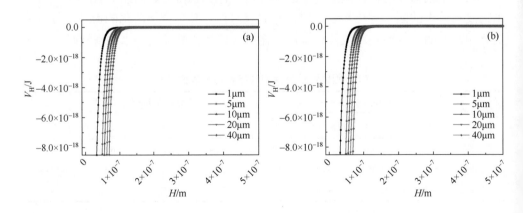

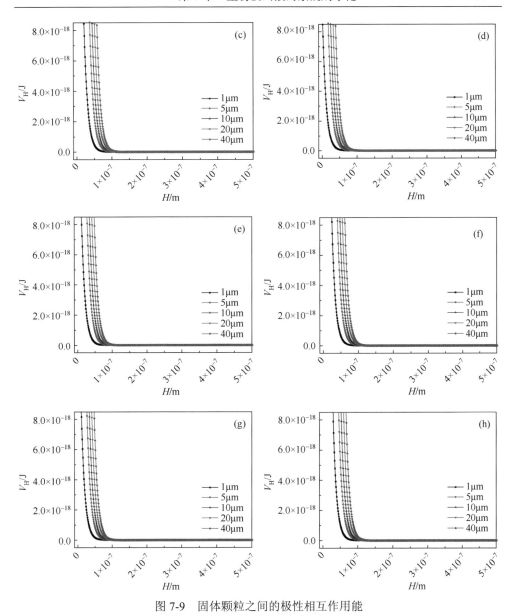

图 7-9　固体颗粒之间的极性相互作用能

（a）黄铁矿；（b）黄铜矿；（c）黄钾铁矾；（d）氢氧化铁；（e）石英；（f）伊利石；（g）金红石；（h）石膏

　　当距离相同时，同相固体颗粒之间的极性相互作用能显著大于范德华作用能及静电作用能，属于长程力。在所研究的固体颗粒中，只有黄铁矿及黄铜矿表现出同相固体颗粒之间的疏水化吸引能，其他固体颗粒则均表现出亲水排斥能。

　　尽管黄铁矿及黄铜矿的同相颗粒之间表现出疏水化吸引能，但其并未由浸出液中自由沉降。浸出液中固体颗粒浓度较低，颗粒间距离较大，颗粒之间的引力不足以满足聚沉条件。而其他颗粒则由于亲水排斥能而稳定悬浮。

4. 固体颗粒间作用能

根据式（7-7）计算固体颗粒之间的作用能，结果如图 7-10 所示。黄铜矿及黄铁矿的同相颗粒之间表现出单调的引力 [图 7-10（a）和（b）]，黄铜矿及黄铁矿在浸出液中是不稳定的。但由于浸出液中黄铜矿及黄铁矿浓度很低，颗粒间距离很大，使颗粒之间的引力不足以完成沉降过程，它们可长期处于悬浮状态而不发生凝聚。

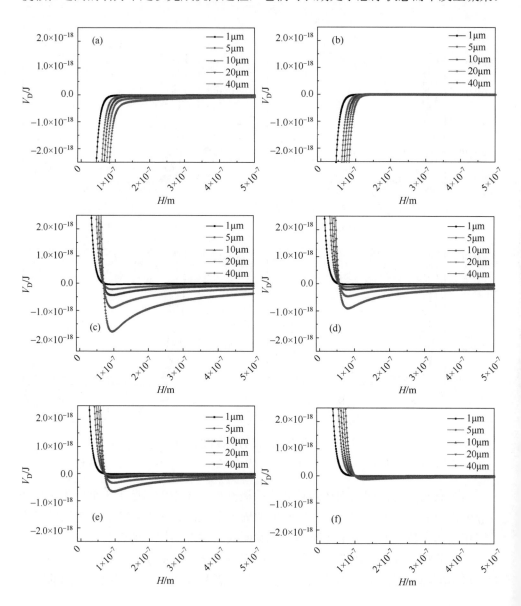

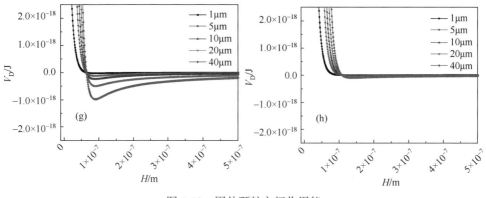

图 7-10　固体颗粒之间作用能

（a）黄铁矿；（b）黄铜矿；（c）黄钾铁矾；（d）氢氧化铁；（e）石英；（f）伊利石；（g）金红石；（h）石膏

其他矿物的同相颗粒之间作用能与颗粒间距离密切相关。在颗粒间距离较小时表现出斥力，固体颗粒得以稳定悬浮。随颗粒间距离增大，颗粒间的作用力转变为引力，并且存在一个峰值。当固体颗粒间距离大于此峰值对应的长度后，引力急剧降低。

对比图 7-6、图 7-7、图 7-9 和图 7-10 的计算结果可知，当颗粒间距离大于 1×10^{-7}m 时，同相固体颗粒之间的作用能主要为非 EDLVO 部分。而当颗粒间距离小于 1×10^{-7}m 时，颗粒之间的作用能则主要为 DLVO 作用部分。这是由于界面极性相互作用能为长程作用能，而静电作用能及范德华作用能为短程作用能。若要打破生物浸出液中固体颗粒的稳定性，必须在破坏界面极性相互作用能的同时，对静电作用能进行破坏。

7.3.3　絮凝剂脱除固体颗粒机理

絮凝过程是非常复杂的物理、化学过程。现在多数人认为絮凝作用包含凝聚和絮凝两种作用过程。凝聚过程是胶体颗粒脱稳并形成细小的凝聚体的过程[32]，而絮凝过程是细小的凝聚体在絮凝剂的桥连下生成大体积絮凝物的过程[33]。

无机絮凝剂，如无机盐、电解质等主要是通过中和胶体及悬浮物颗粒表面电荷，使其克服胶体和悬浮物颗粒间的静电排斥力，从而达到颗粒脱稳的目的。有机高分子类絮凝剂是通过桥连作用使胶体和悬浮物颗粒成为粗大的絮凝体，在该过程中也存在电荷中和现象。

因此，生物浸出液中固体颗粒与絮凝剂结合物的稳定性可采用 EDLVO 理论进行描述。本节假设固体颗粒表面完全被絮凝剂分子覆盖。

1. 絮团间的范德华作用能

阴离子聚丙烯酰胺絮凝剂是具有强烈吸附性能的线性高分子聚合物。在浸出液中，线性絮凝剂分子的一部分吸附在颗粒表面，其余部分在溶液中伸展吸附在其他颗粒上。颗粒之间通过絮凝剂分子的架桥作用连接在一起最终形成絮团，固体颗粒尺寸变大。聚丙烯酰胺分子的每个结构单元的长度为 2.5×10^{-10}m[34]，当聚合度为 1×10^5 时，分子长度可达 25μm。因此，聚丙烯酰胺分子在溶液中可形成大的絮团。

图 7-11 是固体颗粒经絮凝剂作用后形成的絮团，最大尺寸为 50μm×250μm，平均粒径为 150μm，与等体积的球形絮团的半径为 48.93μm。对比图 7-2 中固体颗粒尺寸可知，在与絮凝剂作用后，固体颗粒（絮团）粒度显著增大。

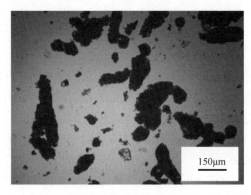

图 7-11　　固体颗粒与聚丙烯酰胺形成絮团显微相

假设固体颗粒完全被聚丙烯酰胺分子覆盖，粒径分别为 1μm、5μm、10μm、20μm、40μm、80μm。采用式（7-8）计算絮团间的范德华作用能，干燥絮团在真空中的 Hamaker 常数为 0.8×10^{-20}J[35]，水在真空中的 Hamaker 常数为 4.0×10^{-20}J。范德华作用能计算结果如图 7-12 所示。

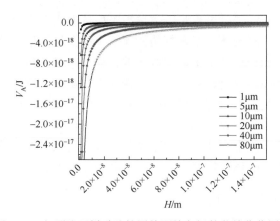

图 7-12　　包覆聚丙烯酰胺的固体颗粒之间的范德华作用能

如图 7-12 所示，絮团之间的范德华作用能随絮团尺寸的增加而增加，大絮团的形成对固体颗粒的沉降分离是有利的。

2. 絮团间的静电作用能

生物浸出液添加絮凝剂后，絮凝剂与固体颗粒发生电荷中和。中和作用后，絮团所带电荷种类、数量与溶液 pH 及固体颗粒种类密切相关。不同 pH 条件下，絮团 Zeta 电位值的变化情况如表 7-9 所示，相应絮团之间静电作用能的变化情况如图 7-13 所示。

表 7-9　包覆聚丙烯酰胺的固体颗粒的 Zeta 电位

溶液 pH	0.5	0.75	1.00	1.25	1.50	1.75	2.00
Zeta 电位/mV	5.31	2.62	0.76	−0.09	−0.37	−0.82	−1.15

如图 7-13 所示，絮团间的静电作用能随溶液 pH 的升高先降低后增加。当操作 pH 接近 1.25 时，絮团间的静电作用能最小。

固体颗粒与絮凝剂作用后形成絮团，这些絮团的稳定性与其所带电荷数量密切相关。而絮团所带电荷数量又与絮凝操作的酸度相关。当 pH 接近 1.25 时，絮凝剂与固体颗粒所带电荷恰好中和，絮团所带电荷数量最小，絮团间静电作用能最弱（图 7-13）；当 pH 远离 1.25 时，絮团所带电荷数量增加，絮团之间静电排斥能也显著增加。例如，对于粒径为 5μm 的固体颗粒，当固体颗粒间距离为 1×10^{-8}m，絮凝 pH 为 1.25 时，絮团之间的静电作用能为 2.19×10^{-25}J；pH 为 1.0 时，颗粒间的静电作用能为 1.86×10^{-22}J，显著增加。因此，只有选择合理的絮凝 pH，才能使固体颗粒表面的电荷被有效中和，才能减弱甚至消除静电作用能对固体颗粒稳定悬浮作出的贡献。

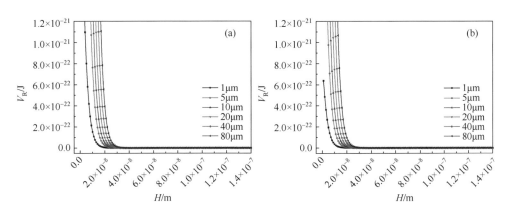

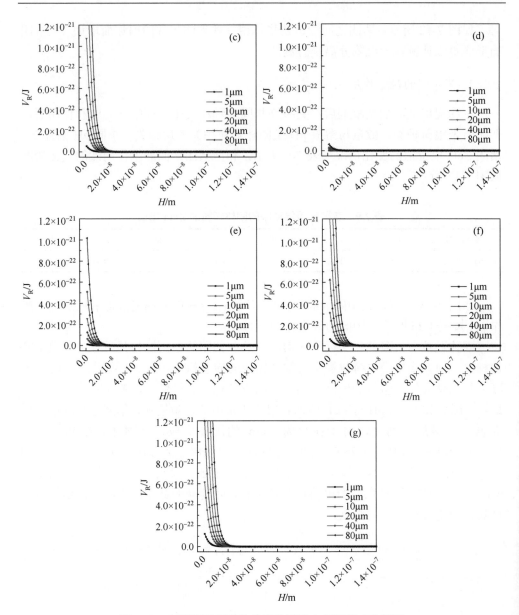

图 7-13　包覆聚丙烯酰胺的固体颗粒之间的静电作用能

（a）pH=0.50；（b）pH=0.75；（c）pH=1.00；（d）pH=1.25；（e）pH=1.50；（f）pH=1.75；（g）pH=2.00

3. 絮团间的界面极性相互作用能

絮凝剂与固体颗粒通过吸附、架桥等作用紧密结合形成絮团，固体颗粒的亲疏水性也发生变化。本章单独考虑了包覆絮凝剂后固体颗粒的亲疏水性变化。

首先，在最佳 pH 条件下进行絮凝试验，然后对干燥后的絮团进行润湿性能测试，测试结果如表 7-10 所示。

表 7-10　固体颗粒与絮凝剂作用前后的接触角变化（°）

状态	黄铁矿	黄铜矿	黄钾铁矾	氢氧化铁	石英	伊利石	金红石	石膏	絮团
絮凝前	66.38	69.62	44.87	44.59	45.13	42.34	42.07	41.06	—
絮凝后	90.15	88.35	88.54	87.59	88.32	90.1	92.51	87.11	88.27

研究结果证实，被絮凝剂包裹后，固体颗粒（絮团）疏水性有所增加。对石英而言，在与絮凝剂作用前溶液对其润湿角为 45.13°，而作用后该值达到 88.32°，疏水性增加显著。亲疏水性能的改变使固体颗粒由溶液中析出成为可能，通过经验公式［式（7-21）］计算絮凝剂处理后絮团的稳定性[36, 37]。

$$V_H = -2.51 \times 10^{-3} R k_1 h_0 \exp\left(-\frac{H}{h_0}\right) \tag{7-21}$$

其中

$$k_1 = \frac{\exp\left(\dfrac{\theta}{100} - 1\right)}{e - 1} \tag{7-22}$$

$$h_0 = (12.2 \pm 1.0) \times k_1 \tag{7-23}$$

如图 7-14 所示，包覆聚丙烯酰胺后，固体颗粒（絮团）之间的极性相互作用能表现为引力（$V_H < 0$）。

黄铁矿和黄铜矿与絮凝剂分子作用后，疏水性吸引能减弱。如对于粒径为 5μm 的黄铁矿颗粒，当颗粒间距为 1×10^{-8}m 时，颗粒间的界面极性相互作用能为 -3.84×10^{-16}J，而与絮凝剂分子作用后，该值变为 -3.84×10^{-18}J［图 7-9（a）、图 7-14（a）］。然而聚丙烯酰胺分子可加速黄铁矿、黄铜矿颗粒的沉降。因此，不能单一地从界面极性相互作用能的角度去讨论两种颗粒聚沉行为。

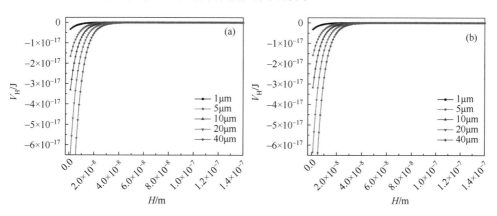

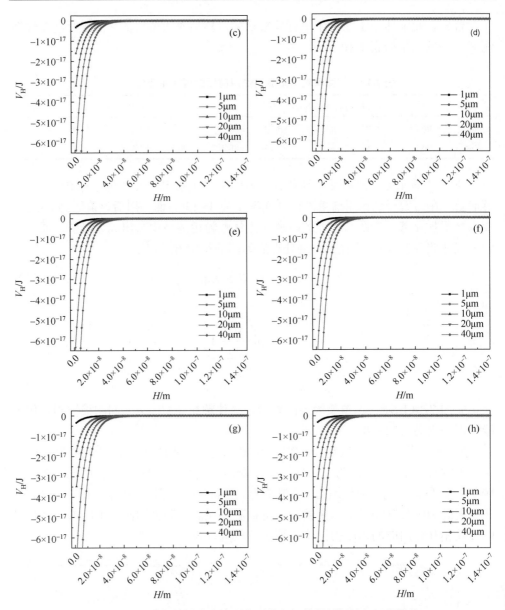

图 7-14 包覆聚丙烯酰胺的固体颗粒之间的界面极性相互作用能

（a）黄铁矿；（b）黄铜矿；（c）黄钾铁矾；（d）氢氧化铁；（e）石英；（f）伊利石；（g）金红石；（h）石膏

对于其他固体矿物颗粒，则是由亲水性排斥能［图 7-9（c）～（h）］转变为疏水性吸引能［图 7-14（c）～（h）］。这说明与聚丙烯酰胺作用后，颗粒间的界面极性相互作用能发生根本性改变，这对固体颗粒的凝聚是有利的。

此外，丙烯酰胺分子包覆在固体颗粒表面后，减弱了固体颗粒对水合钴离子、水合铜离子的吸附，在一定程度上降低了铜钴损失。

4. 絮团间作用能

根据式（7-7），计算絮凝后固体颗粒（絮团）之间的作用能，结果如图 7-15
所示。

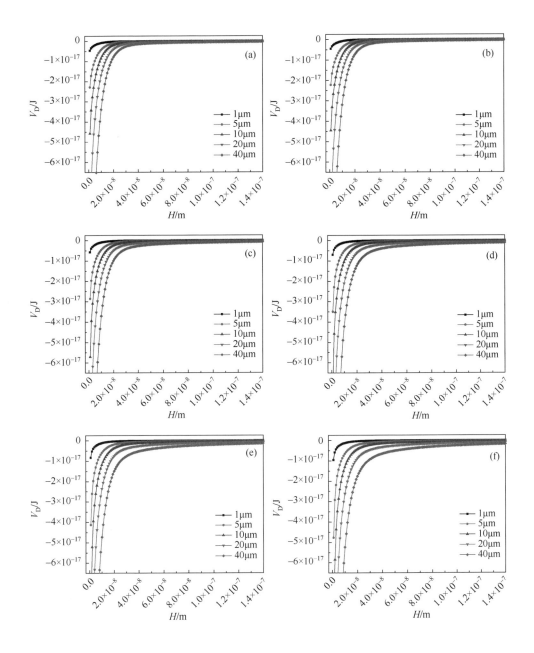

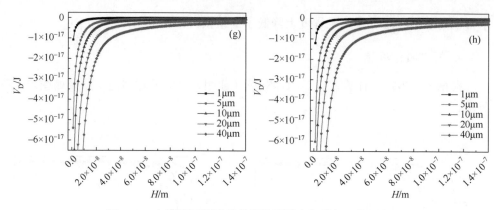

图 7-15　包覆聚丙烯酰胺的固体颗粒之间的相互作用能

(a) 黄铁矿；(b) 黄铜矿；(c) 黄钾铁矾；(d) 氢氧化铁；(e) 石英；(f) 伊利石；(g) 金红石；(h) 石膏

根据计算结果，絮团之间的作用能表现为单一的引力（$V_D < 0$），且随着固体颗粒间距离减小而迅速增加。这说明固体颗粒与絮凝剂作用后可自发由溶液中析出沉淀。

7.4　固体颗粒的絮凝净化

对于生物浸出液而言，在溶剂萃取铜之前，采用恰当的方法减少水相固体颗粒，是限制界面污物产生的重要手段。然而固体颗粒的来源复杂，固体颗粒在浸出液中的表面特性差异显著。了解固体颗粒表面特性，对成功分离固体颗粒显得尤为重要。

聚丙烯酰胺（PMA）是一种性能优良的絮凝剂。在适宜的低浓度下，聚丙烯酰胺溶液可视为网状结构，链间机械的缠结和氢键共同形成网状节点；浓度较高时，溶液含有许多链-链接触点，使得聚丙烯酰胺溶液呈凝胶状。

采用聚丙烯酰胺处理生物浸出液，分别进行絮凝剂类型测试、絮凝剂浓度测试、絮凝温度测试等，最终获得优化的操作条件。

7.4.1　固体颗粒的动电位

由于水化作用，浸出液中的固体颗粒表面带有电荷。当固体颗粒-浸出液两相在电场力的作用下相对运动，紧密层中的配衡离子会由于吸附作用与固体颗粒一起移动。此时，滑移面上的电位称为动电位或电动电位，它与固体颗粒在浸出液中的稳定性有关。因此，研究浸出液中固体颗粒的动电位变化规律对净化浸出液具有重要意义。

1. 试验方法

室温下配制 pH 分别为 0.50、0.75、1.00、1.25、1.50、1.75、2.00 的硫酸水溶液各 100mL，并依次加入 2.5g 硫酸钠固体及适量石英颗粒。在微电泳仪中测定石英在特定 pH 下的动电位，绘制石英动电位随 pH 变化曲线。采用相同试验步骤，绘制金红石、石膏（即硫酸钙）、黄钾铁矾等矿物动电位随 pH 变化曲线，结果如图 7-16 所示。

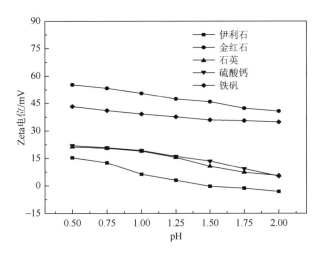

图 7-16　部分固体颗粒在硫酸介质中的动电位

2. 结果与分析

如图 7-16 所示，这些固体颗粒在 pH 小于 2.00 的条件下带有正电荷（伊利石在 pH 小于 1.50 时），并且随着溶液酸度的增大，固体颗粒的动电位增加。

浸出液中固体颗粒是引起界面污物的主要原因。将固体颗粒去除便可在一定程度消除界面污物的产生。固体颗粒的稳定主要依赖于细小的体积及表面充足的正电荷。因此，分离固体颗粒最佳的方法便是增大颗粒粒径、中和颗粒表面的正电荷。

7.4.2　聚丙烯酰胺类型

1. 试验方法

向 100mL 生物浸出液中加入氢氧化钠或硫酸，将其 pH 控制为 1.25，并在恒温水浴锅中加热到 40℃。随后，向调节好 pH 的浸出液中加入絮凝剂，并进行搅拌，使絮凝剂均匀分散于溶液中，且浓度达到 3mg·L^{-1}。絮凝过程结束后测定溶液浊度，计算溶液去浊率，试验结果如图 7-17 所示。

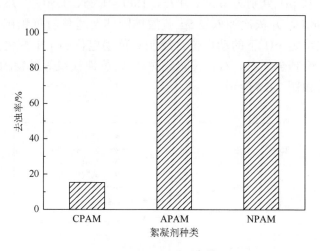

图 7-17　各类聚丙烯酰胺对溶液的去浊率

2. 结果与分析

聚丙烯酰胺是由丙烯酰胺（AM）单体经自由基引发聚合而成，可溶于水，不溶于大多数有机溶剂，具有良好的絮凝性。按其离子特性，可将聚丙烯酰胺絮凝剂分为四种类型：非离子型（NPAM）、阳离子型（CPAM）、阴离子型（APAM）和两性型（ACPAM）。

采用聚丙烯酰胺絮凝剂对固体颗粒进行絮凝研究。分别采用阳离子型、阴离子型及非离子型聚丙烯酰胺絮凝剂进行试验，平均相对分子质量均为 10^6。

由图 7-17 可知，各类聚丙烯酰胺絮凝剂对溶液的去浊率：阴离子型＞非离子型＞阳离子型，依次为 99.12%、83.24%、15.37%。这种差异是由聚丙烯酰胺分子的结构及化学性质决定的（图 7-18）。

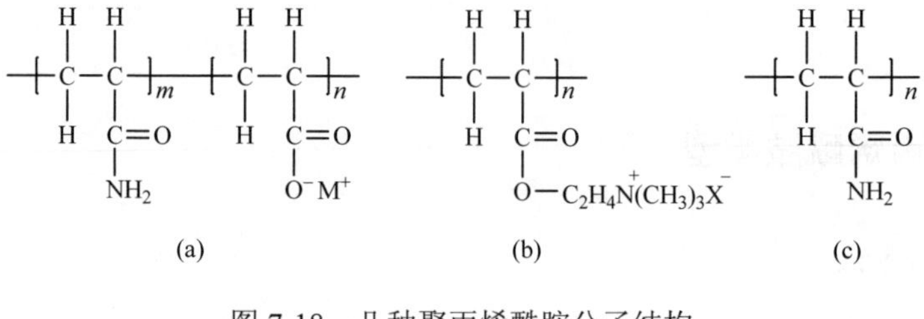

图 7-18　几种聚丙烯酰胺分子结构

（a）阴离子型；（b）阳离子型；（c）非离子型

聚丙烯酰胺分子可溶于水。阳离子聚丙烯酰胺分子在硫酸介质中可电离出长链状阳离子 [式（7-24）]；阴离子聚丙烯酰胺分子与其类似 [式（7-25）]，但电离出的长链带有负电荷；非离子型聚丙烯酰胺分子不存在电离过程。

$$\text{(结构式)} \longrightarrow \text{(结构式)} + n\text{T}^- \tag{7-24}$$

（其中含 $NH_2CH_2NH_2(CH_2)_2$、$C=O$、T^- 等基团）

$$\text{(结构式)} \longrightarrow \text{(结构式)} + n\text{M}^+ \tag{7-25}$$

（其中含 NH_2、$C=O$、OM、O^- 等基团）

固体颗粒表面带有正电荷，若要改变固体颗粒的稳定性则需对正电荷进行中和。因此，以阴离子聚丙烯酰胺作为絮凝剂时，正负电荷之间的中和作用有利于固体颗粒的聚结、大颗粒的形成。相反，采用阳离子型及非离子型聚丙烯酰胺均不能达到很好的效果。特别是在采用阳离子聚丙烯酰胺处理固体颗粒时，絮凝剂分子与固体颗粒之间的排斥作用使絮凝效果最差。

7.4.3　絮凝剂浓度

1. 试验方法

向 100mL 生物浸出液中加入氢氧化钠或硫酸，将其 pH 控制为 1.25，并在恒温水浴锅中加热到 40℃。随后加入絮凝剂并施加搅拌，使絮凝剂均匀分散于溶液中，且浓度介于 $2\sim15\text{mg·L}^{-1}$。絮凝过程结束后分析浸出液中钴浓度及铜浓度，测定溶液浊度，计算溶液去浊率，试验结果如图 7-19 所示。

2. 结果与分析

图 7-19 表明，当絮凝剂浓度为 4.5mg·L^{-1} 时，溶液去浊率接近 100%，钴、铁、铜的回收率依次为 99.19%、99.91%、99.82%。改变絮凝剂使用浓度后，溶液钴、铜、铁的回收率变化不显著，但溶液去浊率均降低。如当絮凝剂浓度为 2.5mg·L^{-1} 时，溶液去浊率为 80.54%，当絮凝剂浓度为 15mg·L^{-1} 时，溶液去浊率仅为 50.35%。为实现更高的溶液去浊率，将最适絮凝剂浓度固定为 4.5mg·L^{-1}，此时溶液去浊率可接近 100%。

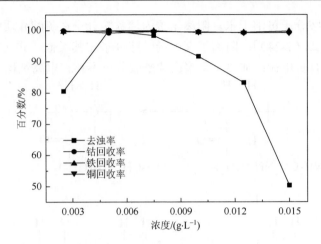

图 7-19 絮凝剂浓度对絮凝效果的影响

当絮凝剂浓度低于最优值时,固体颗粒所带正电荷仅部分被中和,致使在絮凝过程结束时仍然有部分留在浸出液中;当高于最优值时,絮凝剂不仅将固体颗粒完全包覆,还会存在剩余。过量的絮凝剂附着在絮团表面、充斥于絮团之间,阻碍了絮团直径的增大,减缓了固体颗粒的沉降,溶液去浊率最终下降。

图 7-19 还表明,絮凝剂的应用对浸出液中金属元素浓度的影响较小。根据试验结果,絮凝剂浓度为 4.5mg·L^{-1} 时,固体颗粒的去除率较高,可作为絮凝剂去除固体颗粒的适宜条件。

7.4.4 溶液酸度

1. 试验方法

向一组 100mL 的生物浸出液中加入氢氧化钠或硫酸,将其 pH 控制为 0.50、0.75、1.00、1.25、1.50、1.75、2.00,并在恒温水浴锅中加热到 40℃。随后向浸出液中加入絮凝剂并施加搅拌,使絮凝剂均匀分散于溶液中,且浓度为 4.5mg·L^{-1}。絮凝过程结束后分析浸出液中钴浓度及铜浓度,测定溶液浊度,计算溶液去浊率,试验结果如图 7-20 所示。

2. 结果与分析

固体颗粒的表面电荷会随溶液酸度的变化而变化,并且由于存在铁离子,酸度变化会给絮凝剂的应用效果带来附加改变。由研究结果可知,溶液酸度在 0.75~1.25 变化时,有利于絮凝作用的发挥。如 pH 为 1.0 时,浸出液去浊率可接近 100%,钴、铁、铜的回收率依次为 99.70%、99.40%、99.28%。在此区间之外各点处的溶

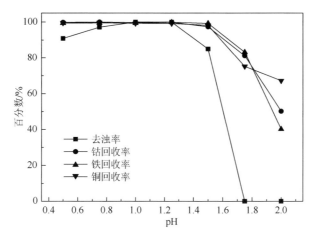

图 7-20　溶液酸度对絮凝效果的影响

液去浊率，钴、铁、铜回收率均有所下降。当 pH 为 0.5 时，溶液去浊率仅为 90.88%，钴、铁、铜的回收率依次为 99.85%、99.34%、99.54%，当 pH 为 2.0 时，絮凝作用后，浸出液依然浑浊，且钴、铁、铜的回收率低至 50.25%、40.15%、67.22%。

当溶液酸度小于该区间的最小值时，固体颗粒表面会带有更多的正电荷（图 7-16），中和作用所需要的絮凝剂量也会相应增加，若絮凝剂不能完成正电荷的中和，便会导致溶液去浊率降低。当溶液酸度大于该区间的最高值时，浸出液内会形成含铁胶核，铁开始水解。由式（7-2）～式（7-6）可知，铁胶核带有正电性，这无疑增加了絮凝剂需求量，在絮凝剂供给不充足时溶液去浊率同样下降。

此外，在 pH 高于 1.25 时，铜、钴会被铁水解生成的胶体所吸附。因此，为获得较好的浸出液去浊率并减少铜钴损失，需要将浸出液絮凝处理时的酸度控制在 0.75～1.25 范围内。

7.4.5　溶液温度

1. 试验方法

向一组 100mL 的生物浸出液中加入氢氧化钠或硫酸，将其 pH 控制为 1.25，并在恒温水浴锅中分别加热到 25℃、30℃、35℃、40℃、50℃、55℃。随后加入絮凝剂并施加搅拌，使絮凝剂均匀分散于溶液中，且浓度为 4.5mg·L^{-1}。絮凝过程结束后分析浸出液中钴浓度及铜浓度，测定溶液浊度，计算溶液去浊率，试验结果如图 7-21 所示。

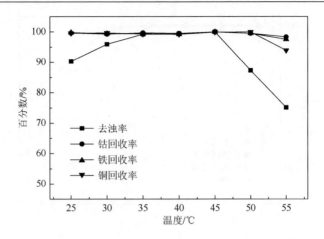

图 7-21 溶液温度对絮凝效果的影响

2. 结果与分析

由图 7-21 所示，温度对絮凝剂的作用效果影响较大，随着温度升高，溶液去浊率曲线呈现开口向下的抛物线型，最佳的絮凝区间为 35～45℃。在此区间之外各点处的溶液去浊率、钴、铁、铜回收率均有所下降。温度为 25℃时，溶液去浊率为 90.27%，钴、铁、铜的回收率依次为 99.62%、99.76%、99.54%，温度为 55℃时，溶液去浊率较差，为 75.11%，钴、铁、铜的回收率依次为 98.31%、97.53%、93.89%。

当溶液温度低于 35℃时，絮凝剂自身易发生团聚，使絮凝剂有效浓度降低，溶液去浊率相对较低；当溶液温度高于 45℃时，聚丙烯酰胺长链开始分解，分子的架桥作用也被削弱；当溶液温度高于 55℃时，铁开始水解并引起钴、铜损失。所以为保持较高的溶液去浊率，需将絮凝剂的作用温度选择在 35～45℃。

综上所述，铜钴矿生物浸出液固体颗粒去除的适宜条件为絮凝剂浓度为 4.5mg·L^{-1}，pH 为 0.75～1.25，温度为 35～45℃，此时浸出液去浊率可接近 100%。

7.4.6 絮凝后萃取界面表征

为证实脱除固体颗粒与界面污物去除效果之间的关系，将絮凝处理后的生物浸出液用于溶剂萃取。萃取有机相为 25%的 LIX984N 煤油溶液，混合时间 2h。混合完成后，静置 5min，取界面处有机相进行显微观察，结果如图 7-22 所示。

图 7-22　浸出液絮凝后油水界面有机相金相显微图

　　图 7-22 所示情况与图 7-2 显著不同。油包水型乳液被打破，维持界面污物稳定的固体颗粒消失。采用絮凝的方法不仅去除了浸出液中的固体颗粒，还有效地控制了界面污物的出现。

　　在酸性溶液中，阴离子聚丙烯酰胺电离出带有负电荷的线性大分子，它可与动电位为正的固体微粒结合，并由浸出液中析出沉淀。絮凝前后固体颗粒变化情况如图 7-23 所示。絮凝前固体颗粒粒径小于 1μm，絮凝后固体颗粒明显增大，产生有利于固液分离的固体大颗粒。颗粒粒径的增加对加速固体颗粒的析出，削弱维持稳定乳化的源动力，减少界面污物的发生均是有利的。

图 7-23　浸出液絮凝前后固体颗粒形貌
（a）絮凝前；（b）絮凝后

　　净化后，浸出液中组分含量如表 7-11 所示。与未净化的生物浸出液（表 7-1）相比，主要元素铜、钴、铁含量未发生显著变化，钙、镁等碱性金属杂质含量变少，细菌蛋白含量下降约 80%。

表 7-11 絮凝后浸出液组成元素（质量浓度，$g \cdot L^{-1}$）

Cu	Co	Fe	Ca	Mg	Si	Mn	蛋白质
12.47	0.87	28.56	0.15	0.064	—	—	0.059

7.5 小 结

（1）铜钴矿生物浸出液萃取过程产生的界面污物的乳化类型为油包水型。固体颗粒分割包围界面污物中的有机相与水相，使两相凝聚分离速度变慢。固体颗粒是导致界面污物产生的直接原因。

（2）引起界面污物产生的固体颗粒可分为矿石过分细磨或矿石部分溶解形成的颗粒、浸出液中微溶性物质析出形成的颗粒。固体颗粒易使铜钴损失在溶剂萃取过程中。

（3）同相固体颗粒之间的静电作用能表现为斥力，并且随颗粒间距离的减小而迅速增加。向浸出液中添加絮凝剂可中和颗粒表面所带电荷，使固体颗粒更容易由溶液中沉淀析出。

（4）固体颗粒表面存在水化作用，这是含有固体颗粒造成金属损失的原因，也是固体颗粒之间存在斥力作用的原因。当固体颗粒表面被聚丙烯酰胺分子覆盖后，表面转变为疏水性。这不仅降低了固体颗粒对金属的吸附性能，也使固体颗粒的加速沉降成为可能。

（5）净化浸出液中固体颗粒，可消除界面污物稳定的源动力，减少界面污物的出现，减少铜钴损失。采用阴离子聚丙烯酰胺可以有效脱除生物浸出液中的固体颗粒，最佳条件为：絮凝剂浓度为 $4.5 mg \cdot L^{-1}$，pH 为 $0.75 \sim 1.25$，温度为 $35 \sim 45 ℃$。在此条件下，浸出液去浊率接近 100%。

参 考 文 献

[1] Szymanowski J. Hydroxyoximes and Copper Hydrometallurgy[M]. Boca Raton：CRC Press，1993：14.

[2] Sridhar V，Verma J K. Extraction of copper，nickel and cobalt from the leach liquor of manganese-bearing sea nodules using LIX984N and ACORGA M5640[J]. Minerals Engineering，2011，24（8）：959-962.

[3] 刘晓荣. 铜溶剂萃取界面乳化机理及防治研究[D]. 长沙：中南大学，2001.

[4] Sperline R P，Song Y，Ma E，et al. Organic constituents of cruds in Cu solvent extraction circuits. II. Photochemical and acid hydrolytic reactions of alkaryl hydroxyoxime reagents[J]. Hydrometallurgy, 1998, 50(1)：23-38.

[5] Ritcey G M. Crud in solvent extraction processing-a review of causes and treatment[J]. Hydrometallurgy，1980，5（2-3）：97-107.

[6] 张崇海，林灿生. 锆与 HDBP 形成萃取界面污物的行为研究[J]. 核化学与放射化学，1995，17（3）：153-158.

[7] Kathrync S. Solvent Extraction in the Hydrometallurgical Processing and Purification of Metals[M]. Boca Raton：CRC Press，2008：141-200.

[8] Davenport W G，King M，Schlesinger M，et al. Overview-extractive metallurgy of copper-chapter 1[J]. Extractive Metallurgy of Copper，2002，33（6）：1-16.

[9] Qi Z，Ruan R M，Wen J K，et al. Influences of solid particles on the formation of the third phase crud during solvent extraction[J]. Rare Metals，2007，26（1）：89-96.

[10] Whewell R J，Foakes H J，Hughes M A. Degradation in hydroxyoxime solvent extraction systems[J]. Hydrometallurgy，1981，7（1-2）：7-26.

[11] 郑群英. 矿石中有机质对提取铀工艺过程的影响[J]. 铀矿冶，1985（2）：33-36.

[12] Dong Y B，Lin H，Zhou S，et al. Effects of quartz addition on chalcopyrite bioleaching in shaking flasks[J]. Minerals Engineering，2013，46-47（3）：177-179.

[13] Fletcher A W，Gage R C. Dealing with a siliceous crud problem in solvent extraction[J]. Hydrometallurgy，1985，15（1）：5-9.

[14] Tributsch H，Rojas-Chapana J A. Metal sulfide semiconductor electrochemical mechanisms induced by bacterial activity[J]. Electrochimica Acta，2000，45（28）：4705-4716.

[15] Qin W，Zhang Y，Li W，et al. Simulated small-scale pilot heap leaching of low-grade copper sulfide ore with selective extraction of copper[J]. Transactions of Nonferrous Metals Society of China，2008，18（6）：1463-1467.

[16] Yeh M，Coombes A G A，Jenkins P G，et al. A novel emulsification-solvent extraction technique for production of protein loaded biodegradable microparticles for vaccine and drug delivery[J]. Journal of Controlled Release，1995，33（3）：437-445.

[17] 杨汝庸，刘大星. 萃取[M]. 北京：冶金工业出版社，1988：51.

[18] Tambe D E，Sharma M M. Factors controlling the stability of colloid-stabilized emulsions[J]. Colloid Interfacial Science，1993，171（1）：244-253.

[19] 周顺桂，周立祥，黄焕忠. 黄钾铁矾的生物合成与鉴定[J]. 光谱学与光谱分析，2004，24（9）：1140-1143.

[20] van Oss V C J，Chaudhury M K，Good R J. The mechanism of phase separation of polymers in organ media-apolar and polar systems[J]. Separation Science and Technology，1989，24（1）：15-23.

[21] Somasundaran P. Role of surface phenomena in the beneficiation of fine particles[J]. Mining Engineering，1984，36：117.

[22] Pashley R M，Israelachvili J N. Molecular layering of water in thin films between mica surfaces and its relation to hydration forces[J]. Journal of Colloid & Interface Science，1984，101（2）：511-523.

[23] Vilinska A. Bacteria-sulfide Mineral Interactions with Reference to Flotation and Flocculation[D]. Luleå：Luleå University，2007.

[24] Drzymala J. Mineral Processing[D]. Poland：Wroclaw University of Technology，2007.

[25] Lefevre G，Jolivet A. Calculation of Hamaker constants applied to the deposition of metallic oxide particles at high temperature[J]. Heat Exchanger Fouling and Cleaning，2009（8）：14-19.

[26] 胡岳华，徐竞，邱冠周，等. 细粒浮选体系中颗粒间静电及范德华相互作用[J]. 有色矿冶，1994（2）：16-21.

[27] Deng M. Impact of Gypsum Supersaturated Solution on the Flotation of Sphalerite[D]. Canada：University of Alberta，2013.

[28] 陈明莲. 微生物对黄铜矿表面的影响及吸附机理研究[D]. 长沙：中南大学，2009.

[29] Casas J M，Paipa C，Godoy I，et al. Solubility of sodium-jarosite and solution speciation in the system Fe(III)-Na-H$_2$SO$_4$-H$_2$O at 70℃[J]. Journal of Geochemical Exploration，2007，92（2-3）：111-119.

[30]　Smith A M L, Hudson-Edwards K A, Dubbin W E, et al. Dissolution of jarosite [KFe$_3$(SO$_4$)$_2$(OH)$_6$] at pH 2 and 8: Insights from batch experiments and computational modeling[J]. Geochimica et Cosmochimica Acta, 2006, 70 (3): 608-621.

[31]　Pan H D, Yang H Y, Tong L L, et al. Control method of chalcopyrite passivation in bioleaching[J]. Transactions of Nonferrous Metals Society of China, 2012, 22 (9): 2255-2260.

[32]　梁为民. 凝聚与絮凝[M]. 北京: 冶金工业出版社, 1987: 2-3.

[33]　卢寿慈, 翁达. 界面分选原理及应用[M]. 北京: 冶金工业出版社, 1992: 10-15.

[34]　王晓燕, 卢祥国, 姜维东. 正负离子和表面伙计对水解聚丙烯酰胺分子线团尺寸的影响及其作用机理[J]. 高分子学报, 2009, (12): 115-119.

[35]　宋少先. 疏水絮凝理论与分选工艺[M]. 北京: 煤炭工业出版社, 1993: 80-120.

[36]　Moss N. Theory of flocculation[J]. Mining & Quarry, 1978, 7 (5): 57-63.

[37]　宋少先. 疏水絮凝理论与分选工艺[M]. 北京: 煤炭工业出版社, 1993: 15-20.

第 8 章　铜的萃取电积技术

8.1　引　　言

在生物浸出液经过絮凝处理之后，固体颗粒被成功脱除，界面污物现象得到缓解。本章以絮凝净化后浸出液为原料，采用肟类萃取剂，从硫酸介质中萃取铜离子。

原料中含有大量铁及少量的钴（参见表 7-11）。铜的萃取过程不仅涉及 pH、温度、相比及萃取剂浓度的选择，也涉及杂质元素在萃取过程中的行为特征。在低含量钴及高浓度铁存在的条件下萃取铜，不仅需采用高铜铁分离系数的萃取剂进行铜的回收，还需要对萃取条件进行优化，避免钴的损失。

试验中所用溶液如表 7-11 所示。

8.2　LIX984N 的萃取机理

LIX984N 是一种复配类萃取剂[1]，其主要性能参数如表 8-1 所示。在使用时容易受到温度、萃取剂浓度、Cu/Fe 比例等因素的影响。因此，本试验针对上述因素进行研究。此外，根据表 8-1 中最大铜负载量及铜络合物溶解度计算，在应用中萃取剂的体积浓度最高可以达到 60%。

表 8-1　LIX 984N 萃取剂技术性能参数

技术性能	参数	技术性能	参数
密度	$0.91 \sim 0.92 \mathrm{g \cdot cm^{-1}}$	Cu-Fe 选择性	$\geqslant 2000$
闪点	$\geqslant 160℃$	萃取分相时间	$\leqslant 70\mathrm{s}$
铜络合物溶解度	$\geqslant 30\mathrm{g \cdot L^{-1}}$（以铜计）	铜净传递量	$\geqslant 2.70\mathrm{g \cdot L^{-1}}$
最大铜负载量	$5.1 \sim 5.4\mathrm{g \cdot L^{-1}}$	反萃取动力学	$\geqslant 95\%$（30s）
萃取等温点	$\geqslant 4.40\mathrm{g \cdot L^{-1}}$	反萃取相分离	$\leqslant 80\mathrm{s}$
萃取动力学	$\geqslant 95\%$（30s）		

LIX984N 萃取剂适宜高酸度及含铁溶液，反应过程可由式（8-1）描述[2]，在

萃取时铁会少量进入有机相，如式（8-2）所示[2]。使用时，萃取剂采用磺化煤油稀释。

$$Me^{2+} + 2(HR)_{org} \longrightarrow (MeR_2)_{org} + 2H^+ \qquad (8\text{-}1)$$

$$Fe^{3+} + 3(HR)_{org} \longrightarrow (FeR_3)_{org} + 3H^+ \qquad (8\text{-}2)$$

8.3　铜萃取过程研究

8.3.1　铜的饱和萃取容量

1. 试验方法

首先对不同浓度萃取剂萃铜饱和容量进行测定。25℃下，将含有不同体积浓度 LIX984N 的有机相与浸出液接触，在相比为 1∶1 的条件下持续振荡 20min。待完全分相后，分离水相，并采用此含铜有机相继续萃取浸出液，直到水相中铜离子浓度不再发生变化。通过试验测得萃取剂 LIX984N 浓度与铜负载量关系，绘制关系图（图 8-1）。

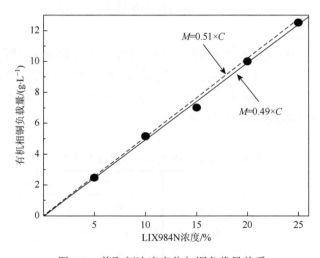

图 8-1　萃取剂浓度变化与铜负载量关系

2. 结果与分析

由图 8-1 可见，有机相中 LIX984N 体积分数在 5%～25%变化时，有机相负载铜能力随萃取剂浓度增加而增加，二者之间呈线性关系。对于 1L 的有机相，每增加 1%的 LIX984N 会增加 0.49g 的铜进入有机相，相应的方程可表示为

M=0.49×C。根据 LIX984N 性质进行计算，得到的方程为 M=0.51×C[3]。这说明萃取剂与生物浸出液作用时仅有 98.03%的萃取剂参与铜萃取过程。在生物胶体和高浓度铁的影响下，萃取剂有效载铜能力下降。

浸出液中铜离子浓度为 12.46g·L^{-1}，试验选取萃取剂浓度 25%的有机相。虽然选取更高的萃取剂浓度可增加有机相负载能力，提高铜萃取率，但有机相的黏度也会随萃取剂浓度增大而增大，致使有机相对有价金属（水相）的夹带损失加剧；同时，未被水相中铜离子所饱和的 LIX984N 会导致铁及钴的共萃。

8.3.2　平衡 pH

1. 试验方法

由于 LIX984N 对金属离子的萃取率是 pH 的函数，本章研究了水相平衡 pH 在 0.30～2.00 范围内铜、铁、钴萃取率的变化。试验在 35℃下进行，LIX984N 体积分数为 25%，相比 1∶1，振荡 20min。完成分相后，分取水相并调节其酸度至初始 pH，再次与分取的有机相接触振荡，反复多次直至萃取后水相 pH 与初始 pH 一致为止，计算平衡时水相中钴离子、铜离子、铁离子萃取率，结果如图 8-2 所示。

2. 结果与分析

由图 8-2 可知，平衡 pH 在 0.25～1.25 之间变化时，铜萃取率随水相中游离 H^{+}浓度的降低而显著增加，并在 pH 1.25 时达到最大值 99.40%。当平衡 pH 由 1.25 增加至 2.00 时，铜萃取率仅增加 0.45%，此时水相中铜离子浓度已极低，使得酸度变化对铜萃取效果影响不大。在平衡 pH 低于 0.50 时，铁的共萃夹带可忽略不计，在 0.50～1.50 范围内则表现出缓慢增加。当水相平衡 pH 高于 1.50 后，铁共萃夹带十分显著，并在 2.00 时，达到最大值 17.76%。生物浸出液是一种高铁溶液，含铁 28.57g·L^{-1}，当水相酸度降低时，高浓度的铁水解逐渐加剧，铁水解后形成的沉淀物减缓了分相过程。此外，溶液酸度的降低也加剧了铁被有机相萃取的发生[式（8-2）]。在整个平衡 pH 的研究区间内，仅当平衡 pH 高于 1.50 时，才发生钴的显著共萃。钴与铁显著发生共萃夹带的区间相同，说明钴损失主要伴随铁水解发生。因此，平衡 pH 是一个重要因素，若要减少钴损失，提高铜萃取率就必须严格掌握最佳的萃取平衡 pH。

根据图 8-2 数据计算并绘制 $\beta_{Cu/Fe}$、$\beta_{Cu/Co}$ 与平衡 pH 的关系图（图 8-3）。由图 8-3 可知，平衡 pH 在 1.00～1.75 范围内变化时，铜铁及铜钴可有效分离，$\beta_{Cu/Fe}$ 在 pH 1.25 附近得到最大值，$\beta_{Cu/Co}$ 在 pH 1.50 附近得到最大值。尽管二者达到最大值所处的平衡 pH 条件不同，但 $\beta_{Cu/Co}$ 曲线在平衡 pH 1.25～1.50 范围内变化较缓（$\beta_{Cu/Co1.25} \approx \beta_{Cu/Co1.50}$），因此平衡 pH 为 1.25，也可较好地实现铜钴之间和铜铁之间的分离。

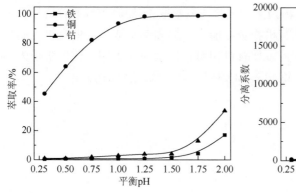

图 8-2　pH 对铜、钴、铁萃取率影响

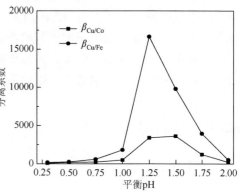

图 8-3　pH 对分离系数的影响

8.3.3　萃取时间及温度

1. 试验方法

本章研究了温度对萃铜的影响，温度分别设定为 25℃、35℃、45℃。试验条件：LIX984N 体积分数为 25%，平衡 pH 1.25。将有机相与水相按相比 1：1 在预定温度下接触混合，每隔 1min 测定水相中铜、铁、钴离子浓度，计算铜、铁、钴萃取率。

2. 结果与分析

图 8-4 是不同温度的浸出液铜萃取率随混合时间的变化曲线，混合时间延长促进有机相与水相接触，铜萃取率逐渐增加。溶液温度升高，铜萃取过程达到平衡所用时间缩短，分别为 8min（25℃），5min（35℃）和 4min（45℃）。升高温度可使有机相黏度降低，有机相与水相混合效果更好，接触面积更大，萃取速度提高。但温度升高也会导致萃取剂挥发严重。因此根据试验结果，在兼顾平衡时间及有机相挥发损失的情况下，将混合时间固定在 5min，萃取温度设置为 35℃。

图 8-5 是 35℃下 $\beta_{Cu/Co}$、$\beta_{Cu/Fe}$ 与混合时间的关系。在 1～5min 内，$\beta_{Cu/Co}$ 与 $\beta_{Cu/Fe}$ 均随混合时间延长而增加。并在 5min 时达到最大值，分别为 17624 及 3672。此后，延长反应时间，分离效果不再发生显著变化。因此，在 35℃下，5min 的混合时间，可实现铜钴之间及铜铁之间的有效分离。

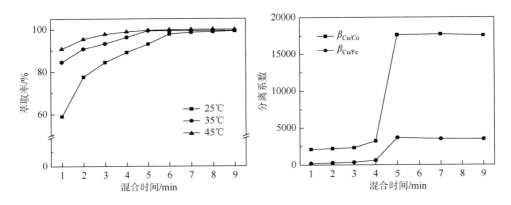

图 8-4　温度及混合时间对铜萃取率影响　　图 8-5　温度及混合时间对分离系数影响（35℃）

综上所述，LIX984N 萃取生物浸出液的适宜条件为萃取剂浓度为 25%，相比为 1:1，平衡 pH 为 1.25，萃取温度为 35℃，平衡时间为 5min。该条件下铜萃取率为达到 99.40%，铁共萃夹带率仅为 4.03%，钴共萃夹带率为 0.85%，实现了铜的提取与铜钴、铜铁之间的有效分离。

经溶剂萃取流程提取铜后，萃余液的主要成分如表 8-2 所示。

表 8-2　萃余液组成（质量浓度，$g \cdot L^{-1}$）

Cu	Co	Fe	Ca	Mg	Si	Mn	蛋白质
0.075	0.86	27.41	0.13	0.060	—	—	0.0091

8.4　铜负载有机相的反萃

载铜有机相的反萃是萃取剂循环利用的重要步骤。通过对铜负载有机相的反萃，其一，可使萃取剂得以再生；其二，也为铜的电积过程提供富铜电解质[4]。根据硫酸浓度的差异，将反萃过程分为洗涤阶段以及反萃阶段。在洗涤阶段，采用弱酸性溶液对杂质（如铁等）进行分离，减少进入电积循环的杂质数量。LIX984N 载铜有机相的反萃一般采用贫铜的硫酸溶液进行。

8.4.1　负载有机相的洗涤

负载有机相的洗涤是一个重要环节。LIX984N 具有优异的铜铁分离性能，但浸出液中铁浓度很高，所以即使在最优条件下依然会有部分铁及钴进入有机相中。此外，本章中萃取剂的使用浓度为 25%，黏度较大，易造成水相夹带，增加了铁钴的滞留损失。因此，为实现铜钴铁的有效分离，需要对负载有机相进行洗涤。

1. 试验方法

　　将上述适宜条件下得到的负载有机相与 $0\sim10g\cdot L^{-1}$ 硫酸水溶液混合接触，相比为 1:1，平衡时间为 5min，分相后测定水相中铜离子浓度、铁离子浓度、钴离子浓度，计算铁、铜、钴洗涤率及相应分离系数。图 8-6 和图 8-7 是负载有机相的洗涤结果。

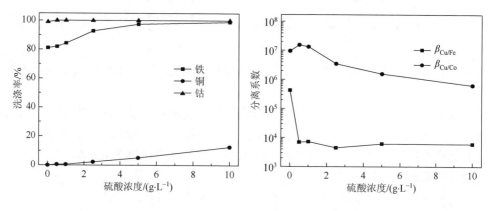

图 8-6　硫酸浓度对洗涤效果的影响　　　　图 8-7　硫酸浓度对分离系数影响

2. 结果与分析

　　由图 8-6 可知，当洗涤水相中不加硫酸时，铁洗涤率达 81.01%，钴则达到了98.97%，铜洗涤率几乎为零，说明铜钴分离效果较好。加入硫酸虽更有利于铁钴洗涤，但使铜进入水相，使铜钴分离程度降低。

　　图 8-7 是硫酸浓度对 $\beta_{Cu/Fe}$ 及 $\beta_{Cu/Co}$ 的影响情况。采用中性水洗涤时，可使 $\beta_{Cu/Fe}$ 及 $\beta_{Cu/Co}$ 同时达到较高值，分别为 4.27×10^5 和 9.61×10^6。此后采用增加洗涤水相酸度的方法虽有利于铁的洗涤，但有机相负载的铜易进入水相，不利于分离。对钴而言，低浓度硫酸便可实现完全洗涤（图 8-6），增加硫酸浓度只会使 $\beta_{Cu/Co}$ 逐渐降低（图 8-7）。因此为了减少钴的损失，并保持铜的高效回收，采用中性水进行负载有机相洗涤。

8.4.2　负载有机相的反萃试验

1. 试验方法

　　以中性水洗涤后的负载有机相为原料，采用硫酸溶液进行反萃，反萃条件为反萃温度 35℃，相比为 1∶1，混合时间为 5min。反应结束后测定铜反萃率，试验结果如图 8-8 所示。

2. 结果与分析

由图 8-8 可知，在 100~200g·L^{-1} 范围内，随着硫酸浓度增加，铜反萃率升高，并在浓度为 200g·L^{-1} 时达到最高值 98.06%。此后追加硫酸浓度，铜反萃率反而降低。

硫酸为二元强酸，在高浓度下却存在耗 H$^+$ 的过程[式（8-3）]。该反应导致 H$^+$ 活度降低，甚至出现硫酸浓度升高而铜反萃率下降的现象[4]。根据研究结果，采用浓度为 200g·L^{-1} 的硫酸进行反萃，可有效分离负载有机相中的铜。

$$H^+ + H_2SO_4 \longrightarrow H_3SO_4^+ \tag{8-3}$$

本节采用 McCabe-Thiele 图解法确定反萃过程的级数。在负载有机相与水相总体积一定的情况下，按相比 A∶O=1∶5~5∶1 进行铜反萃研究，反萃液是浓度为 200g·L^{-1} 的硫酸水溶液。相分离后，分析水相及有机相中铜离子浓度，绘制 McCabe-Thiele 图[5]，结果如图 8-9 所示。

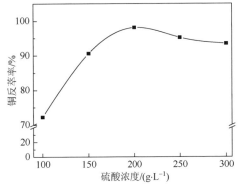

图 8-8 硫酸浓度对铜反萃率影响

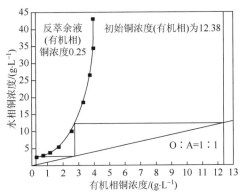

图 8-9 负载有机相反萃 McCabe-Thiele 图

（35℃，O∶A=1∶5~5∶1，时间 5min）

由 McCabe-Thiele 图分析结果可知，采用 200g·L^{-1} 硫酸水溶液作为反萃剂，在相比为 1∶1 的情况下，需要经过两级逆流操作才可使负载有机相中的铜降低至 0.25g·L^{-1}，铜反萃率为 97.98%。为验证反萃级数对铜反萃能力的影响，进行了两级逆流反萃的模拟试验，结果表明铜反萃率可达 98.13%。

萃取提铜流程结束后，浸出液成分如表 8-3 所示，铜浓度低至 0.075g·L^{-1}。

表8-3　萃取试验后浸出液组成元素（质量浓度，g·L⁻¹）

Cu	Co	Fe	Ca	Mg	Si	Mn	蛋白质
0.075	0.86	27.41	0.13	0.060	—	—	0.0091

8.5　铜电积研究

影响铜电积的因素有电积溶液杂质种类、元素浓度、电积溶液的温度及添加剂。本节采用的电积溶液中主要含有铜和铁及微量的 Mn^{2+}，不含 Cl^- 和 Co^{2+}，因此需要对铁离子、锰离子、添加剂（硫脲、硫酸钴、瓜尔胶）以及温度对电积的影响进行探索。阴极铜产品如图 8-10 所示。

8.5.1　温度对电积的影响

1. 试验方法

以不溶性 Pb-Sn-Ca 合金作为阳极，不锈钢作为阴极进行电积试验。阳极板 3 块，阴极板 2 块，电流密度 100A·m⁻²，时间 12h。电积液含铜 49.561g·L⁻¹、铁 1.97g·L⁻¹，采用上进下出的循环方式，循环速度 100mL·min⁻¹，溶液循环体积为 4L（下同），同极电极极板间距 80mm，电积温度分别为 36℃、38℃、40℃。电积温度对电积效果的影响如表 8-4。

2. 结果与分析

表8-4　不同温度条件下电积铜试验结果

温度/℃	进液铜离子浓度/（g·L⁻¹）	出液铜离子浓度/（g·L⁻¹）	电流效率/%	电耗/（kW·h·t⁻¹）
36	49.561	42.973	92.451	1824.037
38	49.561	42.982	92.489	1823.288
40	49.561	42.993	92.573	1821.633

如图 8-11 所示，电流效率随着温度的升高而升高。这是由于升高温度有利于加速 Cu^{2+} 扩散，减少电极附近 Cu^{2+} 浓度差，从而使电积液的比电阻及电耗降低。当温度由 36℃提高到 40℃，电流效率由 92.45%提高至 92.57%；但高温会增大电极的化学溶解，增加溶液的蒸发，因此电积体系温度为 36℃是最佳的。

图 8-10 阴极铜产品

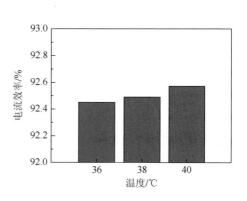

图 8-11 电流效率随温度的变化关系

8.5.2 铁锰离子浓度对电积的影响

1. 试验方法

以不溶性 Pb-Sn-Ca 合金作为阳极,不锈钢作为阴极进行电积试验。阳极板 3 块,阴极板 2 块,电流密度 100A·m^{-2},时间 12h。电积液含铜 49.561g·L^{-1},铁浓度介于 0～6g·L^{-1} 之间,采用上进下出的循环方式,循环速度 100mL·min^{-1},溶液循环体积为 4L(下同),同极间距 80mm,温度 36℃。溶液中铁离子浓度分别为 0、1g·L^{-1}、2g·L^{-1}、3g·L^{-1}、4g·L^{-1}、5g·L^{-1}、6g·L^{-1},考察铁离子对电积效果的影响,结果见表 8-5。

表 8-5 不同铁离子浓度条件下电积铜试验结果

铁离子浓度/ (g·L^{-1})	进液铜离子浓度/ (g·L^{-1})	出液铜离子浓度/ (g·L^{-1})	电流效率/%	电耗/ (kW·h·t^{-1})
0	49.561	42.514	98.721	1708.185
1	49.561	42.736	95.805	1760.176
2	49.561	42.973	92.451	1824.035
3	49.561	43.176	89.030	1894.137
4	49.561	43.367	85.790	1965.653
5	49.561	43.578	82.515	2043.673
6	49.561	43.759	80.097	2105.363

2. 结果与分析

如图 8-12 所示,电流效率随着铁离子浓度的升高而降低,这是由于电积液中的铁在电积过程中消耗电能造成的。三价铁离子还原成二价铁离子的电位比铜的析出电位高 ($E_{Fe^{3+}/Fe^{2+}} = +0.770V$、$E_{Cu^{2+}/Cu} = +0.340V$),这使三价铁离子在阴极表面还原成二价铁离子的反应比铜的析出更容易进行。这个过程可以分为两个步骤：溶液中二价铁离子在阳极氧化成三价铁离子，即 $Fe^{2+}-e^- \longrightarrow Fe^{3+}$；溶液中的三价铁离子扩散到阴极表面还原为二价铁离子[式（8-4）]或者使阴极铜反溶[式（8-5）]。在铁离子浓度由 $0g \cdot L^{-1}$ 提高到 $6g \cdot L^{-1}$ 时，电流效率从 98.72% 下降至 80.10%，下降幅度较大；溶液中铁含量每升高 $1g \cdot L^{-1}$，电流效率降低 3% 左右。

$$Fe^{3+}+e^- \longrightarrow Fe^{2+} \qquad (8-4)$$
$$2Fe^{3+}+Cu =\!=\!= 2Fe^{2+}+Cu^{2+} \qquad (8-5)$$

电积液中铜离子浓度随时间的变化情况如图 8-13 所示。由图可知，在 12h 以内铜离子浓度的变化是较均匀的，电积相对稳定，电流效率不会突然下降。铁离子浓度为 $0g \cdot L^{-1}$ 时曲线斜率最大，下降幅度也最大，铁离子浓度为 $6g \cdot L^{-1}$ 时曲线斜率最小，下降幅度也最小。当电积液中铁离子浓度为 $2g \cdot L^{-1}$ 时，12h 内铜电积电流效率为 92.451%，符合工艺要求。

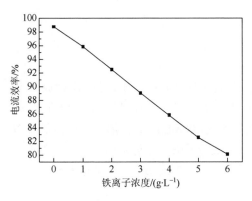

图 8-12　电流效率随铁离子浓度的变化关系图　　图 8-13　铜离子浓度的变化关系图

以不溶性 Pb-Sn-Ca 合金作为阳极，不锈钢作为阴极进行电积试验。阳极板 3 块，阴极板 2 块，电流密度 $100A \cdot m^{-2}$，时间 12h。电积液含铜 $49.561g \cdot L^{-1}$、铁 $1.95g \cdot L^{-1}$。采用上进下出的循环方式，循环速度 $100mL \cdot min^{-1}$，同极间距 80mm，温度 36℃。溶液中锰离子浓度分别为 $0g \cdot L^{-1}$、$0.2g \cdot L^{-1}$、$0.4g \cdot L^{-1}$、$0.6g \cdot L^{-1}$。考察锰离子对电积效果的影响，结果见表 8-6。

表8-6　不同锰离子浓度条件下电积铜试验结果

锰离子浓度/（$g \cdot L^{-1}$）	进液铜离子浓度/（$g \cdot L^{-1}$）	出液铜离子浓度/（$g \cdot L^{-1}$）	电流效率/%	电耗/（$kW \cdot h \cdot t^{-1}$）
0	49.561	42.973	92.451	1824.037
0.2	50.551	44.159	89.763	1878.659
0.4	50.551	44.341	87.275	1932.215
0.6	50.551	44.729	82.097	2054.083

如图 8-14 所示，电流效率随着锰离子浓度的升高而降低。锰在阳极夫去电子得高价锰离子而被氧化，随后高价态离子与 Fe^{2+} 反应得到电子生成 Mn^{2+} 和 Fe^{3+}，使电流效率下降。因此，电积液中需维持一定浓度的铁，通过铁的作用把高价态的锰还原成 Mn^{2+}。当锰离子浓度由 $0g·L^{-1}$ 升高至 $0.6g·L^{-1}$（铁锰比为 3.25）时，电流效率从 92.45%下降至 82.10%，锰离子为 $0.2g·L^{-1}$（铁锰比为 9.75）时，电流效率为 89.763%。当铁锰比为大于 9.75 时，电流效率能够达到 90%以上。

如图 8-15 所示，在 12h 内铜离子浓度的变化是均匀，随着锰离子浓度的提高，铜离子浓度变化的曲线斜率下降。因此，当电积溶液中铁锰比≥9.75，符合电积要求。

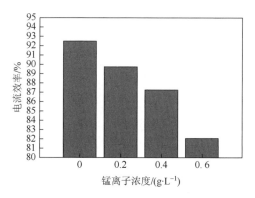

图 8-14　电流效率随锰离子浓度的变化关系图　　　图 8-15　不同锰离子浓度条件下铜离子浓度的变化关系图

如图 8-16 所示，随着锰离子浓度的增加，阴极铜表面有显著变化。当锰离子浓度较小时，阴极铜表面光滑、平整；当锰离子浓度增大，阴极铜表面变得粗糙、有颗粒产生，锰含量的增加会造成阴极板杂质含量增加，且剥板难度也随之增大。锰离子浓度为 $0.2g·L^{-1}$ 时，阴极铜的表面较光滑；锰离子浓度超过 $0.4g·L^{-1}$，阴极铜的表面光滑程度不理想。

图 8-16　不同锰离子浓度对阴极铜产品的影响
（a）$0g·L^{-1}$；（b）$0.2g·L^{-1}$；（c）$0.4g·L^{-1}$；（d）$0.6g·L^{-1}$

8.5.3　添加剂对电积的影响

1. 试验方法

以不溶性 Pb-Sn-Ca 合金作为阳极，以不锈钢作为阴极进行电积试验。阳极 3 块板，阴极 2 块板。电积液含铜 48.997g·L^{-1}、铁 2.12g·L^{-1}，电流密度 100A·m^{-2}，电积时间 12h，采用上进下出的循环方式，溶液循环速度 100mL·min^{-1}，同极电极板间距 80mm，电积温度 36℃。电积液中添加剂硫脲浓度分别为 0g·t^{-1}、20g·t^{-1}、30g·t^{-1}、40g·t^{-1}、50g·t^{-1}、60g·t^{-1}。添加剂硫脲对电积的影响如表 8-7 所示。

表 8-7　不同浓度添加剂硫脲条件下电积铜试验结果

硫脲浓度/(g·t^{-1})	进液铜离子浓度/(g·L^{-1})	出液铜离子浓度/(g·L^{-1})	电流效率/%	电耗/(kW·h·t^{-1})
0	48.997	42.408	92.517	1822.739
20	48.997	42.412	92.454	1823.985
30	48.997	42.416	92.440	1824.263
40	48.997	42.423	92.383	1825.373
50	48.997	42.427	92.341	1826.206
60	48.997	42.438	92.320	1826.623

2. 结果与分析

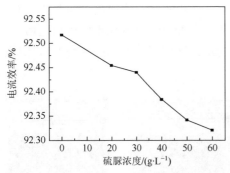

图 8-17　电流效率随硫脲浓度的变化关系图

如图 8-17 所示，铜电积电流效率随硫脲浓度的增大而降低，变化幅度较小。硫脲可以在阴极与电积液界面形成分子薄膜，抵制阴极上的活性区域迅速发展。随着硫脲浓度增大，阴极上的活性区域变小，电流效率降低。当硫脲浓度由 0g·t^{-1} 增加至 60g·t^{-1} 时，电流效率从 92.517% 下降至 92.320%。这说明硫脲对电积电流效率的影响较小。

如图 8-18 所示，添加剂硫脲可以使阴极铜表面更光滑、平整、致密。硫脲可以吸附在生长过大的晶粒上面，使电极表面突出的晶粒较其余部分导电性差，铜沉积电流变小产生极化，遏止晶粒的过度生长。在电积液中形成的 Cu$_2$S 微粒可以作为补充结晶中心，而使晶粒变细，铜沉积表面更光滑[5]，结晶致密并有光泽。当硫脲浓度为 0g·t^{-1} 时，铜晶粒的生长是不均匀的，随着硫脲浓度的不断提高，铜晶粒的生长受到遏止，结晶更加致密。当硫脲浓度为 20g·t^{-1} 和 30g·t^{-1} 时，铜沉积表面不理想，但是当硫脲浓度增加到 40g·t^{-1} 时，铜沉积表面发生明显的变化，晶粒的生长得到遏止，结晶变得致密，当硫脲浓度再升高时，铜沉积表面变化不大。综上所述，铜电积的添加剂硫脲的浓度为 40g·t^{-1}。

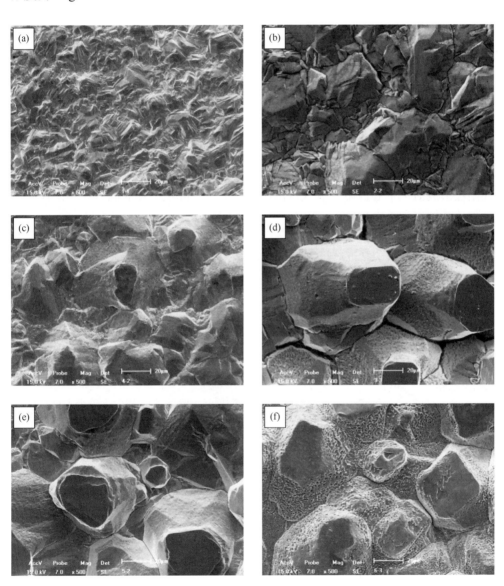

图 8-18　硫脲添加量对阴极铜表观质量的影响

（a）0g·t^{-1}；（b）20g·t^{-1}；（c）30g·t^{-1}；（d）40g·t^{-1}；（e）50g·t^{-1}；（f）60g·t^{-1}

以不溶性 Pb-Sn-Ca 合金作为阳极，以不锈钢作为阴极，采用 3 块阳极板、2 块阴极板，对含铜 49.561g·L^{-1}、铁 1.98g·L^{-1} 的电积溶液进行电积试验，电流密度 100A·m^{-2}，电积时间 12h。采用上进下出的循环方式，循环速度 100mL·min^{-1}，同极电极板间距 80mm，电积温度 36℃，硫酸钴加入量为 0.2g·L^{-1}。针对是否添加硫酸钴进行对比试验，考察添加剂硫酸钴对电积的影响，其结果如表 8-8 所示。

表 8-8　添加硫酸钴条件下电积铜试验结果

是否添加硫酸钴	进液铜离子浓度/（g·L^{-1}）	出液铜离子浓度/（g·L^{-1}）	电流效率/%	电耗/（kW·h·t^{-1}）
否	49.561	42.973	92.451	1824.037
是	50.551	43.959	92.500	1823.067

如图 8-19 所示，添加硫酸钴可以使阴极铜表面更光滑、平整、致密。硫酸钴在阳极形成活化中心，降低氧气析出的极化电压，降低电耗的同时保护阳极板，添加硫酸钴有利于电积。

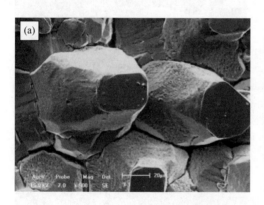

图 8-19　硫酸钴添加剂对阴极铜表观质量的影响
（a）无硫酸钴；（b）添加硫酸钴

以不溶性 Pb-Sn-Ca 合金作为阳极，以不锈钢作为阴极，采用 3 块阳极板、2 块阴极板，对含铜 48.059g·L^{-1}、铁 2.12g·L^{-1} 的电积溶液进行电积试验，电流密度 100A·m^{-2}，电积时间 12h，采用上进下出的循环方式，溶液循环速度 100mL·min^{-1}，同极电极板间距 80mm，电积温度 36℃，电积溶液中添加剂瓜尔胶浓度分别为 0g·L^{-1}、50g·L^{-1}、100g·L^{-1}。考察添加剂瓜尔胶浓度对电积的影响，其结果如表 8-9 所示。

表 8-9　不同浓度添加剂瓜尔胶条件下电积铜试验结果

瓜尔胶浓度/$(g·L^{-1})$	进液铜离子浓度/$(g·L^{-1})$	出液铜离子浓度/$(g·L^{-1})$	电流效率/%	电耗/$(kW·h·t^{-1})$
0	49.561	42.973	92.451	1824.037
50	48.059	41.476	92.496	1823.150
100	48.059	41.474	92.594	1821.220

如图 8-20 所示，电流效率随着瓜尔胶浓度的升高而升高。瓜尔胶以胶膜形式吸附在凸出的晶粒表面，降低这部分晶粒的导电性，从而抵制其晶粒继续长大，促使阴极铜沉淀均匀且结晶致密。当瓜尔胶浓度由 $0g·L^{-1}$ 提高到 $100g·L^{-1}$ 时，电流效率从 92.451% 提高到 92.594%，这说明添加剂瓜尔胶对电积电流效率的影响较小。

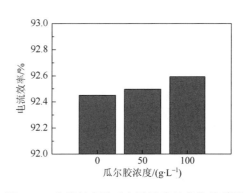

图 8-20　电流效率随瓜尔胶浓度的变化关系图

如图 8-21 所示，加入添加剂瓜尔胶可以使阴极铜表面更光滑、平整、致密。当瓜尔胶浓度为 $0g·L^{-1}$ 时，铜晶粒的生长不均匀，随着瓜尔胶浓度提高，铜晶粒的生长受到遏止，结晶更加致密。当瓜尔胶浓度为 $100g·L^{-1}$ 时，铜沉积结晶致密可满足要求。综上所述，铜电积的添加剂瓜尔胶浓度为 $100g·L^{-1}$。

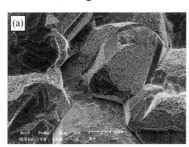

图 8-21　瓜尔胶添加量对阴极铜表观质量的影响
（a）$0g·L^{-1}$；（b）$50g·L^{-1}$；（c）$100g·L^{-1}$

8.5.4　铜电积模拟试验研究

1. 试验方法

以不溶性 Pb-Sn-Ca 合金作为阳极,以表面经过处理的不锈钢作为阴极对含铜 $48.997g \cdot L^{-1}$、铁 $1.95g \cdot L^{-1}$ 电积液进行电积模拟试验。采用 3 块阳极板、2 块阴极板,电流密度 $100A \cdot m^{-2}$,电积时间 192h(8 天),采用上进下出的循环方式,溶液循环速度 $100mL \cdot min^{-1}$,同极电极板间距 80mm,电积温度 36℃,加入添加剂(硫脲 $40g \cdot t^{-1}$、瓜尔胶 $100g \cdot L^{-1}$ 和硫酸钴)。其结果如表 8-10 所示。对阴极铜产品进行化学分析,其化验结果如表 8-11 所示。

2. 结果与分析

表 8-10　铅锡钙阳极材料模拟电积试验结果

时间/h	铜离子浓度/($g \cdot L^{-1}$)	电流效率/%	时间/h	铜离子浓度/($g \cdot L^{-1}$)	电流效率/%
0	48.997	0	108	37.352	90.912
12	47.679	92.594	120	36.064	90.874
24	46.371	92.250	132	34.775	90.843
36	45.083	91.677	144	33.497	90.760
48	43.804	91.218	156	32.366	89.890
60	42.512	91.134	168	31.269	88.973
72	41.217	91.104	180	30.151	88.278
84	39.929	91.022	192	29.042	87.632
96	38.641	90.960			

表 8-11　阴极铜产品化学分析

元素	含量/%	元素	含量/%	元素	含量/%
Cu	99.9829	Pb	0.0018	S	0.0023
As	0.0013	Sn	—	P	—
Sb	0.0015	Ni	0.0048	Co	—
Bi	—	Zn	0.0030	Si	—
Fe	0.0024				

如图 8-22 所示,每隔 12h 取样分析电积液中铜离子浓度的变化情况,可发现铜离子浓度逐渐下降。在 144h 时,铜离子浓度下降趋势开始减慢,曲线斜率开始减小,说明当时间超过 144h 时,电积电流效率开始快速下降。

如图 8-23 所示，电流效率随着时间的延长而下降。在 0～48h 内，电流效率下降较快，在 48～144h 内，电流效率的下降速率减慢，较稳定。电积时间达到 144h 时，电流效率下降梯度开始突然增加，是电流效率转折点，在时间为 144h 时，电流效率为 90.760%，在 90% 以上，而当超过 144h 时，电流效率低于 90%。综上所述，铜的电积试验在 144h 就应该停止，此时的电流效率在 90% 以上，符合工艺要求；对阴极铜产品进行化学分析，铜含量为 99.9829%，符合阴极铜国家标准（GB/T 467—1997）。

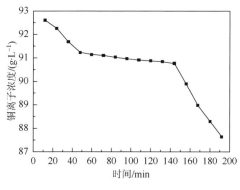

图 8-22　铜离子浓度随时间的变化关系图　　　图 8-23　电流效率随时间的变化关系图

8.6　小　　结

（1）铜萃取剂 LIX984N 可以顺利完成高铁、低钴生物浸出液中铜的分离，并且可以有效避免有价金属钴的损失。

（2）低品位钴矿生物浸出液中铜的分离可采用萃取方法。萃取过程的最佳工艺条件为：温度为 35℃时，萃取剂体积分数为 25%，平衡 pH 为 1.25，相比为 1∶1。此时，生物浸出液中铜萃取率达到 99.40%，铁共萃夹带率仅为 4.03%，钴共萃夹带率为 0.85%。

（3）萃取后载铜有机相含有共萃夹带的铁、钴。通过中性水洗涤，可使萃取有机相中的钴和铁分别降至 0.008% 和 0.77%，并避免铜的洗涤。

（4）硫酸浓度是影响反萃效果的重要因素，采用 $200g \cdot L^{-1}$ 硫酸进行反萃，可使反萃效果达到最佳。经 McCabe-Thiele 图解法确定，在相比 1∶1 的条件下，经两级逆流反萃后，铜反萃率可达 98.13%。

（5）浸出液中的铜采用"溶剂萃取-电积"技术进行回收。铜回收率可达到 98% 以上，最终获得纯度高达 99.98% 的阴极铜产品。

参 考 文 献

[1] 刘晓荣. 铜溶剂萃取界面乳化机理及防治研究[D]. 长沙：中南大学，2001.

[2] Sridhar V，Verma J K. Extraction of copper，nickel and cobalt from the leach liquor of manganese-bearing sea nodules using LIX984N and ACORGA M5640[J]. Minerals Engineering，2011，24（8）：959-962.

[3] Davenport W G，King M，Schlesinger M，et al. Overview-extractive metallurgy of copper-chapter 1[J]. Extractive Metallurgy of Copper，2002，33（6）：1-16.

[4] Szymanowski J. Hydroxyoximes and Copper Hydrometallurgy[M]. Boca Raton：CRC Press，1993：14.

[5] 杨浼庸，刘大星. 萃取[M]. 北京：冶金工业出版社，1988：37-39.

第9章 生物浸出液针铁矿法除铁

9.1 引　言

生物浸出液含有高浓度的铁，当利用溶剂萃取-电积技术流程回收有价金属时，可能会影响有价金属的溶剂萃取分离，也可能会进入电积流程影响产品品质。因此，需要采取适当的技术对高浓度的铁进行分离。

目前湿法冶金过程中常采用造渣的方法实现铁与被提取金属的分离。根据沉淀形成渣相的不同，可将铁分离方法分为黄钾铁矾法[1-4]、针铁矿法[5-8]等。黄钾铁矾及针铁矿的形成过程均被看作逐步水解的过程。但在黄钾铁矾的形成过程中，铁的水解产物吸附了大量的硫酸根。为平衡颗粒电荷，这些硫酸根会进一步吸附溶液中钴，因此，采用针铁矿法除铁具有先天的优势[9]。同时，利用针铁矿法的除铁操作在常压和较低的温度下便可完成，且沉淀渣具有良好的过滤性。

9.1.1 硫酸系统中 Fe(III)水解过程

Fe(III)系统中针铁矿的形成是 Fe(III)六水合阳离子的水解结晶过程。影响水解及结晶过程的主要因素包括 pH、Fe(III)活度、温度等。当 Fe(III)活度高时容易形成结晶不好的针铁矿，而 Fe(III)活度较低时则形成结晶较好的针铁矿。因此在针铁矿形成过程中需要控制水解时铁离子浓度。

水解酸度是影响针铁矿沉淀的另一因素。根据水解条件的不同，Fe(III)系统产出不同结晶情况的沉淀。例如，在非常低的 pH(OH/Fe)或者在非常高的 OH/Fe 条件下，生长单元供给速度很慢，沉淀物是空间排列较好的晶体[10-12]，结晶所需的时间范围从几分钟到几年。晶种及一些添加剂也能够产生结晶的引导作用。

温度是控制针铁矿形成的重要因素。当温度低于 37℃，针铁矿占主导地位，但当温度高于 55℃，形成的赤铁矿便会占主导地位[13]。此外，温度还可控制针铁矿形成所需的时间。

在 pH 2~4 的范围内，Fe(III)可水解生成氧羟基硫酸铁，又称为施特曼矿物[14,15]。硒酸盐或铬酸盐可替代硫酸盐参与铁的水解过程，并形成与施特曼矿物类似的矿物。

9.1.2　E.Z 针铁矿法及 V.M 针铁矿法

使浸出液中的铁离子以 α-针铁矿及其类似物的形式转移入沉淀,实现降低浸出液中铁含量的方法称为针铁矿除铁过程。这种方法首先在巴比伦(Balen)电锌厂获得工业应用[16]。

若要使铁以针铁矿形式析出,关键在于维持溶液中的 Fe^{3+} 浓度低于 $1g\cdot L^{-1}$。实现这个目标的主要途径有两条,分别是还原氧化法[17]和部分水解法[18]。

还原是指利用还原剂使部分 Fe^{3+} 还原为 Fe^{2+},从而达到控制 Fe^{3+} 浓度的目的。在沉淀形成后 Fe^{3+} 浓度降低,这时需加入氧化剂使 Fe^{2+} 逐步氧化补充消耗,进而实现针铁矿法除铁[17]。部分水解法是针铁矿除铁技术的另一种实现形式[18],该方法是将含铁浸出液喷淋到一定酸度的溶液内,使 Fe^{3+} 浓度低于 $1g\cdot L^{-1}$,从而实现除铁过程。部分水解法也需加入中和剂。

本节中的生物浸出液含有大量的铁($29.32g\cdot L^{-1}$),有价金属钴只有 $1.06g\cdot L^{-1}$,这给铁的分离带来新的挑战。若直接对生物浸出液中的铁进行水解,则会在瞬间形成大量的胶状物,这些胶状物不仅会带走有价金属钴,也会给随后的固液分离带来困难。采用 E.Z 针铁矿法及 V.M 针铁矿法分别对萃取提铜后的余液进行铁脱除研究。

试验所用溶液如表 9-1 所示。

表 9-1　除铁试验溶液主要元素含量(质量浓度,$g\cdot L^{-1}$)

Cu	Co	Fe	Ca	Mg	Si	Mn	蛋白质
0.015	1.06	29.32	0.18	0.0052	—	—	0.014

9.2　针铁矿晶种的制备

9.2.1　试验方法

首先将 180mL 5mol·L^{-1}氢氧化钾溶液混入 100mL 1mol·L^{-1}硝酸铁溶液中。随后加入 2L 的蒸馏水并在 70℃下保温 60h。将得到的沉淀采用 0.01mol·L^{-1}硝酸溶液洗涤,去除吸附的钾离子,并在 50℃下干燥完全。为检验产物的纯度及晶粒大小,分别采用 X 射线衍射仪及扫描电子显微镜对晶种进行物相分析与形貌分析。

9.2.2　结果与分析

所得沉淀物物相及形貌分析结果分别如图 9-1 和图 9-2 所示。结果表明，沉淀物中只存在单一的针铁矿衍射峰，为均匀的针状晶须。晶须直径小于 10nm，集合体呈团簇状。

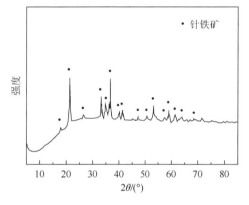

图 9-1　针铁矿晶种的 XRD 谱

图 9-2　针铁矿晶种的 SEM 像

9.3　针铁矿法除铁试验

9.3.1　操作 pH

1. 试验方法

向一组容器中加入 50mL 蒸馏水，加晶种量为 $1.0g \cdot L^{-1}$，启动搅拌器。控制溶液温度为 80℃，恒温后调节溶液 pH 分别为 2.0、2.5、3.0、3.5、4.0、4.5。

向反应器中加入浸出液，速度为 $10mL \cdot min^{-1}$，每 30s 向反应容器加入中和剂碳酸钠（$100g \cdot L^{-1}$），使溶液酸度恢复到初始值。浸出液滴加完全后继续保温 2h。悬浊液经过滤分离，可获得滤饼及滤液。

测定滤液中钴离子、三价铁离子浓度，并计算浸出液的除铁率、钴回收率。在过滤时测定过滤时间，计算滤液流量。过滤后的滤饼在 40℃下进行真空干燥，并分析其中三价铁含量及硫酸根含量。

2. 结果与分析

不同 pH 条件下浸出液的除铁效果如图 9-3 所示。结果表明，pH 对溶液中铁的沉淀析出具有重要影响，不同的 pH 下生成除铁沉淀的差异显著[141]。在 90℃下，当溶液 pH 小于 2.0 时，除铁产物以铁矾为主，而当 pH 大于 3.5 后，除铁产物则以铁氧化物为主。不同除铁产物在生成动力学上存在显著不同，导致最终的除铁率不同。在 pH 为 2.0 时，终点除铁率仅为 5.37%；pH 增加至 4.5 时，终点除铁率接近 100%。沉淀物中铁矿含量和溶液除铁率均随除铁 pH 的升高而逐渐增加。

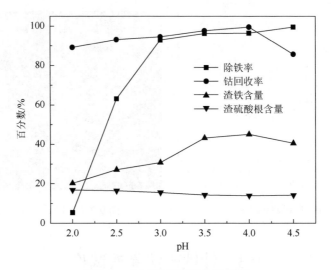

图 9-3　pH 对针铁矿除铁法影响

钴的回收率与除铁 pH 的关系也十分密切，在 pH 为 2.0~4.0 内，随着 pH 的升高钴的损失降低，但当 pH 为 4.5 时，钴损失率反而增加，与沉淀中铁含量的变化趋势一致。可理解为沉淀物对钴的吸附或共沉淀。

铁矾法与针铁矿法除铁的差异主要体现为 pH 的差异。研究表明，当 pH 大于 2.5 时，硫酸体系中三价铁离子主要以针铁矿及其前驱体（如水铁矿和施氏矿物）的形式析出[19,20]；当 pH 小于 2.5 时，三价铁离子主要以铁矾的形式析出，在相同条件下，铁矾的结晶速率比针铁矿及其类似矿物更慢[21,22]。如图 9-3 所示，在 pH 小于 3.0 的区间内各试验点除铁率的差异显著，在 pH 大于 3.0 的区间内除铁率变化平缓。研究证实，三价铁离子生成的铁矾 [$MeFe_3(SO_4)_2(OH)_6$]、施特曼矿物 [$Fe_{16}O_{16}(OH)_{10}(SO_4)_3$] 和水铁矿（$Fe_5HO_8 \cdot 4H_2O$）沉淀所带有的硫酸根含量依次降低[19,21]，符合本研究中沉淀内硫酸根含量的变化规律。根据静电吸附原理，这些铁沉淀物对钴离子的吸附能力依次减弱，钴离子损失减少，因此在整个 pH 变化的区间内钴回收率是增加的。但是当 pH 大于 4.5 后，三价铁离子水解不完全的现象加剧，对钴的夹带增加。本章将适宜的

pH 范围设置为 3.5～4.5。

9.3.2　操作温度

1. 试验方法

溶液中析出针铁矿的反应为吸热过程[23]。高温有利于针铁矿的形成，但是维持高温也提高了生产成本。因此，本节在温度为 50～90℃范围内考察温度对针铁矿法除铁过程的影响。

向一组容器中加入 50mL 蒸馏水，并加晶种至 1.0g·L^{-1}，启动搅拌器。控制溶液温度分别为 50℃、60℃、70℃、80℃、90℃，恒温后调节溶液 pH 为 4.0。向反应器中加入浸出液，速度为 10mL·min^{-1}，每 30s 向反应容器加入中和剂碳酸钠（100g·L^{-1}），使溶液酸度恢复到初始值。浸出液滴加完全后继续保温 2h。悬浊液经过滤分离，可获得滤饼及滤液。

测定滤液中钴离子、三价铁离子浓度，并计算浸出液的除铁率、钴回收率。在过滤时测定过滤时间，计算滤液流量。过滤后的滤饼在 40℃下进行真空干燥，并分析其中三价铁含量及硫酸根含量。结果如图 9-4 所示。

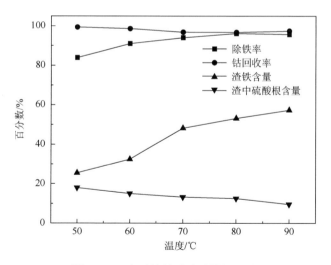

图 9-4　温度对针铁矿法除铁的影响

2. 结果与分析

如图 9-4 所示，在研究范围内，除铁率随操作温度的升高而增加，钴回收率变化趋势却与之相反。温度由 50℃升高至 90℃，除铁率由 83.88%增加至 95.66%，钴回收率由 99.34%降低至 97.35%。

　　向含有三价铁离子的溶液中加入足量的碱时，三价铁离子首先会转化为针铁矿的前驱物，并悬浮于溶液中。随后提供适宜的酸度及温度条件，前驱物逐渐转变为致密的铁沉淀。在针铁矿容易生成的 pH 范围内，温度成为限制其析出的重要因素。

　　除铁温度升高，溶液中的三价铁离子沉淀率增加，说明升高温度，溶液中的三价铁离子以针铁矿或其前驱物析出的概率增加，除铁进行得更为彻底，沉淀物中铁含量增加。沉淀物中硫酸根含量随温度的升高而逐渐降低，使沉淀通过静电作用吸附的钴离子减少。然而铁氧化物对钴的吸附过程为吸热过程，温度的升高会导致钴的吸附增加[24]。综合考虑除铁率、钴回收率、渣铁含量及硫酸根含量的变化情况，将针铁矿除铁适宜的温度范围设定为 70～90℃。

9.3.3　晶种加入量

1. 试验方法

　　向一组容器中加入 50mL 蒸馏水，并分别加入晶种至 $0g·L^{-1}$、$0.5g·L^{-1}$、$1.0g·L^{-1}$、$1.5g·L^{-1}$、$2.0g·L^{-1}$，启动搅拌器。控制溶液温度为 80℃，恒温后调节溶液 pH 为 4.0，向反应器中加入浸出液，速度为 $10mL·min^{-1}$，每 30s 向反应容器加入中和剂碳酸钠（$100g·L^{-1}$），使溶液酸度恢复到初始值。浸出液滴加完全后继续保温 2h。悬浊液经过滤分离，可获得滤饼及滤液。

　　测定滤液中钴离子、三价铁离子浓度，并计算浸出液除铁率和钴回收率。在过滤时测定过滤时间，计算滤液流量。过滤后的滤饼在 40℃下进行真空干燥，并分析其中三价铁及硫酸根含量。

2. 结果与分析

　　本节讨论了晶种加入量对浸出液除铁过程的影响，结果如图 9-5 所示。试验结果证实，晶种的投入确实提高了针铁矿除铁过程的除铁率。未添加晶种时，浸出液除铁率为 80.92%。添加晶种后，除铁率提升显著，除铁速度也加快，沉淀物中的铁含量增加，并且在晶种量为 $1.0g·L^{-1}$ 时达到最佳。同样沉淀物中的硫酸根含量也在晶种量为 $1.0g·L^{-1}$ 达到最佳。显然，晶种对钴回收的影响显著。未加入晶种时，钴回收率仅为 93.50%；加入晶种后，钴回收率接近 100%。针铁矿除铁过程需要很高的温度及适宜的 pH，能够析出对钴吸附少的除铁产物。

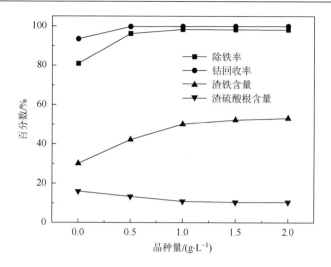

图 9-5　晶种对针铁矿除铁法影响

在针铁矿除铁过程中引入晶种，对针铁矿的析出过程进行诱导结晶，达到降低针铁矿形成活化能的目的。本章适宜的晶种用量设置为 $0.5\sim1.0\mathrm{g\cdot L^{-1}}$。

9.4　中心复合设计试验

9.4.1　中心复合试验设计

1. 试验方法

向一组容器中加入 50mL 蒸馏水，并加预定量晶种，启动搅拌器。控制溶液温度为预定温度，恒温后调节溶液酸度至预定 pH。

向反应器中加入浸出液，速度为 $10\mathrm{mL\cdot min^{-1}}$，每 30s 向反应容器加入中和剂碳酸钠（$100\mathrm{g\cdot L^{-1}}$），使溶液酸度恢复到初始值。浸出液滴加完全后继续保温 2h。悬浊液经过滤分离，可获得滤饼及滤液。

测定滤液中钴离子、三价铁离子浓度，并计算浸出液的除铁率、钴回收率。在过滤时测定过滤时间，计算滤液流量。过滤后的滤饼在 40℃下进行真空干燥，并分析其中三价铁含量及硫酸根含量。

2. 试验设计

针对单因素试验（温度、pH、晶种等）中获取的每个因子最佳的区间范围，在单因素试验的最优区间内进行中心复合设计试验，该试验为三因子三水平试验。

试验条件中温度（A，℃）、pH（B）、晶种量（C，g·L^{-1}）作为三个独立变量。容器恒定温度为 70℃、80℃ 及 90℃，pH 分别为 3.50、4.00 及 4.50，晶种浓度分别为 0.50g·L^{-1}、1.00g·L^{-1} 及 1.50g·L^{-1}。由各试验条件获得的水平编码表见表 9-2。编码结果如表 9-3 所示。

表 9-2　中心复合试验条件水平编码

独立变量	变量水平代码		
	−1	0	1
A，温度/℃	70.00	80.00	90.00
B，pH	3.50	4.00	4.50
C，晶种量/（g·L^{-1}）	0.50	1.00	1.50

表 9-3　中心复合设计试验

编号	独立变量		
	A，温度/℃	B，pH	C，晶种量/（g·L^{-1}）
1	90	4.0	0.50
2	80	4.0	1.00
3	90	3.5	1.00
4	90	4.5	1.00
5	80	3.5	0.50
6	70	4.0	1.50
7	80	3.5	1.50
8	80	4.0	1.00
9	70	4.5	1.00
10	70	4.0	0.50
11	90	4.0	1.50
12	80	4.5	1.50
13	80	4.5	0.50
14	80	4.0	1.00
15	70	3.5	1.00
16	80	4.0	1.00
17	80	4.0	1.00

针铁矿法除铁是一个多因素影响下的复杂过程。为了精确研究这些因素之间的关系，进行中心复合设计，并建立数学模型。试验对温度、pH 和晶种量与除铁率（Q）、钴回收率（S）、渣铁含量（Y）、渣硫酸根含量（Z）之间关系进行研究，

17 次试验结果如表 9-4 所示。试验结果除铁率范围为 94.76%～99.92%，钴回收率范围为 87.37%～99.81%，沉淀中铁含量范围为 41.06%～61.14%，硫酸根含量范围为 8.02%～14.42%。研究结果显示，各试验中心点试验结果的平均值分别为 99.60%（Q）、99.30%（S）、60.23%（Y）、8.43%（Z）。

表 9-4　中心复合设计试验结果

编号	除铁率（Q）/%	钴回收率（S）/%	渣铁含量（Y）/%	渣硫酸根含量（Z）/%
1	99.59	99.75	60.48	8.73
2	99.91	99.07	61.14	8.65
3	98.59	97.56	59.57	9.25
4	99.65	87.65	59.39	8.41
5	96.23	98.35	53.46	11.35
6	97.53	98.53	52.16	12.83
7	96.02	99.07	54.79	10.71
8	99.92	99.02	60.03	8.51
9	98.44	89.01	46.73	14.21
10	96.11	99.54	41.06	12.94
11	96.79	98.75	61.02	8.33
12	99.85	87.37	58.62	9.97
13	99.87	91.39	55.74	9.17
14	99.64	99.43	60.65	8.51
15	94.76	98.57	46.51	14.42
16	99.32	99.15	59.71	8.02
17	99.19	99.81	59.64	8.47

9.4.2　模型拟合

通过对中心复合试验设计试验结果进行拟合，确定除铁率、钴回收率及渣中铁含量、硫酸根含量与试验温度、pH、晶种量之间的关系。

采用方差分析的方法（ANOVA）计算相应的 F 值，比较模型对试验结果拟合的显著性（表 9-5～表 9-8）。采用简化二次模型对除铁率、钴回收率、尾渣中铁含量及硫酸根含量的拟合均表现出最小的 F 值，而采用完全二次模型拟合时 F 值又较大。这说明采用二次模型对试验结果进行拟合是合理的，但需要对模型参数进行调整，实现最佳。调整后的二次模型的方差分析结果如表 9-9～表 9-12 所示。

表 9-5 不同模型对除铁率拟合方差分析结果

模型类型	平方和	自由度	均方	F 值	p 值
线性	20.00	9	2.22	19.92	0.0056
简化二次	13.83	6	2.31	20.65	0.0056
完全二次	1.76	3	0.59	5.25	0.0715
纯误差	0.46	4	0.11		

表 9-6 不同模型对钴回收率拟合方差分析结果

模型类型	平方和	自由度	均方	F 值	p 值
线性	141.54	9	15.73	146.04	0.0001
简化二次	135.89	6	22.65	210.33	<0.0001
完全二次	1.27	3	0.42	3.93	0.1096
纯误差	0.43	4	0.11		

表 9-7 不同模型对尾渣铁含量拟合方差分析结果

模型类型	平方和	自由度	均方	F 值	p 值
线性	187.20	9	20.80	50.03	0.0009
简化二次	158.68	6	26.45	63.62	0.0006
完全二次	12.33	3	4.11	9.88	0.0254
纯误差	1.66	4	0.42		

表 9-8 不同模型对尾渣硫酸根拟合方差分析结果

模型类型	平方和	自由度	均方	F 值	p 值
线性	25.95	9	2.88	49.96	0.0009
简化二次	25.32	6	4.22	73.10	0.0005
完全二次	1.13	3	0.38	6.54	0.0507
纯误差	0.23	4	0.058		

本章利用几个重要指标[如 R^2（决定系数）、$R_{adj.}^2$（调整决定系数）、C.V.（变异系数）及模型显著性]对拟合结果的优越性进行评估。

表 9-9 为浸出液除铁率二次模型拟合方差分析结果，浸出液除铁率模型 F 值为 20.22，说明模型对试验结果的描述是显著的。大约有 0.02%的概率，F 值被噪声干扰。这是一个非常低的概率。模型发生失拟的概率大于 0.05，意味着 F 值不显著。因此，采用该模型可以显著地将变量和浸出液除铁率之间进行关联。模型

的准确性和变异性可以采用 R^2 评价。浸出液除铁率模型的 R^2 为 0.9525，说明试验结果中大约 95.25%的变异性可以通过本模型进行描述。C.V.是估计值标准误差与观测值的比，是衡量模型再现性与重复性的重要参数，低的 C.V.值意味着模型良好的可靠性及精确度。若一个模型被认为是合理的，则 C.V.值不高于 10.00%。模型的 C.V.值为 0.54%，说明本模型对除铁率的试验结果的描述较好。

表 9-9　除铁率二次模型拟合结果方差分析

项目	平方和	自由度	均方	F 值	p 值检验，$>F$	
模型	44.77	8	5.6	20.22	0.0002	显著
A	8.75	1	8.75	31.62	0.0005	
B	3.65	1	3.65	13.19	0.0067	
C	7.42	1	7.42	26.8	0.0008	
AB	1.72	1	1.72	6.2	0.0375	
AC	4.45	1	4.45	16.09	0.0039	
A^2	5.2	1	5.2	18.81	0.0025	
B^2	1.64	1	1.64	5.93	0.0409	
C^2	4.04	1	4.04	14.59	0.0051	
残差	2.21	8	0.28			
失拟检定	1.77	4	0.44	3.96	0.1056	不显著
纯误差	0.45	4	0.11			
恢复系数和	46.98	16				

　　表 9-10 为钴回收率二次模型拟合方差分析结果，模型 F 值为 191.68，说明模型对试验结果的描述是显著的。模型失拟的概率大于 0.05，意味着失拟的 F 值不显著，说明模型可以显著地将变量和钴回收率进行关联。模型发生失拟 F 值为 2.95，该值相对于误差是不显著的，大约有 16.00%的概率，失拟 F 值会被噪声干扰。本模型的 R^2 为 0.9948，试验结果的变异性中有 99.48%可被本模型所描述。模型的 C.V.值为 0.48%，表明模型对浸出液钴回收率的描述是准确的。

表 9-10　钴回收率二次模型拟合结果方差分析

项目	平方和	自由度	均方	F 值	p 值检验，$>F$	
模型	326.00	8	40.74964	191.68	<0.0001	显著
A	0.93	1	0.931618	4.38	0.0697	
B	99.09	1	99.08815	466.09	<0.0001	
C	2.77	1	2.76933	13.03	0.0069	
AB	0.03	1	0.030625	0.14	0.7142	
BC	5.62	1	5.6169	26.42	0.0009	

续表

项目	平方和	自由度	均方	F 值	p 值检验，$>F$	
A^2	1.05	1	1.054738	4.96	0.0565	
B^2	131.95	1	131.95	620.65	<0.0001	
C^2	0.51	1	0.51	2.38	0.1611	
残差	1.70	8	0.21			
失拟检定	1.27	4	0.32	2.95	0.1599	不显著
纯误差	0.43	4	0.11			
恢复系数和	327.70	16				

表 9-11 为尾渣铁含量二次模型拟合方差分析结果，尾渣铁含量模型 F 值为
50.52，说明模型对试验结果的描述是显著的。模型失拟的概率大于 0.05，模型发
生失拟 F 值为 6.24，该值相对误差是不显著的。本模型的 R^2 为 0.8290，试验结果
的变异性中有 82.90%可被本模型所描述。调整后 $R_{adj.}^2$ 为 0.9559，其更接近于 1，
模型可描述试验结果变异性中的 95.59%。模型的 C.V.值为 2.28%，表明模型对尾
渣中铁含量的描述是准确的。

表 9-11　尾渣铁含量二次模型方差分析表

项目	平方和	自由度	均方	F 值	p 值检验，$>F$	
模型	574.87	7	82.12	50.52	<0.0001	显著
A	117.45	1	117.45	72.26	<0.0001	
B	29.59	1	29.59	18.21	0.0021	
C	48.24	1	48.24	29.68	0.0004	
AC	27.88	1	27.88	17.15	0.0025	
A^2	88.25	1	88.25	54.30	<0.0001	
B^2	28.59	1	28.59	17.59	0.0023	
C^2	16.44	1	16.44	10.11	0.0112	
残差	14.63	9	1.63			
失拟检定	12.97	5	2.59	6.24	0.0502	不显著
纯误差	1.66	4	0.42			
恢复系数和	589.49	16				

表 9-12 为尾渣硫酸根含量模型拟合方差分析结果，模型对试验结果的描述是
显著的（F 值为 48.85），并且大约有 0.01 的可能模型 F 值被噪声干扰。模型发生

失拟 F 值为 3.01，该值相对于误差是不显著的。这说明大约有 15.39% 的概率，失拟 F 值会被噪声干扰。本模型的 R^2 为 0.9066，调整后为 0.9540。C.V.值为 4.82%，表明模型具有较高的精度。

表 9-12　尾渣硫酸根含量二次模型方差分析表

项目	平方和	自由度	均方	F 值	p 值检验, >F	
模型	62.58	7	8.94	48.85	<0.0001	显著
A	27.01	1	27.01	147.59	<0.0001	
B	3.73	1	3.73	20.36	0.0015	
C	6.82	1	6.82	37.25	0.0002	
AC	3.82	1	3.82	20.89	0.0013	
A^2	22.69	1	22.69	124.00	<0.0001	
B^2	3.67	1	3.67	20.07	0.0015	
C^2	3.75	1	3.75	20.50	0.0014	
残差	1.65	9	0.18			
失拟检定	1.30	5	0.26	3.01	0.1539	不显著
纯误差	0.35	4	0.086			
恢复系数和	64.23	16				

P 值是评述变量独立性水平的主要参数，也用来评述独立变量之间交互作用的强度。小的 P 值表示变量具有大的显著性水平。浸出液除铁率和钴回收率（表 9-9 和表 9-10）受线性相（A、B、C），平方相（A^2、B^2、C^2）及它们的交互作用（AB、BC）的影响是显著部分。尾渣中铁含量及硫酸根含量（表 9-11 和表 9-12）受线性相（A、B、C），平方相（A^2、B^2、C^2）及它们的交互作用部分（AC）的影响是显著的。

根据各因素的显著性，通过最小二乘法和多重回归分析，确立包含各因变量的二次多项式方程，如式（9-1）～式（9-4）所示。

$$Q = -93.81 + 2.611A + 33.51B + 24.31C - 0.1310AB - 0.2110AC$$
$$- 0.01112A^2 - 2.497B^2 - 3.917C^2 \tag{9-1}$$

$$S = -272.8 + 0.8466A + 175.7B - 14.86C - 0.01750AB - 4.740BC$$
$$- 0.005A^2 - 22.39B^2 + 1.388C^2 \tag{9-2}$$

$$Y = -513.8 + 8.528A + 84.92B + 62.01C - 0.5280AC - 0.04578A^2$$
$$- 10.42B^2 - 7.903C^2 \tag{9-3}$$

$$Z = 234.0 - 3.070A - 44.72B - 2.940C - 0.01450AC + 0.01774A^2$$
$$+ 5.466B^2 - 2.006C^2 \tag{9-4}$$

　　各模型的预测值与试验值相比的结果如图 9-6 所示。研究结果表明，试验观测值分布在预测直线附近，呈现出令人满意的线性关系，模型可用于有效的试验结果预测。

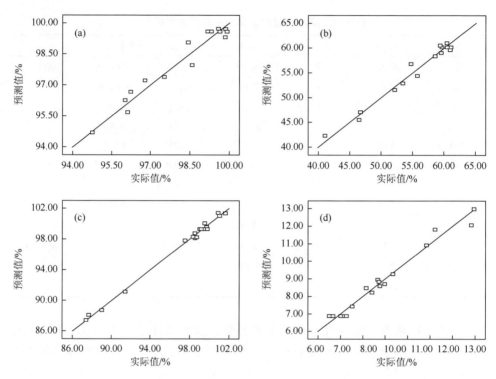

图 9-6　各二次模型拟合值与预测值关系

(a) 除铁率；(b) 钴回收率；(c) 铁含量；(d) 硫酸根含量

9.4.3　模型分析

1. 浸出液除铁率

　　生物浸出液中的铁在针铁矿形成过程中逐渐脱除，形成除铁渣。一般认为针铁矿除铁过程的最初产物为水铁矿，该过程可以由式（9-5）描述[19]。水铁矿在加热条件下逐渐转化为针铁矿的过程如式（9-6）所示[23,25]。

$$5Fe^{3+} + 12H_2O \longrightarrow Fe_5HO_8 \cdot 4H_2O + 15H^+ \qquad (9\text{-}5)$$

$$Fe_5HO_8 \cdot 4H_2O \xrightarrow{\text{加热}} 5FeOOH + 2H_2O \qquad (9\text{-}6)$$

　　铁的水解及熟化过程主要受 pH、铁离子浓度、加热条件及晶种的影响[5,26]。除铁率在试验中心点附近的扰动效果如图 9-7 所示。在较宽的范围内，浸出液除

铁率随温度的升高而逐渐增加，铁离子的水解进行得更为彻底。铁水解过程产生
H^+[式（9-5）]，而水铁矿熟化为针铁矿，如式（9-6）所示。升高温度有利于保持
体系的酸平衡，有利于提高铁离子的水解速度、水铁矿熟化为针铁矿的速度。
但过高的温度使新生成的针铁矿被破坏，浸出液除铁率降低（图9-7 曲线 A 高
水平段）。

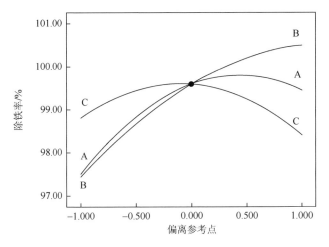

图9-7 设计空间内各因素在中心点附近扰动效果（除铁率）

　　pH 是影响除铁过程的重要因素，如式（9-5）和式（9-6）所示。在 pH 为
3.5～4.5 的范围内，增加中和剂的用量，将 pH 控制在较高的范围内可以提高
浸出液除铁率。晶种是影响浸出液除铁率的另一个重要因素，除铁率随着晶种
量的变化，存在一个极值。晶种量低时，活化晶种密度较低，效果不显著，浸
出液除铁率较低。晶种量较高时，晶种之间存在聚结效应，晶种效能降低，除
铁率也降低。

　　根据试验数据拟合结果，结合图中心点附近扰动图（图9-7），在空间范围内
存在一个除铁率的极大值。图 9-8 为设计空间内温度与晶种量影响下浸出液除铁
率变化响应曲面图（pH 为 4.00）。结合图9-9 可看出，浸出液除铁率表现出显著
的峰值，说明在试验研究的区间内存在最佳条件，即温度 90.30℃，晶种量为
$1.00g \cdot L^{-1}$，最佳除铁 pH 为 3.62，相应浸出液除铁率约为 100%。

　　2. 浸出液钴回收率

　　钴在生物浸出液中以离子形式存在。除铁过程中钴可能被新产生的沉淀吸附
或夹带。各因素试验中心点附近的扰动效果如图9-10 所示。pH 对钴回收率的影
响呈现二次函数型，开口向下，存在一个极大值。在 pH 的低水平及中水平，钴

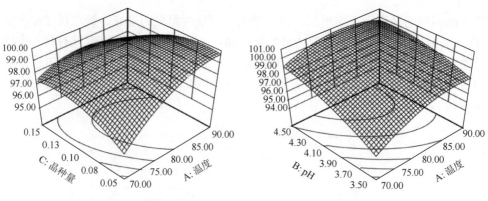

图 9-8　晶种量及温度对除铁率影响响应曲面　　图 9-9　pH 及温度对除铁率影响响应曲面图
　　　　　图（pH 4.00）　　　　　　　　　　　　　　　（引入晶种量 1.00g·L^{-1}）

的回收率变化不大。在 pH 高水平时，钴的损失开始加剧。在 pH 为 3.0~4.0 范围内，三价铁离子以帕拉（Para）-针铁矿形式进入尾渣，该沉淀物对钴的吸附较少[27]。而当 pH 高于 4.0 后，三价铁离子水解及沉降速度急剧增加，沉淀硫酸根含量增加，钴损失增加。温度及晶种量对浸出液中钴回收率的影响不显著。

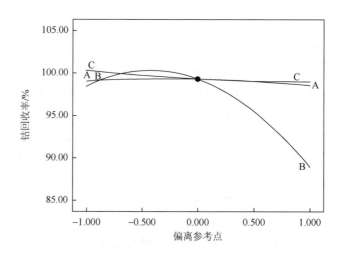

图 9-10　设计空间内各因素在中心点附近对扰动效果（钴回收率）

　　浸出液钴回收率的拟合函数在本研究的空间范围内存在一个极值。图 9-11 和图 9-12 分别是温度与 pH、晶种量与温度之间的交互作用对浸出液钴回收率的影响效果（pH 为 4.00）。如图 9-11 及图 9-12 所示，响应面模型均呈现为脊状，说明 pH 对交互作用的贡献较大。在试验研究的区间内存在最佳条件，即温度 78.04℃，晶种量为 1.10g·L^{-1}，最佳除铁 pH 为 3.77，在该条件下，相应溶液钴回收率接近 100%。

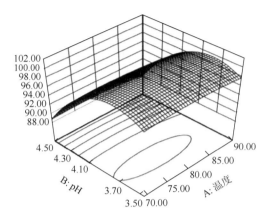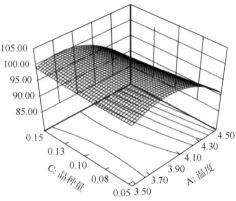

图 9-11　温度与 pH 对钴回收率影响响应曲面图
（晶种量 1.00g·L⁻¹）
图 9-12　晶种量与温度对钴回收率影响响应
曲面图（pH 4.00）

3. 尾渣铁含量

有研究曾报道，E.Z 法时温度对尾渣铁含量的影响显著。图 9-13 为设计空间内各因素在中心点附近的扰动效果图。如图 9-13 所示在较宽的范围内，尾渣铁含量随温度及 pH 的升高而增加，温度及 pH 的升高使铁水解、熟化更为彻底，最终渣铁含量更高。Babcan 得到类似的结果，在 pH 为 3.00～3.70，温度为 65.00～80.00℃时，铁以 Para-FeOOH 形式进入尾渣，在此基础上升高 pH 和温度，有利于尾渣转化为针铁矿[28]。然而高的温度及 pH 在加速尾渣熟化的同时也使铁水解加剧，完全水解但未熟化的部分水解物产生絮凝作用，使部分未完全水解产物裹藏，因此尾渣铁含量随温度的升高有所下降（图 9-13 曲线 A 高水平段）。

E.Z 法中晶种量表现为对水解产物熟化速度的控制。试验结果表明，在一定范围内尾渣中铁含量随晶种量增加而增加，也是 E.Z 法对熟化温度依赖降低的表现（图 9-13）。晶种不仅可以缩短 E.Z 法针铁矿形成的诱导期，同时也可以降低有价金属损失。图 9-13 中出现的峰值是结晶中心饱和的表现，因此在 E.Z 法应用中可控制晶种量，减少不必要的成本。

如图 9-13 拟合结果[式（9-3）]，温度和晶种量的计量符号均表现出正的线性效应和负的平方效应，意味着在设计空间内存在极值，即尾渣铁含量最高值。图 9-14 为设计空间内温度与晶种量影响下尾渣铁含量变化响应曲面图（pH 为 4.00）。尾渣铁含量表现出显著的峰值，说明在试验研究的区间内存在最佳条件，即温度 87.34℃，晶种量为 1.00g·L⁻¹，最佳除铁 pH 为 4.07，相应尾渣含铁量为 62.77%。

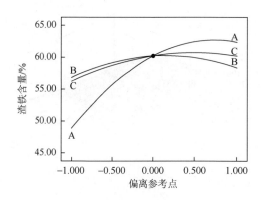 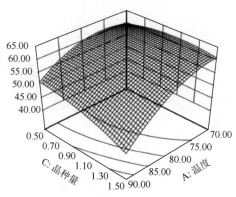

图 9-13　设计空间内各因素在中心点附近对　　图 9-14　晶种量及温度对尾渣铁含量影响响
　　　　　尾渣铁含量扰动效果　　　　　　　　　　　　应曲面图（pH 4.00）

4. 尾渣硫含量

E.Z 法尾渣硫酸根含量与尾渣性质有重要的关系，而影响到尾渣性质的因素为温度、pH 及晶种。图 9-15 为设计空间内各因素在中心点附近的扰动效果图。温度、pH 及晶种量曲线均具有极小值，且均在中心点右侧。其中温度对尾渣硫酸根含量影响最大，晶种量与 pH 的影响较小，与尾渣铁含量呈现负相关。

铁的水解过程伴随着羟基对硫酸根的逐步取代[29]。在小于最佳 pH 及温度的条件下，随温度的降低，铁的水解变得缓慢，部分水解产物以胶体形式进入尾渣，硫酸根含量逐渐升高。此外，尚不能排除低 pH 条件下施特曼矿物的出现并导致硫酸根含量增加的可能[28]。

相比之下，高温及高 pH 下，铁的水解会更为彻底。E.Z 法尾渣完全水解的铁最初形态是水铁矿，具有纳米级的粒径，比表面积较大。虽然对水铁矿的组成尚无定论，但目前均认为水铁矿需要熟化才能转化为针铁矿[30]。熟化时水铁矿颗粒聚集，最终产物的比表面积降低[30]。纯净 α-FeOOH 的等电位点接近中性，在酸性条件下会吸附很少量的硫酸根[27]。Mitch Loan 指出可采用延长恒温时间的方法来降低尾渣杂质离子的产生[31]，增加熟化程度可降低尾渣比表面积，减少杂质吸附。但过高的 pH 及温度会使水铁矿的分子聚结速度加快，易截留吸附硫酸根，反而增加了尾渣中硫酸根的含量。

尾渣硫酸根含量的拟合函数为三元二次方程，结合图 9-16 研究结果，该函数在研究的空间范围内存在一个极值，即硫酸根含量的最低值。图 9-16 为设计空间内温度与晶种量影响下，尾渣硫酸根含量变化响应曲面图，固定 pH 为 4.00。由响应面图可知，尾渣硫酸根含量表现出显著的峰值，说明在试验研究的区间内存在最佳条件即温度为 86.10℃，晶种量为 1.02g·L^{-1}，最佳除铁 pH 为 4.09，相应尾渣硫酸根量为 7.54%。

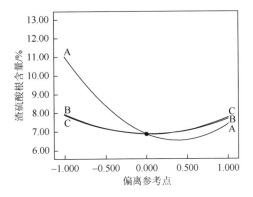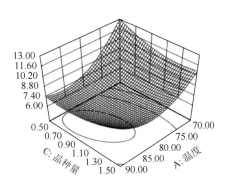

图 9-15　设计空间内各因素在中心点附近对　　图 9-16　晶种量与温度对尾渣硫酸根含量影
　　　尾渣硫酸根含量扰动效果　　　　　　　　　响响应曲面图（pH 4.00）

9.4.4　E.Z 法除铁工艺的优化

为获得设计空间内 E.Z 法浸出液除铁率、钴回收率、尾渣铁含量及硫酸根含量的最佳控制条件，需对试验结果进行优化。通过叠加关键影响因素等高线图的方式，可以确定最佳条件下的参数，同时也得到可行的控制区域和不适宜的控制区域。

在晶种量为 1.00g·L^{-1} 的条件下，浸出液除铁率及钴回收率等高线叠加图如图 9-17 所示。根据浸出液除铁率及钴回收率的不同，可将整个图形划分成五个区域（ABCDE）。其中，在 A 区域内，钴回收率接近 100%，但除铁率略低；在 B 区域内可除铁率接近 100%，但钴回收率略低，这两个区域为最佳除铁率区域。因此不能使除铁率及钴回收率同时接近 100%。在区域 C 与 D 中，浸出液的钴回收率及除铁率不能同时高于 99%，此区域定义为次佳区域。而在区域 E 中，无论钴回收率还是除铁率，两者均低于 99%，是除铁过程的不易控制区域。

图 9-18 为 pH 为 4.0 条件下的尾渣中铁含量及硫酸根含量等高线图叠加图。其中 A 区域为最佳区域，控制 E.Z 法条件在该区域内，获得的尾渣铁含量高于60%，而硫酸根含量低于8%。区域B为次佳区域，在该区域内可使尾渣铁含量高于 60%，但硫酸根含量也高于 8%。区域 C 则为铁含量低于60%而硫酸根含量低于8%的区域。图中 D 区域为不适宜控制区域。

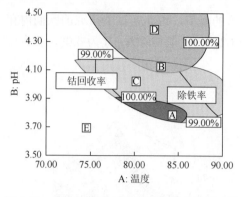 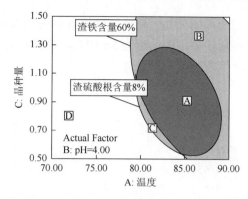

图 9-17　除铁率及钴回收率等高线叠加图（晶　　图 9-18　铁含量及硫酸根含量等高线叠加图
　　　　　种量 1.00g·L^{-1}）　　　　　　　　　　　　　　　（pH 4.0）

通过针铁矿法对萃取铜后的浸出液进行除铁，溶液成分见表 9-1。控制 pH 为 3.8±0.2，温度为（83±3）℃，加入晶种量为 1.00g·L^{-1}，具体过程如 9.3.1 节所述。除铁后，溶液成分如表 9-13 所示。

表 9-13　除铁后溶液元素组成（质量浓度，g·L^{-1}）

Cu	Co	Fe	Ca	Mg	Si	Mn	蛋白质
0.012	1.06	0.0015	—	—	—	—	0.00037

9.5　滤饼过滤性能研究

9.5.1　试验方法

收集针铁矿法除铁试验中的滤饼，采用金相显微镜拍摄微观形貌。对获得的金相显微图像进行二值化，计算滤饼中滤孔分形维数。建立滤饼中滤孔分形维数与除铁条件之间的定性关系。收集针铁矿除铁试验中有关过滤时滤液流量的数据，建立滤饼中滤孔分形维数与滤液流量的定性关系。采用 X 射线衍射仪及傅里叶变换红外光谱仪对滤饼进行光谱扫描，鉴定滤饼成分。

9.5.2　操作 pH

不同 pH 条件下，针铁矿滤饼的金相显微形貌如图 9-19 所示。由试验结果可知，除铁沉淀物的微观形貌受到 pH 直接影响。在 pH 为 2.0 的条件下，沉淀颗粒粗大；pH 增大至 2.5，颗粒数量减少，颗粒间开始出现黏稠物质；当 pH 为 3.0 时，沉淀物几乎全部为黏稠状物质。在 pH 2.0 条件下，沉淀物的 XRD 谱如图 9-20 所示，滤饼主要结晶相为黄钠铁矾，pH 增加，黏稠物质增加，沉淀物逐步向无定形态转化。当除铁过程 pH 增大至 3.5 后，呈现疏松多孔的结构。

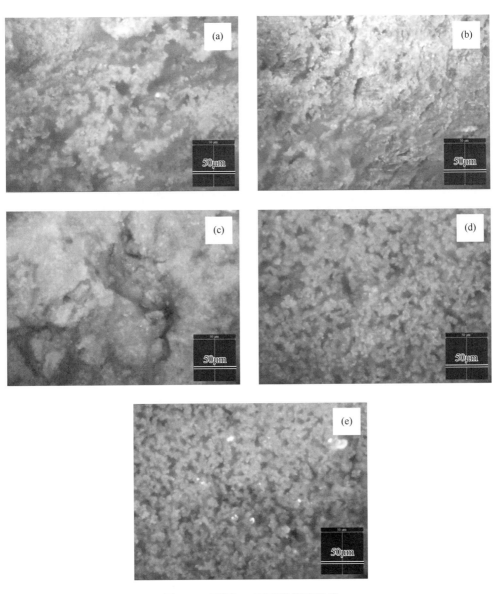

图 9-19　不同 pH 下滤饼微观形貌

（a）pH 2.0；（b）pH 2.5；（c）pH 3.0；（d）pH 3.5；（e）pH 4.0

对除铁 pH 为 3.0 及 3.5 时，滤饼进行可见光光谱扫描，结果绘制于图 9-21 中。滤饼与硫酸铁及施特曼矿物相比，可见光光谱表现出显著的不同。滤饼中出现的跃迁，为针铁矿的特征吸收峰（480nm）[32]。这说明在滤饼再次晶化后，构成滤饼的成分开始向针铁矿转化。但是由于滤饼中含有硫酸根成分，除铁沉淀保持了部分施特曼矿物的特性[32]。

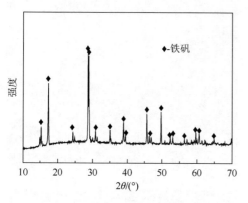

图 9-20　pH 2.0 时滤饼沉淀 XRD 谱

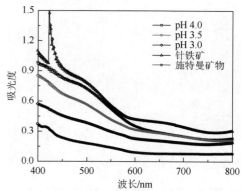

图 9-21　不同 pH 时滤饼的可见光光谱

不同 pH 条件下滤饼的过滤性能如表 9-14 所示。将图 9-19 中的图像进行二值化，并计算沉淀孔隙分形维数，结果列于表 9-14 中，并将滤饼过滤速度及孔隙分形维数绘制于图 9-22 中。

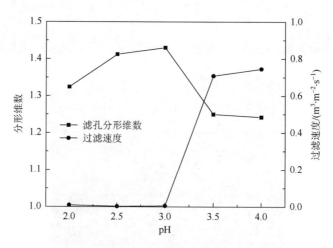

图 9-22　过滤速度及孔隙分形维数与 pH 关系

不同 pH 条件下，滤饼的过滤速度及孔隙分形维数存在显著差异。如图 9-22

所示，在除铁 pH 小于 3.0 时，滤饼的过滤性能较差；当 pH 大于 3.0 后，滤饼的过滤性能得以改善。

首先，滤饼的过滤性能与构成滤饼的沉淀物种类及性质有关。在 pH 小于 3.0 的条件下，沉淀物的主要成分为黄钠铁矾、氢氧化铁胶状物[33]，滤饼过滤性能较差。在 pH 为 2.0 时，滤饼的过滤速度为 $0.009 m^3 \cdot m^{-2} \cdot s^{-1}$，此时的滤饼成分以黄钠铁矾为主，沉淀颗粒清晰；当除铁过程 pH 增加至 2.5 时，滤饼的主要成分发生改变，黄钠铁矾的组分减少[图 9-19（b）]，相应滤饼的过滤性能为 $0.002 m^3 \cdot m^{-2} \cdot s^{-1}$，滤液流量缩小 4 倍，沉淀颗粒减少；当除铁过程 pH 增加至 3.0 时，滤饼的主要成分完全转化为无定形态的氢氧化铁，呈黏稠状[图 9-19（c）]，此条件下滤饼的过滤性能仅为 $0.001 m^3 \cdot m^{-2} \cdot s^{-1}$，滤饼的颗粒进一步减少，仅可见到一些被包覆的固体颗粒。当除铁过程的 pH 高于 3.5 后，沉淀物的主要成分转化为晶态，在滤饼中可见到明显的滤孔[33]。

其次，滤饼的过滤性能与其孔隙分形维数密切相关。如图 9-22 所示，随着除铁过程 pH 由 2.0 增加至 3.0，滤饼过滤性能变差，孔隙分形维数由 1.32 增加至 1.43。此后，pH 增加至 3.5，滤饼中孔隙分形维数降低，过滤性能迅速得到改善。

表9-14　不同 pH 条件下滤饼测试结果

pH	2.0	2.5	3.0	3.5	4.0
过滤速度/（$m^3 \cdot m^{-2} \cdot s^{-1}$）	0.009	0.002	0.001	0.708	0.745
滤液浊度/FTU	310	超量程	超量程	40	10
分形维数	1.32	1.41	1.43	1.25	1.24

滤液浊度是衡量滤饼过滤性能的另一个指标，如表 9-14 所示。当沉淀物固体颗粒的组成为黄钠铁矾时，滤液浊度为 310FTU，此时滤饼孔隙分形维数为 1.32。增加除铁过程 pH，构成滤饼的固体成分开始向无定形态转化，滤液质量急剧降低，滤液浊度出现超出浊度仪量程的现象。再次升高除铁过程 pH，滤饼又出现晶化现象，相应条件滤液浊度再次降低。特别当在形成滤饼的 pH 为 3.5 时，滤饼的主要成分为针铁矿，滤饼孔隙分形维数为 1.25，此时滤液浊度为 40FTU，滤液质量显著高于黄钾铁矾沉淀物，并且过滤速度更大。这说明在相同条件下，针铁矿滤饼的过滤性能显著优于黄钠铁矾滤饼的过滤性能。

9.5.3　操作温度

针铁矿除铁过程中温度是影响除铁渣（滤饼）相特征的重要因素。将滤饼收集起来，在金相显微镜下进行形貌观测，结果如图 9-23 所示。

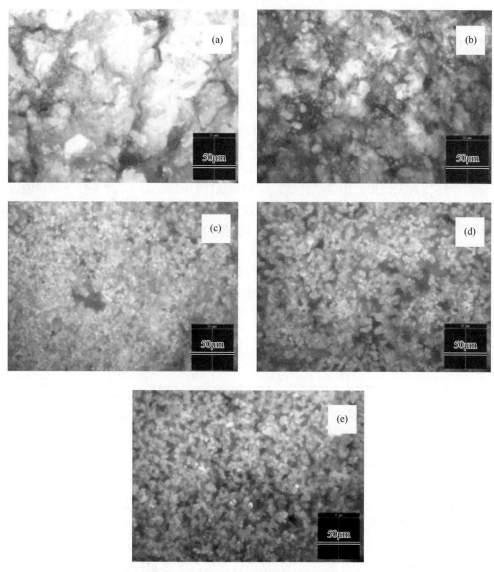

图 9-23　不同温度下滤饼微观形貌

(a) 50℃；　(b) 60℃；　(c) 70℃；　(d) 80℃；　(e) 90℃

　　当除铁温度为 50℃时，滤饼为无定形态的胶状物。温度增加到 60℃，胶状物含量减少。当温度增加至 70℃时，沉淀颗粒周围的胶状物几乎消失，并且沉淀颗粒表现出一定的形状，沉淀晶化显著。此后再升高温度，胶状物逐渐减少，沉淀颗粒逐渐长大，整个滤饼呈现出疏松多孔的结构特征。

　　由硫酸盐溶液中析出针铁矿沉淀，溶液中的三价铁离子首先以氢氧化铁形式析出，析出物逐渐转化为针铁矿。由氢氧化铁转化为针铁矿的过程为吸热过程，在温度较低的情况下，转化率较低[图 9-23（a）和（b）]。升高除铁过程温度后，胶状物逐渐减少，氢氧化铁逐渐晶化[图 9-23（c）～（e）]。

图 9-24 为部分滤饼的可见光光谱，体现了在温度的影响下，除铁沉淀物逐渐转化为针铁矿的过程。如图所示，60℃下，除铁产物更接近为施特曼矿物。除铁温度越高，沉淀物位于 480nm 附近的特征吸收越明显，沉淀物中氢氧化铁转化为针铁矿的程度越高。但是在除铁温度达到 80℃时，沉淀物中开始出现第二特征吸收峰，该峰既是针铁矿的特征吸收峰，也是赤铁矿的特征吸收峰[32]。这说明在温度高于 80℃时，针铁矿存在向赤铁矿转化的现象[34]。

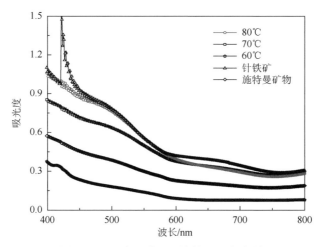

图 9-24 温度影响下沉淀物可见光光谱

不同温度下针铁矿滤饼的过滤性能存在显著差异（表 9-15 和图 9-25）。在除铁温度为 50℃时，滤饼的过滤速度为 0.004m^3·m^{-2}·s^{-1}，滤饼中孔隙分形维数为 1.51。随着除铁过程操作温度的升高，滤饼的过滤性能逐渐提高。

在 60℃时，过滤速度增加到 0.105m^3·m^{-2}·s^{-1}；当温度为 70℃时，过滤速度增加到 0.708m^3·m^{-2}·s^{-1}。此过程中滤饼中孔隙分形维数逐渐降低，由 50℃时的 1.51 降低至 60℃时的 1.37、70℃时的 1.25。然而，90℃时过滤速度由 0.720m^3·m^{-2}·s^{-1} 下降至 0.690m^3·m^{-2}·s^{-1}，同时孔隙分形维数也由 1.24 增加至 1.26。

表 9-15 不同温度条件下滤饼测试结果

滤饼获取温度/℃	50	60	70	80	90
过滤速度/（m^3·m^{-2}·s^{-1}）	0.004	0.105	0.708	0.720	0.690
滤液浊度/FTU	超量程	超量程	40	0	20
分形维数	1.51	1.37	1.25	1.24	1.26

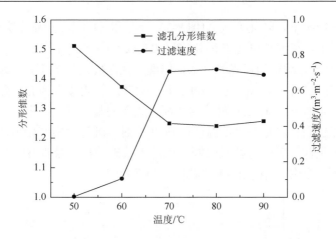

图 9-25　温度对过滤速度及孔隙分形维数的影响

滤液质量也表现出与孔隙分形维数类似的变化，质量逐渐提高。然而，当温度为 90℃时，针铁矿滤饼孔隙分形维数相比 80℃时变化不显著，滤液浊度也增加至 20FTU。在高温下，针铁矿可部分转化为赤铁矿，该过程为脱水过程[12]。因此，赤铁矿的生成改变了针铁矿原有的形貌，滤饼颗粒会变得粗糙，相应的分形维数也增加，滤饼孔隙变大存在少量的漏滤现象。

9.5.4　晶种加入量

针铁矿法除铁过程中加入晶种可以实现快速除铁。提高除铁速度必然缩短除铁沉淀的形成时间，因此对滤饼的形貌会造成一定影响。不同晶种加入量对滤饼微观形貌的影响如图 9-26 所示。

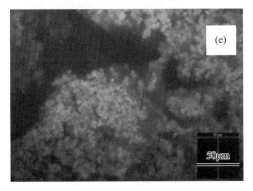

图 9-26　不同晶种加入量影响下滤饼微观形貌的影响

（a）0g·L^{-1}；　（b）0.5g·L^{-1}；　（c）1.0g·L^{-1}；　（d）1.5g·L^{-1}；　（e）2.0g·L^{-1}

添加晶种后三价铁离子由溶液中析出的过程发生改变，对温度的依赖性降低。未添加晶种时，构成滤饼的颗粒尺寸小，滤饼滤孔数量较少，过滤速度仅为 0.304m^3·m^{-2}·s^{-1}（表 9-16）。添加晶种后，构成滤饼的颗粒尺寸增大，滤孔面积显著增加，过滤速度也显著提高。晶种添加量为 0.5g·L^{-1}，过滤速度可达 0.708m^3·m^{-2}·s^{-1}（表 9-16）。

晶种改变沉淀物的颗粒的形貌，滤孔形状也随之变化。如表 9-16 和图 9-27 所示。如未添加晶种时，滤饼中孔隙分形维数为 1.42，而添加 0.5g·L^{-1} 的晶种后，孔隙分形维数降低至 1.25。孔隙分形维数的降低，意味着滤孔对滤液的阻力减少。因此在过滤时，滤液流量增加。

表 9-16　不同晶种量条件下滤饼的滤液流量

晶种量/（g·L^{-1}）	0.0	0.5	1.0	1.5	2.0
过滤速度/（m^3·m^{-2}·s^{-1}）	0.304	0.708	0.738	0.821	0.954
滤液浊度/FTU	超量程	40	0	120	超量程
分形维数	1.42	1.25	1.24	1.26	1.28

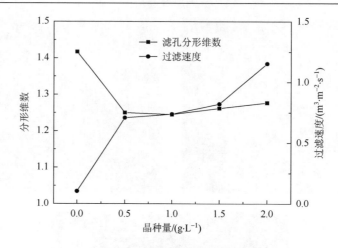

图 9-27　添加晶种量对过滤速度及孔隙分形维数的影响

　　尽管晶种的投入可以使滤饼过滤时的过滤速度显著提高，然而滤液质量却有所降低。如晶种添加量为 2.0g·L^{-1} 时，滤液的浊度均超出了浊度仪的量程范围，说明存在漏滤现象。

　　未添加晶种时构成滤饼的固体颗粒尺度较小，针铁矿颗粒容易穿过过滤介质。添加晶种后针铁矿颗粒尺寸增加，漏滤现象得以缓解。然而，当晶种添加量达到 1.0g·L^{-1} 以上时，沉淀颗粒之间的凝聚现象致使最终形成的沉淀颗粒尺寸过大，沉淀细颗粒可轻易穿过过滤介质，使滤液的浊度增加。由此可见，晶种的添加量存在一个最适值，该值可使针铁矿颗粒的面积与颗粒的周长之间达到一个很好的平衡，提高过滤速度的同时保证滤液的质量，则最佳值为 1.0g·L^{-1}。

9.6　V.M 法除铁工艺探索

　　V.M 法是另一种常用的针铁矿除铁方法，在应用中受到 pH、沉淀温度、保温时间及氧化剂浓度等因素的影响。

9.6.1　pH 的影响

1. 试验方法

　　控制氧化过程沉淀 pH 分别为 1.0、2.0、3.0、4.0、5.0，沉淀温度 85℃，保温时间 1h，氧化剂（H$_2$O$_2$）浓度 6%。各试验条件下的除铁率和钴回收率见

图 9-28。

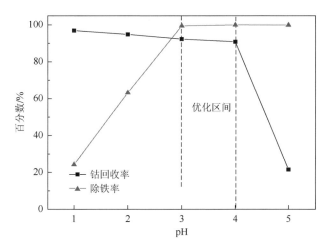

图 9-28　pH 对除铁率和钴回收率的影响

2. 结果与分析

如图 9-28 所示，pH 小于 2 时，除铁率较低，pH 为 2.0 时，除铁率仅为 63.2%。这是由于 Fe^{2+} 的氧化速率与 $[H^+]^{0.25}$ 成反比，溶液 pH 为 2.0 以下时，溶液中的 Fe^{2+} 不吸附氧，几乎不被氧化，发生氧化沉淀的 Fe^{2+} 的数量少，导致铁沉淀得不彻底。随着 pH 升高，溶液中的 Fe^{2+} 氧化加快，Fe^{3+} 水解沉淀的数量增多，除铁率明显升高，pH 为 4.0 时除铁率就已达 99.9%以上，此时钴回收率为 91.8%；pH 为 5.0 时，由于此时 pH 过高，Fe^{3+} 浓度大于 $1g \cdot L^{-1}$，导致 Fe^{3+} 快速沉淀而生成结构式为 $Fe(OH)_3 \cdot 2nFe^{3+} \cdot 3(n-x)SO_4^{2-}$ 胶体，使钴被大量吸附，导致钴回收率较小，为 21.5%。氧化过程中铁的析出实际是减少了溶液中的 OH^-，增加了体系的酸度，因此氧化过程中需要不断加入 Na_2CO_3 以调节 pH 恒定。氧化沉淀的总反应为

$$\frac{1}{2}O_2 + 2Fe^{2+} + 3H_2O \longrightarrow 2FeOOH\downarrow + 4H^+ \qquad (9-7)$$

9.6.2　沉淀温度的影响

1. 试验方法

控制沉淀温度分别为 50℃、60℃、70℃、80℃、90℃，沉淀 pH 为 3.5，保温时间 1h，氧化剂（H_2O_2）浓度 6%，各试验条件下的除铁率和钴回收率如图 9-29 所示。

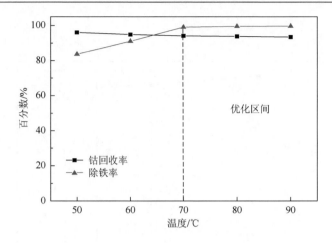

图 9-29　温度对除铁率和钴回收率的影响

2. 结果与分析

从图中可以看出，温度为 50～70℃，除铁率随温度升高明显升高，钴回收率随温度升高略有下降。当温度达到 70℃，除铁率已高达到 99.1%，钴回收率为 94.1%。当温度高于 70℃时，温度对除铁率、钴回收率几乎没有明显影响。温度为 90℃时，除铁率和钴回收率分别达到 99.6%、93.6%。升高温度，虽然能增大化学反应速率，提高亚铁离子的氧化反应速率，但在湿法冶金中，利用升温来增大氧化速率显然是有限度的，因为超过溶液的沸点，就要采用高压设备。另外，温度的升高还将减小溶液中 O_2 平衡浓度，这对反应速率是不利的。本试验中将氧化过程温度控制在 70℃为宜。

9.6.3　保温时间的影响

1. 试验方法

控制保温时间分别为 0h、0.5h、1h、1.5h、2h，沉淀 pH 为 3.5，沉淀温度 85℃，氧化剂（H_2O_2）浓度 6%，各试验条件下的除铁率和钴回收率见图 9-30。

2. 结果与分析

从图中可以看出，保温时间为 1h 时，除铁率和钴回收率分别为 99.6%、94.8%，但影响效果不显著。但是当溶液中同时存在颗粒大小不同的晶体时，小颗粒会自动溶解，进而大颗粒结晶，使晶体颗粒长大，这种效果在高温下越显著。因此，沉淀形成后在高温下保温一段时间，对改善沉淀的过滤性能是有利的。

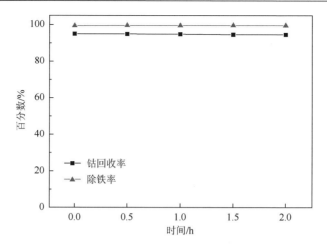

图 9-30　保温时间对除铁率和钴回收率的影响

9.6.4　氧化剂浓度的影响

1. 试验方法

控制氧化剂 H_2O_2 浓度分别为 2%、4%、6%、8%、10%，沉淀 pH 为 3.5，沉淀温度 85℃，保温时间 1h，各试验条件下的除铁率和钴回收见图 9-31。

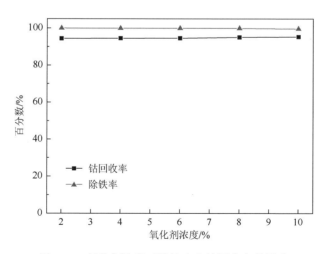

图 9-31　氧化剂浓度对除铁率和钴回收率的影响

2. 结果与分析

从图中可以看出，钴回收率随氧化剂浓度升高而略有升高、除铁率降随氧化剂浓度升高而略有降低。这是由于随氧化剂浓度提高，氧化速率加快，使 Fe^{3+} 浓

度大于 $1g \cdot L^{-1}$，影响铁的去除效果。但总体来说氧化剂对钴回收率和除铁率的影响不明显（H_2O_2 能否将 Co^{2+} 氧化成 Co^{3+}，从而降低钴离子在 pH=3.5 溶液中的溶度积，影响钴回收率）。H_2O_2 作为湿法冶金的一种氧化剂，其主要优点是不带入其他离子；缺点是当存在某些过渡离子时，它会分解放出氧，其反应是

$$2H_2O_2 = 2H_2O + O_2$$

H_2O_2 氧化 Fe^{2+} 的反应为

$$2Fe^{2+} + H_2O_2 = 2Fe^{3+} + 2OH^- \tag{9-8}$$

有 H_2O_2 参与的针铁矿的沉淀反应为

$$2Fe^{2+} + H_2O_2 + 2H_2O = 4H^+ + 2FeOOH\downarrow \tag{9-9}$$

氧化剂浓度对沉淀晶形结构及过滤性能有明显影响，随氧化剂浓度增大，结晶状沉淀减少，大部分为无定形沉淀，故所需过滤时间越长；但氧化剂浓度对除铁率和钴回收率总体影响不大，接近于一直线。当氧化剂浓度为 10% 时，除铁率和钴回收率分别为 99.6%、95.2%。氧化剂浓度的选择视实际生产需要而定。

9.6.5　V.M 法除铁工艺优化

在上述单因素试验的基础上，为了充分考察针铁矿法在生物浸出液中的除铁效果，设计了如表 9-17 所示的四因素三水平的正交试验。采用的生物浸出液中 Fe^{3+}、Co^{2+} 浓度分别为 $21.8g \cdot L^{-1}$、$0.850g \cdot L^{-1}$（生物浸出液中的 Cu^{2+} 已通过萃取法分离）。

表 9-17　除铁试验设计

试验号	pH	氧化温度 T	恒温时间 t	氧化剂浓度 c
1	2.0（1）	70℃（1）	0h（1）	4%（1）
2	2.0（1）	80℃（2）	1h（2）	6%（2）
3	2.0（1）	90℃（3）	2h（3）	8%（3）
4	3.0（2）	70℃（1）	2h（3）	6%（2）
5	3.0（2）	80℃（2）	0h（1）	8%（3）
6	3.0（2）	90℃（3）	1h（2）	4%（1）
7	4.0（3）	70℃（1）	1h（2）	8%（3）
8	4.0（3）	80℃（2）	2h（3）	4%（1）
9	4.0（3）	90℃（3）	0h（1）	6%（2）

9 次试验中以第 7 号试验的除铁率为最好，高达 99.9%，相应的水平组合（pH=4.0，T=70℃，t=1h，c=8%）是当前最好的水平搭配。9 次试验中以第 1 号试验的钴回收率为最高，高达 100%，相应的水平组合（pH=2.0，T=70℃，t=0h，c=4%）是当前最好的水平搭配。下面通过直观分析，可能找到更好的水平搭配，其步骤如下。

1. 计算诸因素在每个水平下的转化率

表 9-18 T_1 行给出在 pH=2.0 下三次试验除铁 T_1=53.0+63.3+76.9=193，其均值 $T_1/3$=64.4 列于 m_1 行。类似地，在 pH=3 和 pH=4 下三次试验的平均钴损失率为 98.7 和 99.8。3 个平均值的极差是 R=max{64.4，98.7，99.8}−min{64.4，98.7，99.8}=99.8−64.4=35.4，列在表的最后一行。类似地计算应用于因素 T、t 和 c。钴回收率的试验分析见表 9-19。

表 9-18　除铁试验结果与分析

试验号	pH	氧化温度 T	恒温时间 t	氧化剂浓度 c	除铁率/%
1	2.0（1）	70℃（1）	0h（1）	4%（1）	53.0
2	2.0（1）	80℃（2）	1h（2）	6%（2）	63.3
3	2.0（1）	90℃（3）	2h（3）	8%（3）	76.9
4	3.0（2）	70℃（1）	2h（3）	6%（2）	99.2
5	3.0（2）	80℃（2）	0h（1）	8%（3）	99.3
6	3.0（2）	90℃（3）	1h（2）	4%（1）	97.7
7	4.0（3）	70℃（1）	1h（2）	8%（3）	99.9
8	4.0（3）	80℃（2）	2h（3）	4%（1）	99.8
9	4.0（3）	90℃（3）	0h（1）	6%（2）	99.7
T_1	193	252	252	250	788
T_2	296	262	261	262	
T_3	299	274	276	276	
m_1	64.4	84.0	84.0	83.5	
m_2	98.7	87.5	87.0	87.4	
m_3	99.8	91.4	92.0	92.0	
R	35.4	7.40	8.00	8.52	

表 9-19 试验结果与分析（钴回收率）

试验号	pH	氧化温度 T	恒温时间 t	氧化剂浓度 c	钴回收率/%
1	2（1）	70℃（1）	0h（1）	4%（1）	100
2	2（1）	80℃（2）	1h（2）	6%（2）	98.0
3	2（1）	90℃（3）	2h（3）	8%（3）	97.0
4	3（2）	70℃（1）	2h（3）	6%（2）	88.0
5	3（2）	80℃（2）	0h（1）	8%（3）	87.5
6	3（2）	90℃（3）	1h（2）	4%（1）	89.9
7	4（3）	70℃（1）	1h（2）	8%（3）	95.4
8	4（3）	80℃（2）	2h（3）	4%（1）	90.0
9	4（3）	90℃（3）	0h（1）	6%（2）	88.0
T_1	295	283	275	280	833
T_2	265	275	283	274	
T_3	273	274	275	279	
m_1	98.3	94.5	91.8	93.3	
m_2	88.5	91.9	94.5	91.4	
m_3	91.2	91.6	91.7	93.3	
R	9.84	0.219	2.78	1.94	

2. 将平均除铁率和平均钴回收率点图

4 个因素的 3 个平均除铁率和平均钴回收率响应图如图 9-32 和图 9-33 所示。

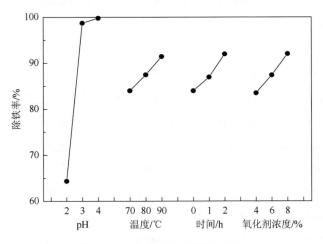

图 9-32 除铁率随各指标的变化

图 9-32 结果表明：

（1）pH 越高，除铁率越高，以 pH=4.0 最好。

（2）氧化温度 T 以 90℃除铁率最高。

（3）恒温时间 t 以恒温 2h 除铁率最高。

（4）氧化剂浓度 c 以 8%除铁率最高。

综合起来以 pH=4.0、T=90℃、t=2h、c=8%组合除铁率最高。除铁过程中钴与针铁矿共沉淀属于吸附共沉淀，通过用氨性碳酸铵溶液洗涤，随针铁矿沉淀的钴量可降至最低。

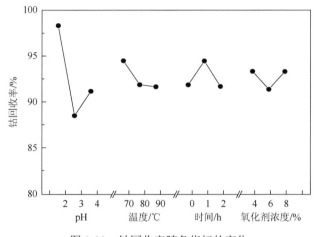

图 9-33　钴回收率随各指标的变化

由图 9-33 可知，对钴回收率而言：

（1）pH=2.0 时，钴回收率最高。

（2）氧化温度 T 以 70℃钴回收率最高。

（3）恒温时间 t 以恒温 1h 钴回收率最高。

（4）氧化剂浓度 c 以 4%钴回收率最高。

综合起来以 pH=2.0、T=70℃、t=1h、c=4%组合钴回收率最高。

3. 将因素对响应的影响排序

在一项试验中，诸因素对响应的影响是有主次的。直观上很容易得出，一个因素对除铁率或钴回收率影响大，是主要的，那么这个因素不同的水平相应的除铁率或钴损失率之间的差异就大；一个因素影响不大，是次要的，相应的除铁率或钴回收率之间的差异就小。其实这个主次关系可用极差 R 来表达，由表 9-18 最后一行，pH、氧化温度 T、恒温时间 t、氧化剂浓度 c 四个因素的极差分布为 35.4、7.40、8.00、8.52，由此即可将它们对除铁率的影响排序为 pH、氧化剂浓度 c、恒温时间 t、氧化温度 T。其中 pH 的影响最为显著，其余三个因素对除铁率的影响较弱。

同理，由表 9-19 的最后一行看出，对钴回收率的影响排序为 pH、恒温时间 t、氧化剂浓度 c、氧化温度 T。其中 pH 的影响最为显著，其余三个因素对除铁率的影响较弱。

4. 追加试验

通过上述分析，推断除铁率高的最佳组合为 pH=4.0、T=90℃、t=2h、c=8%，但是在 9 次试验中没有包含这个水平的组合，故要追加试验。试验结果表明，此组合的平均除铁率 99.9%，但钴的回收率为 91.13%，低于 9 次试验中最好的结果。

钴回收率的最佳组合为 pH=2.0、T=70℃、t=1h、c=4%，也要追加试验。试验结果表明，此组合的钴的回收率为 99.6%，但除铁率为 59.9%，低于 9 次试验中最好的结果。

综合考虑除铁和钴损失率，针铁矿生物浸出液除铁的最佳条件为 pH=4.0、T=70℃、t=1h、c=8%，除铁率和钴回收率分别为 99.9%、95.4%。

9.7　针铁矿除铁新技术

本节对针铁矿法除铁过程进行详细的研究和优化。以 E.Z 法除铁过程为基础，研究各因素对除铁率、钴回收率、沉淀形貌等影响。随后通过中心复合设计试验建立了除铁过程的预测模型，并采用相应曲面法对该模型进行分析，该模型表现出较高的拟合度。

E.Z 针铁矿法除铁优化流程如图 9-34 所示。

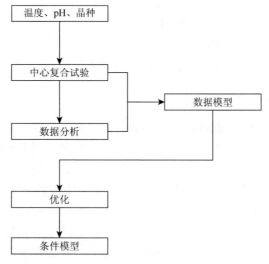

图 9-34　E.Z 针铁矿法除铁新优化流程

E.Z 针铁矿法除铁的最佳 pH 范围为 3.5～4.5，并且在除铁过程中温度与晶种量是控制除铁率的主要因素，而钴回收率主要受 pH 影响。

通过中心复合设计试验及响应面法建模可获得各因素下除铁率、钴回收率、沉淀中硫含量、铁含量的等高线图。随后叠加各等高线图可获得在优化区间内的最佳除铁控制条件。

通过控制除铁条件，可使浸出液中的钴回收接近完全，而铁几乎完全去除，可将除铁渣中铁含量控制在 60%以上，硫酸根含量控制在 10%以下。

9.8　小　　　结

（1）在 pH 为 3.5～4.5 范围内，E.Z 针铁矿法除铁过程除铁率受温度、晶种量及温度和 pH 的交互作用控制；钴回收率主要受 pH 及 pH 和晶种量之间的交互作用控制。通过中心复合试验设计，可将除铁率控制在 99.99%以上，钴回收率同时维持在 99.99%以上。

晶种量和温度是控制沉淀质量的重要因素，二者对渣中铁含量的影响表现为正效应，而对硫酸根含量的影响表现为负效应。通过控制除铁条件，可将除铁渣中铁含量控制在 60%以上，硫酸根含量控制在 10%以下。除铁过程的 pH、温度及晶种量均影响沉淀物的颗粒构成和形貌。其中，pH 及温度主要控制着构成沉淀物的颗粒的种类。而晶种量则着重影响构成沉淀物的颗粒尺寸。

（2）沉淀物在过滤时形成的滤饼颗粒的分形维数不仅与滤饼的组成物质相关，而且与沉淀物的生成条件相关。滤饼的过滤性能可以通过颗粒的分形维数进行描述。颗粒的分形维数较低时，可以获得较高的过滤速度及滤液质量。滤液的浊度只在一定程度上与颗粒的分形维数相关。当以过滤速度及滤液质量为评价标准时，滤饼的分形维数为 1.245～1.250 时，过滤性能较好。

（3）V.M 针铁矿法主要受 pH、氧化温度、恒温时间及氧化剂浓度的控制。通过对除铁过程的优化，获得最佳除铁条件为 pH=4.0、T=70℃、t=1h、c=8%，除铁率和钴回收率分别为 99.9%、95.4%。

参 考 文 献

[1]　Song Y，Wang M，Liang J，et al. High-rate precipitation of iron as jarosite by using a combination process of electrolytic reduction and biological oxidation[J]. Hydrometallurgy，2014，143（3）：23-27.

[2]　Shen X，Shao H，Wang J，et al. Preparation of ammonium jarosite from clinker digestion solution of nickel oxide ore roasted using (NH$_4$)$_2$SO$_4$[J]. Transactions of Nonferrous Metals Society of China，2013，23（11）：3434-3439.

[3]　Li J，Smart R S C，Schumann R C，et al. A simplified method for estimation of jarosite and acid-forming sulfates in acid mine wastes[J]. Science of the Total Environment，2007，373（1）：391-403.

[4]　Matthew I G, Pammenter R V, Kershaw M G. Treatment of solutions to facilitate the removal of ferric iron therefrom[P]. US: US4515696, 1985-05-07.

[5]　Davey P T, Scott T R. Removal of iron from leach liquors by the "goethite" process[J]. Hydrometallurgy, 1976, 2 (1): 25-33.

[6]　Asta M P, Cama J, Martínez M, et al. Arsenic removal by goethite and jarosite in acidic conditions and its environmental implications[J]. Journal of Hazardous Materials, 2009, 171 (1-3): 965-972.

[7]　Chang Y, Zhai X, Li B, Fu Y. Removal of iron from acidic leach liquor of lateritic nickel ore by goethite precipitate[J]. Hydrometallurgy, 2010, 101 (1-2): 84-87.

[8]　Hamabata T, Umeki S. Process for producing acicular goethite[P]. US: US4251504 A, 1981-02-17.

[9]　陈家镛. 湿法冶金中铁的分离与利用[M]. 北京: 冶金工业出版社, 1991: 152-159.

[10]　Knight R J, Sylva R N. Precipitation in hydrolysed iron(III)solutions[J]. Journal of Inorganic and Nuclear Chemistry, 1974, 36 (3): 591-597.

[11]　Schneider W. Hydrolysis of iron(III)-chaotic olation versus nucleation[J]. Comments On Inorganic Chemistry, 1984, 3 (4): 205-223.

[12]　Schwertmann U, Friedl J, Stanjek H. From Fe(III)ions to ferrihydrite and then to hematite[J]. Journal of Colloid and Interface Science, 1999, 209 (1): 215-223.

[13]　Wang M K, Hsu P H. Effects of temperature and iron(III)concentration on the hydrolytic formation of iron(III)oxyhydroxides and oxides[J]. Soil Science Society of America Journal, 1980, 44 (5): 1089-1095.

[14]　Brady K S, Bigham J M, Jaynes W F, et al. Influence of sulfate on Fe-oxide formation: Comparisons with a stream receiving acid mine drainage[J]. Clays and Clay Minerals, 1986, 34 (3): 266-274.

[15]　Bigham J M, Nordstrom D K. Iron and aluminum hydroxysulfates from acid sulfate waters[J]. Reviews in Mineralogy & Geochemistry, 2000, 40 (1): 351-403.

[16]　Joseph B F J. Recovery of zinc values from zinc plant residue[P]. US: US3652264 A, 1972-03-28.

[17]　Landucci L, McKay D R, Parker E G. Treatment of zinc plant residue[P]. US: US3976743 A, 1976-08-24.

[18]　Haigh C J, Pickering R W. Treatment of zinc plant residue[P].US: US3493365, 1970-02-03.

[19]　Liu H, Li P, Zhu M, et al. Fe (II) -induced transformation from ferrihydrite to lepidocrocite and goethite[J]. Journal of Solid State Chemistry, 2007, 180 (7): 2121-2128.

[20]　Andreeva D, Mitov I, Tabakova T, et al. Influence of iron(II)on the transformation of ferrihydrite into goethite in acid medium[J]. Materials Chemistry and Physics, 1995, 41 (2): 146-149.

[21]　Smith A M L, Hudson-Edwards K A, Dubbin W E, et al. Dissolution of jarosite [KFe$_3$(SO$_4$)$_2$(OH)$_6$] at pH 2 and 8: Insights from batch experiments and computational modeling[J]. Geochimica et Cosmochimica Acta, 2006, 70 (3): 608-621.

[22]　Dutrizac J E. Factors affecting the precipitation of potassium jarosite in sulfate and chloride media[J]. Metallurgical & Materials Transactions B, 2008, 39 (6): 771-783.

[23]　Cudennec Y, Lecerf A. The transformation of ferrihydrite into goethite or hematite, revisited[J]. Journal of Solid State Chemistry, 2006, 179 (3): 716-722.

[24]　Mohapatra M, Sahoo S K, Anand S, et al. Removal of As(V)by Cu(II)-, Ni(II)-, or Co(II)-doped goethite samples[J]. Journal of Colloid and Interface Science, 2006, 298 (1): 6-12.

[25]　Cornell R M, Schneider W. Formation of goethite from ferrihydrite at physiological pH under the influence of cysteine[J]. Polyhedron, 1989, 8 (2): 149-155.

[26]　Mustafa G, Kookana R S, Singh B. Desorption of cadmium from goethite: Effects of pH, temperature and aging[J].

Chemosphere，2006，64（5）：856-865.

[27] Claassen J O，Meyer E H O，Rennie J，et al. Iron precipitation from zinc-rich solutions：Defining the Zincor Process[J]. Hydrometallurgy，2002，（67）：87-108.

[28] Babcan J. Synthesis of jarosite-KFe$_3$(SO$_4$)$_2$(OH)$_6$[J]. Geol Zb，1971，22（2）：299-304.

[29] Duan J，Gregory J. Coagulation by hydrolysing metal salts[J]. Advances in Colloid and Interface Science，2003，（100-102）：475-502.

[30] Lo B，Waite T D. Structure of hydrous ferric oxide aggregates[J]. Journal of Colloid and Interface Science，2000，222（1）：83-89.

[31] Sigg L，Stumm W. The interaction of anions and weak acids with the hydrous goethite（α-FeOOH）surface[J]. Colloids and Surfaces，1981，2（2）：101-117.

[32] Cornell R M，Schwertmann U. The Iron Oxides：Structure，Properties，Reactions，Occurrences and Uses[M]. Weinheim：John Wiley & Sons，2003：375-380.

[33] Lewis D G，Schwertmann U. The effect of [OH] on the goethite produced from ferrihydrite under alkaline conditions[J]. Journal of Colloid and Interface Science，1980，78（2）：543-553.

第 10 章　钴电积研究

10.1　引　　言

低品位钴矿浸出液具有铁含量高、钴含量低的特点。采用溶剂萃取提铜，针铁矿法除铁工艺后，浸出液中的铜铁资源得以回收，浓度也降低，如表 10-1 所示。

表 10-1　钴电积浓缩试验溶液组成（质量浓度，$g \cdot L^{-1}$）

Cu	Co	Fe	Ca	Mg	Si	Mn	蛋白质
0.075	1.49	0.0052	—	—	—	—	0.00024

采用电积法对除铁后液中的钴进行分离回收，但试验中发现钴溶液不能满足生产基本要求，需要富集后才能使用。并且，钴电积时极易受到溶液中残存的铜、铁等杂质的干扰，不仅电流效率降低，而且产品品质下降严重。因此，在电积前需要对含钴溶液中的铜、铁等杂质进一步净化，并进行富集浓缩。

溶剂萃取在有色金属生产中已成为一种有效的低浓度金属杂质的分离方法。本章首先采用二（2-乙基己基）磷酸酯萃取剂（P204）对含钴溶液进行净化，对残余的铁、铜进行分离，然后采用 2-乙基己基膦酸单 2-乙基己基酯萃取剂（P507）对溶液中的钴进行富集，使硫酸钴溶液中钴含量满足要求。

试验所采用含钴溶液如表 10-1 所示。该溶液为生物浸出液经萃取提铜，针铁矿法除铁后获得。

10.2　含钴溶液的铜铁净化

10.2.1　试验方法

采用 P204 萃取铜、铁、钴的过程受到溶液酸度的影响。本章在室温下研究 pH 对 P204 萃取铜、铁及钴效果的影响。

　　试验过程：将 P204 浓度为 5%的有机相与调节好 pH 的浸出液混合接触，相比（O∶A）为 1∶4，混合时间为 10min。分取水相并调节酸度与初始 pH 相同，并再次与分取的有机相接触振荡。反复多次后，直到浸出液 pH 不再变化为止，同时测定钴、铜、铁离子浓度。

　　试验将平衡 pH 分别控制在 1.5、2.0、2.5、3.5，相应的钴、铜、铁萃取率的关系绘制于图 10-1 中。

　　为使铜铁的脱除更为彻底，本章研究不同相比条件下铜铁钴的分离情况。在不同相比下，使有机相与水相充分混合接触 10min，控制平衡 pH 为 3.0，分相后测定其中铜、铁、钴离子浓度。将相比与铜、铁、钴萃取率的关系绘制于图 10-2 中。

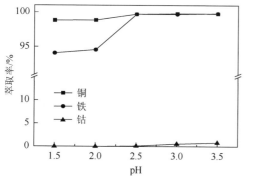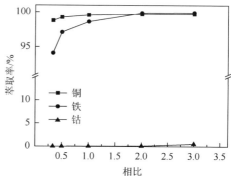

图 10-1　平衡 pH 对 P204 脱除铜、铁的影响　　图 10-2　相比对 P204 脱除铜、铁、钴的影响

10.2.2　结果与分析

　　研究结果表明，溶液平衡 pH 的提高有利于铜、铁、钴等离子进入有机相，使金属离子萃取率提高。平衡 pH 在 1.5～2.5 范围内变化时，铜、铁萃取率增加显著，当平衡 pH 为 2.5 时，铜、铁萃取率分别为 99.62%、99.85%，钴只有少量进入有机相，萃取率低于 0.05%；平衡 pH 高于 2.5 后，铜、铁萃取率增加不再明显，但钴易进入有机相，当平衡 pH 为 3.5 时钴萃取率达到 0.594。因此，为尽量脱除溶液中的铜、铁并减少钴的共萃，可将萃取平衡 pH 设置为 2.5。

　　如图 10-2 所示，相比在 1∶3～3∶1 之间变化，P204 有机相对铜、铁、钴萃取率随相比的增加而增大。当相比为 2.0 以上时，杂质金属铜、铁的萃取率在 99%以上，而钴萃取率保持在 1%以下。因此，为实现较好的铜、铁脱出效果，将相比控制在 2∶1 以上较为合理，也可以在低相比下进行多级萃取。

　　本章将 P204 脱除铜、铁过程的相比设置为 1∶1，平衡 pH 控制为 2.5，在此条件下二级错流萃取，获得的硫酸钴溶液主要成分如表 10-2 所示。脱除铜铁后，溶液钴离子浓度为 1.49g·L^{-1}，细菌蛋白降低为 9μg·L^{-1}。通过 P204 有机相的萃取操作，铜、铁被有效分离，部分细菌蛋白进入 P204 有机相。

表 10-2　P204 深度净化后溶液成分（质量浓度，g·L^{-1}）

Co	Fe	Cu	Na	Ca	Mg	蛋白质
1.49	0.000014	0.0000075	45.2	—	—	0.000009

10.3　含钴溶液的富集

　　经过 P204 深度净化后的溶液，金属杂质铜、铁得以去除，但钴浓度依然较低，需要进行浓缩富集。

　　此外，细菌蛋白可随有机磷类萃取剂进入有机相。因此，下面对低浓度钴进行富集研究的同时，讨论细菌蛋白的流向。

10.3.1　平衡 pH

　　深度净化后的除铁后液具有钴浓度低、钠含量高的特点，未获得适合制备氢氧化亚钴的溶液，不仅要对钴离子进行浓缩，还要对钠离子进行分离。此外，细菌蛋白可随有机磷类萃取剂进入有机相。

　　采用萃取浓缩的方法提高钴离子浓度。该反应过程可由式（10-1）描述[1]，其中(HR)$_2$ 为 P507 萃取分子，CoR$_2$ 为 Co-P507 萃合物。

$$Co^{2+} + (HR)_2 \rightleftharpoons CoR_2 + 2H^+ \qquad (10-1)$$

1. 试验方法

　　将一组萃取水相分别采用硫酸及氢氧化钠水溶液调节酸度为 2.0、2.5、3.0、3.5、4.0、4.5、5.0、5.5。室温下（25℃）将浓度 15% 的 P507 萃取剂与调节好酸度的被萃水相混合接触。试验过程相比为 1∶5，混合时间为 10min。分取水相并调节酸度为初始 pH，并再次与分取的有机相接触振荡。反复多次后，直到浸出液 pH 不再变化为止（与初始 pH 相同），同时测定钴离子、铜离子、铁离子及细菌蛋白浓度。将平衡 pH 与钴离子、铁离子、铜离子及细菌蛋白萃取率的关系绘制于图 10-3 中。

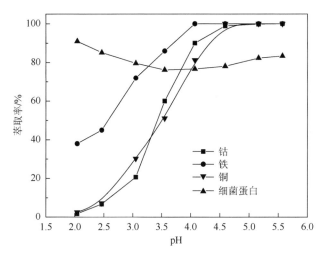

图 10-3　平衡 pH 对 P507 萃取效果的影响

2. 结果与分析

由图 10-3 结果可知，钴的萃取率随平衡 pH 的升高而增加。当溶液平衡 pH 为 2.0 时，钴萃取率仅为 1.84%；当平衡 pH 为 4.5 时，该值增加至 98.85%。此后进一步提高溶液平衡 pH 至 5.5，钴萃取率可提高至 100%。在萃取过程中铁及铜优先进入有机相，并在 pH 为 4.0 后达到平衡。平衡时铁、铜的萃取率分别为 99.31%、80.25%。

细菌蛋白在萃取钴时也会进入有机相。如图 10-3 所示，有机相中细菌蛋白随水相 pH 的增加呈现 "U" 字形变化。浸矿细菌的等电点位于 pH 3.0~4.0，在此区间内细菌蛋白进入有机相数量较少，最低点为 76.15%（pH 3.5）。

pH 小于 3.0 时，细菌蛋白带有正电荷，而 pH 高于 4.0 时，细菌蛋白显现出负电性。在低 pH 范围内，各种金属离子的萃取率均不高，导致有机相中有机酸萃取剂（负电荷）过量，它们极易与带有正电的细菌蛋白作用；在高 pH 范围内，有机相负载量加大，甚至出现超萃取现象[2]。超萃物带有正电荷，使带有负电荷的细菌蛋白与超配物的结合成为可能，因此，细菌蛋白进入有机相成为必然。

根据萃取剂分子及细菌等电点的特点，控制萃取过程平衡 pH 在 3.0~4.0。但只有当平衡 pH 为 5.0 时，钴的萃取才会接近完全。因此为保持钴回收率，本研究将水相平衡 pH 设置在 5.0 以上，此时细菌蛋白的共萃率为 80.07%，钴的回收率可接近 100%。

10.3.2 皂化率与平衡 pH

钴离子的萃取分配系数为溶液酸度的函数，当溶液酸度升高时，钴离子萃取率下降。P204 及 P507 是有机膦酸类萃取剂，钴置换出萃取剂分子中的氢[式（10-1）]，水相 pH 的降低，钴回收率也降低。为提高钴萃取率，常采用对萃取剂预中和的方法来改善萃取产酸过程的负面影响。

1. 试验方法

将被萃水相分别用硫酸及氢氧化钠水溶液调节酸度为 5.0。将浓度 15% 的 P507 萃取剂采用碳酸氢铵进行皂化处理，皂化率分别为 0%、15%、30%、45%、60%、70%。将萃取有机相和萃取水相在室温下混合接触，试验过程相比为 1∶5，混合时间为 10min。测定水相 pH、钴离子浓度。将有机相皂化率与钴离子萃取率、平衡 pH 的关系绘制于图 10-4。

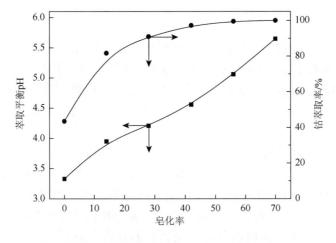

图 10-4 皂化率对 P507 萃取效果的影响

2. 结果与分析

本试验在室温下研究萃取剂皂化率对平衡 pH 和钴萃取率的影响。萃取过程相比 1∶5，结果如图 10-4 所示。

如图 10-4 所示，对萃取剂进行皂化可显著改变萃取过程平衡 pH，提高钴离子萃取率。萃取剂的皂化过程是 P507 钠皂[(NaR)$_2$]的形成过程[式（10-2）]。当钠皂与被萃水相接触，钠皂中的钠离子会代替原本的氢离子进入水相，从而稳定溶液平衡 pH。萃取剂皂化率由 0%增加至 70%，溶液平衡 pH 由 3.33 增加至 5.65，相应钴萃取率由 43.50%增加接近 100%。这说明当水相初始 pH 为 5.0 时，采用皂化率 70%的萃取剂可实现钴离子的萃取[式（10-3）]。

$$(HR)_2 + 2Na^+ \rightleftharpoons (NaR)_2 + 2H^+ \qquad (10\text{-}2)$$

$$Co^{2+} + (NaR)_2 \rightleftharpoons CoR_2 + 2Na^+ \qquad (10\text{-}3)$$

10.3.3　温度及混合时间

1. 试验方法

将被萃水相分别采用硫酸及氢氧化钠水溶液调节酸度为 5.0。将浓度 15%的 P507 萃取剂用碳酸氢铵进行皂化处理，皂化率为 70%。将萃取有机相和萃取水相在不同温度下（25℃、35℃、45℃）混合接触，试验过程相比为 1∶5，混合时间为 10min。每分钟测定水相钴离子及细菌蛋白浓度，将混合时间与钴离子、细菌蛋白萃取率的关系绘制于图 10-5 中。

2. 结果与分析

如图 10-5 所示，温度对钴萃取率的影响较小，采用 15% P507 有机相均可在 1min 内实现对水相钴的完全提取。但是有机相的挥发速度及分解速度均随萃取温度的升高而加快，维持相对较低的温度有利于延长萃取剂的使用寿命。同时过高的温度也不利于萃取乳化后的分相过程，特别在溶液酸度较低的情况下，萃取剂在水相中的溶解度增大会导致萃取剂损失加剧。因此，维持相对较低的温度也有利于提高生产效率，减少萃取剂在水相中的损耗。

不同温度下细菌蛋白萃取率随时间的变化差异显著（图 10-6）。当萃取温度为 25℃时，2min 内细菌蛋白萃取率即达到最大值 85.57%。此后随混合时间延长萃取率略有下降，在混合时间为 10min 时，细菌蛋白的萃取率为 83.77%；萃取温度为 35℃时，10min 内细菌蛋白萃取率变化存在一个不明显的峰值，为 83.21%（5min）；萃取温度提高至 45℃时，细菌蛋白萃取率较低，在混合 1min 后细菌蛋白萃取率仅为 72.31%，10min 时，细菌蛋白萃取率达到 81.15%，为最高。

低温下萃取剂的黏度较高，因此萃取发生时存在有机相对水相夹带作用。萃取温度升高后有机相和水相黏度降低，两相分相速度加快，细菌蛋白被有机相截留概率降低，这是细菌蛋白萃取率在低温下反而较高的主要原因。如相同条件下，细菌蛋白萃取率在 25℃时大于 45℃及 35℃时的萃取率。此外温度升高后，细菌蛋白的萃取反应速率加快。如在 35℃时达到萃取平衡需要 7min，而 25℃下达到萃取平衡则需要 10min 以上。

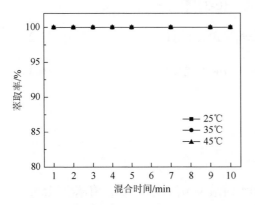

图 10-5　温度及混合时间对钴萃取率的影响

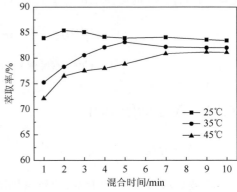

图 10-6　温度及混合时间对细菌蛋白萃取率的影响

10.3.4　P507 负载有机相反萃

1. 试验方法

将含钴水相与 15% P507 有机相按相比 1：5 混合接触，萃取剂皂化率 70%，平衡时间 1min。萃取分相后即可获得钴的负载有机相。萃余液及负载有机相中金属成分如表 10-3 所示。

表 10-3　P507 萃取浓缩后有机相及水相成分（质量浓度，$g \cdot L^{-1}$）

成分	Co	Fe	Cu	Na	Ca	Mg	蛋白质
萃余液	—	—	—	45.2	—	—	0.000008
有机相	7.45	0.000016	0.000038	—	—		0.000037

因此研究了不同浓度反萃剂对负载有机相的反萃能力。试验在室温下进行，有机相与水相相比为 5：1，混合时间为 10min，试验结果如图 10-7 所示。

2. 结果与分析

由式（10-1）可知，反萃剂硫酸浓度增加有利于反萃发生，当硫酸浓度在 20～125$g \cdot L^{-1}$ 范围内逐渐增加时钴反萃率也升高。当反萃剂硫酸浓度高于 75$g \cdot L^{-1}$ 时，有机相所负载的钴即可实现较完全的反萃。

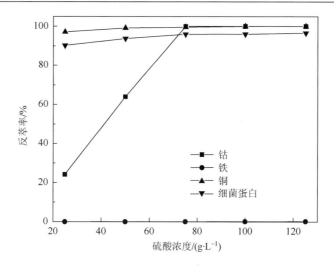

图 10-7　硫酸浓度对 P507 负载有机相反萃的影响

研究中发现，负载有机相在进行反萃时，铁几乎未进入水相，因此在确定硫酸浓度时可忽略其对铁的影响。对负载有机相反萃取后，水相钴浓度达到 $37.42g \cdot L^{-1}$，铁浓度为 $0.875mg \cdot L^{-1}$，铜浓度为 $0.178mg \cdot L^{-1}$，细菌蛋白含量则为 $0.152mg \cdot L^{-1}$。

10.4　细菌蛋白对钴萃取-电积的影响

细菌蛋白是生物浸出液中的杂质，在浸出液的絮凝除杂、铜的溶剂萃取、针铁矿法除铁及含钴溶液的净化浓缩中均可见到它的出现。但目前还未有细菌蛋白（生物成分）在钴萃取-电积过程中行为的研究。

10.4.1　细菌蛋白的行为

为研究溶剂萃取时，浸矿细菌及其降解产物在溶剂萃取中的行为，首先制备浸矿细菌的生物薄膜，然后进行生物薄膜与萃取剂 P507、电解质溶液之间的润湿性能测试。

1. 试验方法

采用悬涂法将浸矿细菌涂覆于玻璃表面，随后在 40℃下真空干燥。干燥后的样品被用于润湿性能测定。测定时所用的液体包括：磺化煤油、含钴电解质溶液以及萃取剂 P507 的磺化煤油溶液，结果如图 10-8 所示。

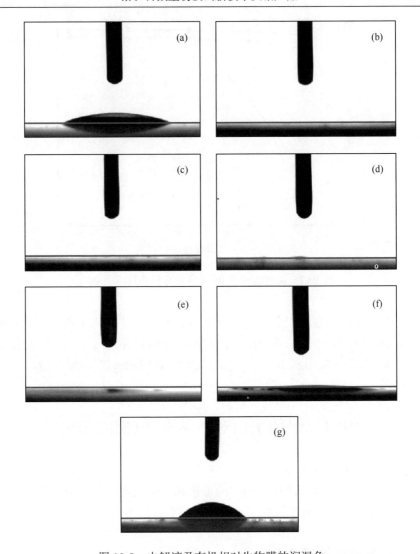

图 10-8　电解液及有机相对生物膜的润湿角

（a）磺化煤油；　（b）5% P507；　（c）10% P507；　（d）15% P507；
（e）20% P507；　（f）25% P507；　（g）硫酸钴

2. 结果与分析

　　研究结果证实，有机萃取剂 P507、含钴电解质溶液均表现出对生物膜良好的润湿性。其中含有萃取剂 P507 的煤油溶液对生物膜的润湿性最好，润湿角接近于 $0°$。含钴电解质溶液最差，为 $32.1°$。煤油对生物膜的润湿性介于二者之间，为 $13.5°$。

嗜酸属浸矿细菌为革兰氏阴性菌，细胞壁外具胞外聚合层[3]。胞外聚合层是一层具有双亲性的结构，主要成分为水、糖、蛋白（肽）等表面活性物质。因此，由浸矿细菌制备的生物膜表现出良好的亲油与亲水的特性。

萃取剂 P507 为一种有机磷类萃取剂，其结构包含烷基构成的疏水性尾部及磷酸基构成的亲水性头部[4]。当在煤油中添加 P507 萃取剂后引入了双亲性基团，有机相表现出对生物膜良好的湿润性。因此，在萃取发生时，由细菌分解出的表面活性物质可随乳化过程进入有机相。

10.4.2　沉积电位测试

浸矿细菌及其残体（细菌蛋白）产生的细菌蛋白随萃取作用由浸出液进入有机相，随后可被硫酸溶液反萃，常用的反萃剂为 $1mol·L^{-1}$ 硫酸溶液。目前，浸矿细菌所产生的蛋白还未能较好地分离。因此，选用牛血清蛋白（一种标准蛋白）替代细菌分解产生的蛋白进行钴的电沉积试验。试验装置为 CHI660e 型电化学工作站。

1. 试验方法

选择恒电流沉积法进行试验，电流密度值设定为 $400A·m^{-2}$。试验阳极（对电极）为面积 $1.0cm^2$ 的光滑铂片，阴极（工作电极）为面积 $4.0cm^2$ 的光滑钛板。试验持续时间为 1h，试验中记录阴极电位变化情况。

试验中使用的牛血清蛋白标记为 BSA，十二烷基磺酸钠标记为 SDS。当电解液中牛血清蛋白含量为 $30mg·L^{-1}$ 时，标记为 BSA30；当含有十二烷基磺酸钠 $30mg·L^{-1}$ 时，标记为 SDS30，其他代码以此类推。试验中将标准电解质溶液定义为钴浓度 $60g·L^{-1}$，pH 为 4.0 的硫酸介质电解液，标记为 STD。

2. 结果与分析

硫酸钴溶液恒电流沉积试验结果如图 10-9 所示，相对于标准电解质溶液，添加牛血清蛋白后的恒电流沉积试验均表现出明显的阴极过电位（平衡电位为 −1.20V）。试验中，最高时阴极过电位分别为 262mV（30mg，90s）、315mV（50mg，120s）、147mV（100mg，600s）。过电位的存在说明细菌蛋白分子在溶液中存在定向运动。牛血清蛋白是一种等电点为 4.8 的蛋白质分子，pH 小于 4.0 的牛血清蛋白表面吸附氢过剩而显示出正电性。向电解质溶液施加电场后，带正电的细菌蛋白分子向阴极移动，并在阴极表面发生吸附。随着细菌蛋白分子在阴极的覆盖率增加，阴极过电位逐渐增加，并在一定时间后达到最高值。

在沉积后期阴极电位曲线均呈现出相同的趋势，随沉积时间的延长，阴极过电位逐渐降低（图 10-10）。伴随电沉积过程，细菌蛋白存在逐渐消耗的反应，吸附在阴极表面的细菌蛋白分子数量减少。后期，随着钴的析出，溶液中钴离子浓度降低，析出电位减小，再加上极化效应，氢离子逐渐开始在阴极放电析出，细菌蛋白不带电因而减少了在阴极表面的吸附数量。在研究明胶作为添加剂的铜电解过程也得到类似的结论[5]。

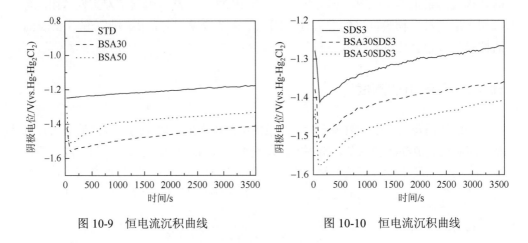

图 10-9　恒电流沉积曲线　　　　图 10-10　恒电流沉积曲线

　　细菌蛋白对钴电沉积的影响还表现在电流效率上。如图 10-11 所示，在细菌蛋白影响下钴电积过程的电流效率降低。如图 10-11 所示，未添加细菌蛋白时，钴电积电流效率为 89.21%，当细菌蛋白由 30mg·L^{-1} 增加至 50mg·L^{-1} 时，钴沉积电流效率由 82.07%降低至 76.16%。

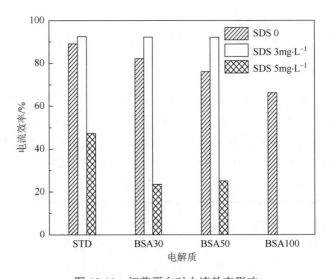

图 10-11　细菌蛋白对电流效率影响

十二烷基磺酸钠是电积用添加剂，可使电积阴极极化值增加、金属晶格成长变慢，最终形成平整细化的阴极金属产品[6]。为研究细菌蛋白对添加剂十二烷基磺酸钠的影响，向电解质溶液同时添加十二烷基磺酸钠及细菌蛋白进行电沉积试验。结果表明，随着细菌蛋白浓度的增加，试验获得的最高阴极过电位也增加，分别为 270mV（30mg，120s）和 330mV（50mg，120s）。

细菌蛋白在阴极表面的吸附效果强于十二烷基磺酸钠。细菌蛋白及十二烷基磺酸钠同时存在的条件下，细菌蛋白会优先吸附于阴极表面并发生反应。如细菌蛋白含量分别为 $30mg \cdot L^{-1}$ 和 $50mg \cdot L^{-1}$ 时，阴极过电位分别为 282mV 和 346mV。尽管最高阴极过电位值的大小差距不大，但最高阴极过电位出现的时间却随着十二烷基磺酸钠的加入而延长，说明十二烷基磺酸钠对细菌蛋白向阴极扩散过程起到阻碍作用。

10.4.3　循环伏安分析

1. 试验方法

为了研究细菌蛋白对钴沉积的影响，进行了硫酸钴电解质的循环伏安试验。溶液 pH 维持在 4.0～4.5，电流值设定为 $400A \cdot m^{-2}$，扫描范围为 –1.5～1.5V，扫描速度为 $0.1V \cdot s^{-1}$。试验阳极（对电极）为面积 $1.0cm^2$ 的光滑铂片，阴极（工作电极）为面积 $4.0cm^2$ 的光滑钛板。扫描起始点为 0V，初始扫描方向为负方向。

2. 结果与分析

据 Huang 报道，钴在硫酸溶液中电积过程，初始还原电位为 –0.8V[7]。本研究中，不标准电解质钴沉积的初始电位值为 –0.75V（vs. $Hg-Hg_2Cl_2$），并且随循环扫描次数的增加维持稳定。此外，其循环伏安曲线位于 –1.33～–1.49V（vs. $Hg-Hg_2Cl_2$）范围内存在电结晶环，是电结晶现象的体现（图 10-12）[7]。

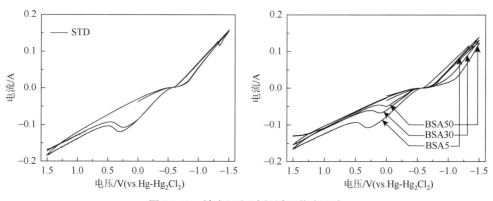

图 10-12　钴电沉积过程循环伏安研究

当电解质中存在细菌蛋白时，初始钴沉积电位升高为$-1.07V$（vs. Hg-Hg$_2$Cl$_2$），与 STD 电解质相比，阴极过电位显著。电沉积过程阴极带有负电荷，溶液中带有正电荷的细菌蛋白向阴极表面移动，阻碍了钴的沉积。第二次循环时，初始钴沉积电位降低至$-0.90V$（vs. Hg-Hg$_2$Cl$_2$），说明在循环过程中，吸附在阴极表面的细菌蛋白存在消耗。

细菌蛋白作用下循环伏安曲线曲线位于$-1.33\sim1.49V$（vs. Hg-Hg$_2$Cl$_2$）范围内的电结晶环消失，钴的电结晶过程受到抑制。电结晶是在电积过程的初期阶段，它直接与成核剂晶体生长有关，在很大程度上决定了沉积物的形貌。电结晶过程消失，钴的析出过程发生改变。

10.4.4　电积钴形貌

1. 试验方法

将恒电流沉积法获得的试验样品进行形貌分析，在金相显微镜下观测。放大倍数为 500 倍。结果如图 10-13 所示。

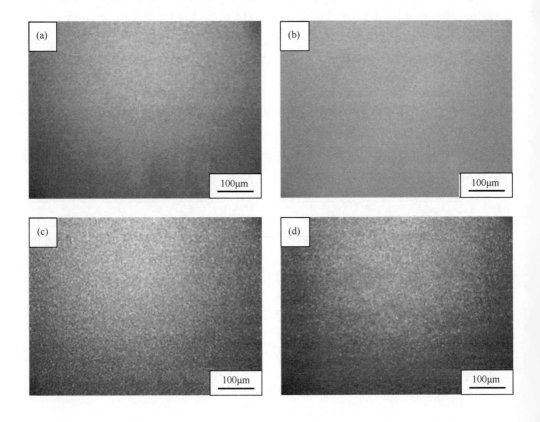

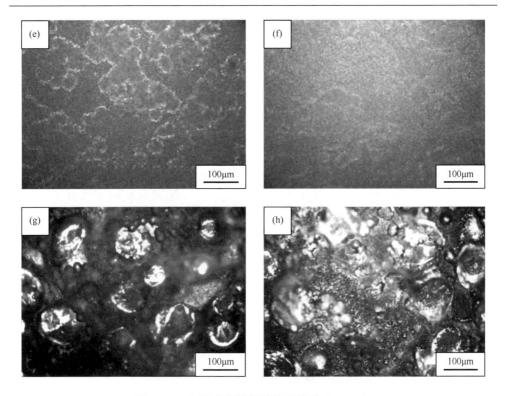

图 10-13　沉积获得阴极钴的形貌图（500×）

（a）STD；（b）SDS3；（c）BSA3；（d）BSA30SDS3；（e）BSA50；（f）BSA50SDS3；（g）BSA100；
（h）BSA100SDS3

2. 结果与分析

恒电流沉积试验在不同试验条件获得的阴极钴，表现出明显的形貌差异。如图 10-13（a）所示，由标准电解质获得的沉积产物相对平滑。添加细菌蛋白后，阴极钴表面质量变差。随着加入细菌蛋白含量增加，阴极钴逐渐变得粗糙甚至崎岖。如细菌蛋白浓度为 $30mg \cdot L^{-1}$ 时，阴极钴晶粒变大，但产物表面依然平整[图 10-13（d）]。增大细菌蛋白浓度到 $50mg \cdot L^{-1}$ 时，阴极钴晶粒不仅变大，而且表面变得凹凸不平[图 10-13（e）]。当细菌蛋白浓度为 $100mg \cdot L^{-1}$ 时，阴极钴表面开始崎岖不平，甚至出现穿孔[图 10-13（g）]。

在基液中添加十二烷基磺酸钠后获得的阴极钴表面更为光滑。然而，一旦基液中存在细菌蛋白时，产物的形貌与单独存在细菌蛋白时改善不明显，十二烷基磺酸钠的作用便被削弱了。细菌蛋白可优先吸附于阴极表面是导致阴极钴形貌变坏的主要原因。

细菌蛋白的作用效果与明胶类似。明胶只能在有效的范围内改变产品表面形态，当添加剂量过多时，阴极铜表面呈现多孔的海绵状结构[8]。过量的细菌蛋白不仅导致阴极过电位的增加，使电积能耗增加，同时也使产物的形貌变坏。

10.4.5　钴结晶取向分析

1. 试验方法

通过 X 射线衍射谱可以阐明钴沉积过程优先的结晶方向（图 10-14）。将恒电流沉积试验中获得阴极钴产品进行 X 射线谱扫描，并与标准钴的 X 射线衍射数据（PDF No：00-015-0806）对比。

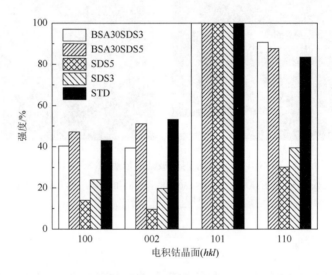

图 10-14　钴结晶取向分析

2. 结果与分析

标准电解质电沉积生成的钴优先向（101）晶面生长，十二烷基磺酸钠可强化钴（101）晶面的生长趋势。当电解质中含有细菌蛋白后，钴的结晶取向沿（101）晶面的优势被削弱，整平剂十二烷基磺酸钠的晶面优化作用也被削弱。

钛的晶体结构为六方密堆积形式，（101）晶面是钛结晶的优势结晶方向。钛板作为电积用阴极时，若析出金属为六方密堆积形式则有利于基板与析出金属的结合，否则析出的金属容易从阴极表面剥落。

在细菌蛋白存在的情况下阴极钴析出过程发生改变，（101）晶面的生长优势被削弱，细菌蛋白含量过高时钴开始由阴极表面剥落[图 10-13（g）、图 10-13（h）]。

10.5　硫酸溶液中钴的电积

硫酸钴溶液电积制备金属钴的电极反应如式（10-4）～式（10-6）所示。

阴极表面：

$$Co^{2+} + 2e^- \longrightarrow Co \qquad (10\text{-}4)$$

$$Co^{3+} + 3e^- \longrightarrow Co \qquad (10\text{-}5)$$

阳极表面：

$$2H_2O \longrightarrow O_2 + 4H^+ + 4e^- \qquad (10\text{-}6)$$

氢离子由阳极析出导致阳极电解液 pH 降低，甚至使电积电流效率小于 90%。一般情况下，pH 下降的程度与获得电积钴质量成比例。为提高电流效率，目前采用向电解液中加入氢氧化亚钴浆的方法来维持电解质 pH 及钴浓度稳定。

通过电沉积手段制取单质钴时，需要控制细菌蛋白含量。根据研究结果，将细菌蛋白含量控制在 30mg·L^{-1} 以下时，有利于获得较为平整的阴极钴产品，因此需在试验中检测细菌蛋白的浓度变化。

电积钴试验所使用溶液为 P507 萃取浓缩后的溶液，其主要成分如表 10-4 所示。

表 10-4　硫酸钴电积试验电解液成分

Co	Fe	Cu	Na	Ca	Mg	蛋白质
37.42	0.000875	0.0000178	—	—		0.000152

10.5.1　中和用氢氧化亚钴制备

1. 试验方法

向含表 10-4 所示的含钴溶液中加入氢氧化钠，使电解液 pH 分别为 7.0、8.0、9.0、10.0、11.0、12.0，此时会生成粉红色粉末状固体，即为氢氧化亚钴。氢氧化亚钴沉淀完全后，采用离心机分离，时间为 5min，转速为 5000r·min^{-1}。分离固体后，分析上清液中钴离子及生物蛋白浓度并计算相应沉淀率，结果如图 10-15 所示。

2. 结果与分析

当沉淀终点 pH 为 7.0 时，溶液钴沉淀率为 73.12%，细菌蛋白沉淀率为 95.16%。在此基础上提高沉淀终点 pH，更多钴离子会转移入沉淀，同时细菌蛋白沉淀率也增加；当沉淀终点 pH 为 9.0 时，细菌蛋白沉淀率接近 100%，而钴沉淀率可达到 93.15%；若想使钴离子完全沉淀，则需控制终点 pH 高于 10.0。

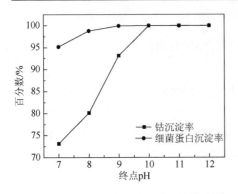

图 10-15 pH 对细菌蛋白及钴沉淀率影响

向硫酸钴溶液中添加氢氧化钠，形成的氢氧化亚钴中含有细菌蛋白成分。采用此氢氧化亚钴时会在电解质中引入细菌蛋白。对钴电积过程而言，细菌蛋白是一种不利成分。因此下面试验中除对电积钴的电流效率，溶液 pH 变化情况等现象进行检测外，还对电解质中细菌蛋白的变化情况予以测试。

钴电积试验采用表 10-4 中溶液进行。为改变溶液钴离子浓度，向其中添加氢氧化亚钴粉末并溶解。

10.5.2　电积钴浓度

1. 试验方法

钴离子浓度范围为 40～70g·L^{-1}，电解液初始 pH 为 4.0，硫酸钠浓度为 50g·L^{-1}，电积温度为 60℃，时间为 180min。钴电积期间通过添加氢氧化亚钴来维持电解液 pH 及钴离子浓度恒定。电积过程的电流密度为 400A·m^{-2}。

2. 结果与分析

钴电积电流效率变化如图 10-16 所示。随电解液中钴离子浓度增加，钴电积电流效率增加。电解液浓度低时，氢离子在阴极表面析出，致使钴容易从阴极表面破裂剥落。在钴离子浓度升高后，钴的析出占优，析氢反应可以忽略。因此增加电解液中钴离子浓度，钴电积电流效率也会逐渐增加。当钴离子浓度达到 60g·L^{-1} 时，钴电积电流效率达到 97.83%。当钴离子浓度高于 60g·L^{-1} 时，钴电积电流效率增加不再明显。因此，本试验将电解液的钴离子浓度控制在 60g·L^{-1}。

不同钴离子浓度下电积过程路端电压、电积能耗如图 10-17 所示。随着电解液中钴浓度增加，电积过程的路端电压及电积能耗逐渐降低，并且在钴浓度为 60g·L^{-1} 时达到最低，分别为 3.32V，3.04kW·h·kg^{-1}。因此电积时将钴浓度控制为 60g·L^{-1}。

不同钴离子浓度的电解液恒电流电积（电流密度为 400A·m^{-2}）3h 后，细菌蛋白浓度变化如图 10-18 所示。随着钴浓度离子增加，在电积试验结束时电解液中细菌蛋白浓度增加，但均小于初始阶段细菌蛋白浓度。这种现象说明，细菌蛋白中存在容易消耗的部分和不易消耗的部分。不易消耗的部分会在钴电积中累加。

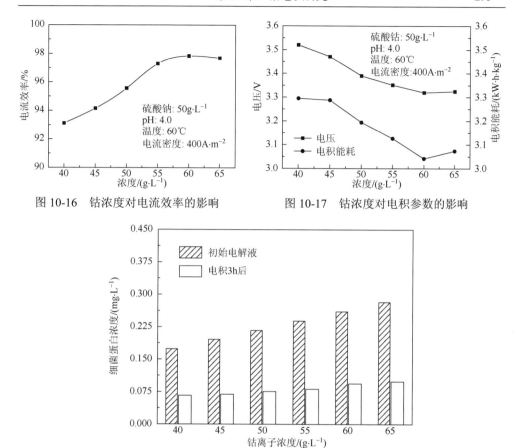

图 10-16　钴浓度对电流效率的影响　　　　　图 10-17　钴浓度对电积参数的影响

图 10-18　不同钴浓度下电积后细菌蛋白浓度变化

10.5.3　硫酸钠浓度

强电解质类硫酸盐可以增加电解液的电导率，提高电流效率。常用的硫酸盐包括硫酸钾、硫酸钠、硫酸镁以及硫酸铵。若以达到相同电积效果为目标，硫酸钠的用量最少。

1.试验方法

本试验研究的硫酸钴电积过程，钴离子浓度范围为 $60g·L^{-1}$，电解液初始 pH 为 4.0，硫酸钠浓度为分别为 $0g·L^{-1}$、$25g·L^{-1}$、$35g·L^{-1}$、$45g·L^{-1}$、$55g·L^{-1}$，电积温度为 60℃，时间为 180min。钴电积期间通过添加氢氧化亚钴来维持电解液 pH 及钴离子浓度恒定。电积过程的电流密度为 $400A·m^{-2}$。

2. 结果与分析

图 10-19 为不同浓度硫酸钠条件下钴电积电流效率。当硫酸钠用量为 $5g·L^{-1}$

时，电流效率为 73.12%，随着硫酸钠用量增加至 25g·L^{-1}，电流效率也逐渐增加达到 97.84%。此后，再增加硫酸钠用量，电流效率维持不变。

图 10-20 为不同硫酸钠条件下路端电压、电积能耗变化。在 0～25g·L^{-1} 范围内添加硫酸钠，可增加电解液电导率并降低路端电压，使电积能耗降低。当硫酸钠用量为 5g·L^{-1} 时，路端电压、电积能耗分别为 4.02V 和 4.18kW·h·kg^{-1}；当硫酸钠用量为 25g·L^{-1} 时，路端电压、电积能耗分别为 3.33V 和 3.08kW·h·kg^{-1}。在硫酸钠用量大于 25g·L^{-1} 后，溶液电导率对路端电压的影响可以忽略。

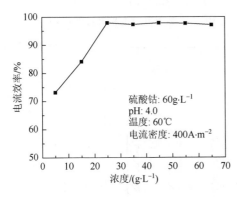

图 10-19　硫酸钠浓度对电流效率的影响　　　图 10-20　硫酸钠浓度对电积参数的影响

试验初始钴浓度固定为 60g·L^{-1}，细菌蛋白含量为 0.165mg·L^{-1}。在 3h 电积试验结束时电解液细菌蛋白浓度均有下降，且下降幅度与硫酸钠浓度在一定范围内正相关（图 10-21）。

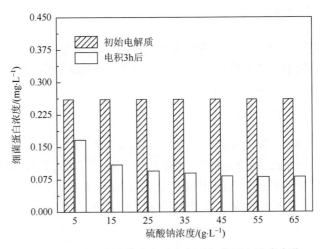

图 10-21　不同硫酸钠浓度下电积后细菌蛋白浓度变化

在电解液内细菌蛋白以生物溶胶的形式存在,在添加硫酸钠后细菌蛋白表面吸附的钠离子数量增加。当施加路端电压时细菌蛋白在阴极与阳极之间定向移动,并在阴极表面反应消耗。因此,在一定范围内硫酸钠的使用可使细菌蛋白表面电荷数增多,移动速度增加。但由于细菌蛋白表面可供吸附位点数有限,当完全被金属离子占据后,再增加硫酸钠的用量的影响可以忽略。

根据以上分析结果可知,可在钴电积时控制添加剂硫酸钠的量在 $25g \cdot L^{-1}$ 附近。

10.5.4　操作温度

1. 试验方法

本试验研究的硫酸钴电积过程,钴离子浓度范围为 $60g \cdot L^{-1}$,电解液初始 pH 为 4.0,硫酸钠浓度为 $25g \cdot L^{-1}$,电积温度分别为 25℃、35℃、45℃、55℃、60℃、65℃、70℃、75℃,时间为 180min。钴电积期间通过添加氢氧化亚钴来维持电解液 pH 及钴离子浓度恒定。电积过程的电流密度为 $400A \cdot m^{-2}$。

2. 结果与分析

如图 10-22 所示,在一定范围内,温度升高有利于电流效率的提高。但过高的温度却使电流效率略有下降。最高电流效率在温度为 60℃时出现。并且在 60℃下,电积路端电压和电积能耗最小,分别为 3.32V 和 $3.22kW \cdot h \cdot kg^{-1}$。

温度变化过程中的电积电压及电积能耗变化如图 10-23 所示。通过电积还原获得的金属钴存在两种构型,分别为 α 及 β,其中 β 更容易获得。但升高电积过程温度,生成的钴通常为两者构型的混合物,更容易从阴极表面脱落。此外,该高温下在阴极表面发生三价钴离子还原的概率更大,电流效率降低。并且会在阴极表面、阴极区内出现三价钴的氧化物,降低阴极钴产品纯度。

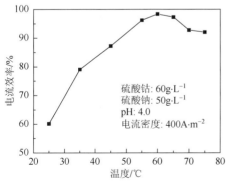

图 10-22　电解质温度对电流效率的影响

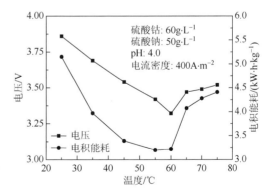

图 10-23　电解质温度对电积参数的影响

　　图 10-24 为不同温度条件下电积 3h 后,电解液中细菌蛋白变化情况。如图所示,电解液温度低于 60℃时,电积后电解液细菌蛋白浓度随温度的升高逐渐降低;当电解液温度高于 60℃后,细菌蛋白几乎完全降解,说明高温条件有利于电解液内细菌蛋白的消耗。

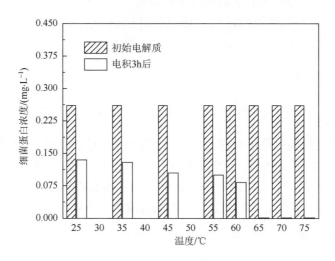

图 10-24　不同温度下电积后细菌蛋白浓度变化

　　细菌蛋白发生高温变质的温度为 60～70℃。变质条件下,细菌蛋白由溶胶态转变为凝胶态,且由于重金属盐存在的条件下为非可逆过程[3]。电解液中析出的生物凝胶表面积巨大,它极易吸附在阴极表面而影响正常的钴电积过程,减少阴极有效电极面积,增加电积电压。钴在阴极表面不连续析出或直接在生物凝胶表面析出,增加了获得单位质量钴所需的能耗。

　　因此为获得高品质的钴产品,维持较高的电流效率则需要控制电解液温度在 55～60℃范围内。

10.5.5　操作 pH

1. 试验方法

　　本试验研究的硫酸钴电积过程,钴离子浓度为 60g·L^{-1},电解液初始 pH 分别为 2.0、2.5、3.0、3.5、4.0、4.5、5.0,硫酸钠浓度为 25g·L^{-1},电积温度为 60℃,时间为 180min。钴电积期间通过添加氢氧化亚钴来维持电解液 pH 及钴离子浓度恒定。电积过程的电流密度为 400A·m^{-2}。

2. 结果与分析

如图 10-25 所示，在小于 4.0 的范围内，电流效率随 pH 的升高而逐渐提高；在 pH 高于 4.0 的范围内电流效率开始下降。在低的 pH 阶段，电解液中氢离子具有较高的活度，在阴极表面析氢反应占有一定比例，电积过程的电流效率较低，电积产品质量较差；当 pH 逐渐升高，析氢反应所占比例逐渐降低，电流效率得到提高；在电解液 pH 大于 4.0 后，随着氢离子浓度降低，钴开始水解，在阴极表面发生还原反应的物质由钴离子转变为氢氧化亚钴，产物可见黑色粉末状的钴氧化物。因此，为维持较高的电流效率且保证钴产品质量，需要将电积过程的 pH 控制在 3.5～4.0。

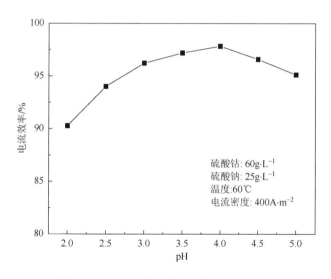

图 10-25　电解质酸度对电流效率的影响

10.5.6　阴极电流密度

1. 试验方法

本试验研究的硫酸钴电积过程，钴离子浓度 60g·L^{-1}，电解液初始 pH 为 4.0，硫酸钠浓度为 25g·L^{-1}，电积温度为 60℃，时间为 180min。钴电积期间通过添加氢氧化亚钴来维持电解液 pH 及钴离子浓度恒定。电积过程的电流密度分别为 200A·m^{-2}、300A·m^{-2}、400A·m^{-2}、500A·m^{-2}、600A·m^{-2}、700A·m^{-2}、800A·m^{-2}、900A·m^{-2}。

2. 结果与分析

钴的沉积速率与阴极电流密度密切相关。图 10-26 为阴极电流密度对钴电积电流效率的影响。增加阴极电流密度有利于加速钴的沉积。电流密度小于 $400A \cdot m^{-2}$ 时，电流效率随电流密度的升高而升高，当电流密度为 $200A \cdot m^{-2}$ 时，电流效率为 85.09%，当电流密度为 $400A \cdot m^{-2}$ 时，电流效率为 98.15%。获得钴产品的质量与电流密度也密切相关，随着电流密度增加，钴由阴极表面脱落的概率也下降。然而，当电流密度高于 $400A \cdot m^{-2}$，电流密度增加反而导致电流效率下降，如当电流密度达到 $600A \cdot m^{-2}$ 时，电流效率为 89.35%，并在阴极边缘有枝状晶体析出。若这些枝状晶体持续长大，会导致阴极与阳极连接而产生短路。

如图 10-27 所示，阴极电流密度的增加是通过升高路端电压实现的。由图可知，在电流密度小于 $400A \cdot m^{-2}$ 时，路端电压与电流密度之间的关系呈现正相关。而当阴极电流密度高于 $400A \cdot m^{-2}$ 时，溶液中开始析出氢气。析出氢气覆盖在阴极表面使溶液的电导率下降，路端电压与阴极电流密度的关系偏离线性。

不同阴极电流密度下，电解液中细菌蛋白变化情况如图 10-28 所示。在 3h 电积结束后，细菌蛋白浓度存在显著差异，电流密度增加后细菌蛋白消耗增加。在电流密度高于 $600A \cdot m^{-2}$ 后，电解液中细菌蛋白全部被消耗。细菌蛋白给钴的电积过程带来危害，破坏了阴极钴产品的形貌，使其更容易由阴极剥落。同时，生物细菌蛋白也增加了电积过程电能的消耗。因此，必须予以消除。通过本章的研究工作获得了如图 10-29 所示的电积流程，可以在一定程度上杜绝细菌蛋白带来的危害。

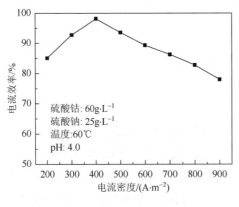

图 10-26　阴极电流密度对电流效率的影响

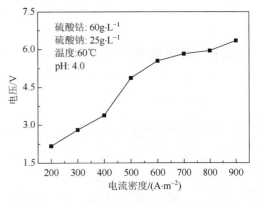

图 10-27　不同电流密度下路端电压的变化

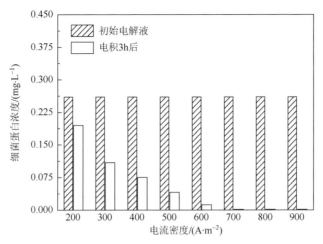

图 10-28　不同电流密度下电积后细菌蛋白变化

10.6　细菌蛋白问题的解决方法

　　细菌蛋白给钴的电积过程带来危害，破坏了阴极钴产品的形貌，使其更容易由阴极剥落。同时，生物细菌蛋白也增加了电积过程电能的消耗。因此，必须予以消除。通过本章的研究工作获得了如图 10-29 所示的电积流程，可以在一定程度上杜绝细菌蛋白带来的危害。

　　当钴电积液中细菌蛋白含量（以蛋白质计算）高于 $30mg \cdot L^{-1}$ 时，需要提高阴极电流密度达到 $600A \cdot m^{-2}$ 以上，使细菌蛋白分解。当细菌蛋白含量低于 $30mg \cdot L^{-1}$ 时，可采用正常的阴极电流密度进行钴的电积操作。

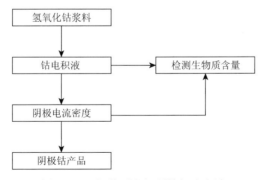

图 10-29　细菌蛋白问题的解决方法

10.7　生物浸钴液提取新工艺环境意义的分析

　　采用本文提出的铜-铁-钴分离工艺，提取低品位钴矿石生物浸出液中钴的流程如图 10-30 所示，整个流程分为六个步骤，共产生一种主产品——阴极钴，六种副产品，主要有絮凝渣、硫酸铜溶液、针铁矿渣、氯化铁溶液、氢氧化钴粉体和硫酸钠溶液。所用生产原料包括聚丙烯酰胺（絮凝剂）、LIX984N（萃取剂）、双氧水、P204（萃取剂）、P507（萃取剂）、硫酸、氢氧化钠和碳酸钠。

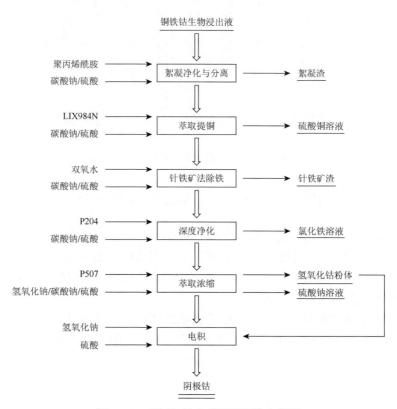

图 10-30　铜-铁-钴分离流程标准化框图

我国矿产资源多为共生、伴生形式，综合回收矿产资源不仅可以提高金属回收率降低生产成本，还能提高产品附加值。本节中提出的铜-铁-钴分离工艺的产品不仅包括电积钴，还包括硫酸铜晶体、除铁渣。废弃资料进行资源化处理，不仅可以提高资源利用率，降低生产成本，同时也可改善废弃物对环境的压力，减少甚至杜绝污染的发生。因此，通过本章研究形成了一个环境友好的湿法冶金新工艺。

10.8　小　　结

（1）采用 P204 对含钴溶液进行深度除杂，脱除其中的杂质铜、铁。最佳萃取条件为，相比为 1:1，平衡 pH 为 2.5，进行二级错流萃取。在此条件下，溶液中

的铁下降至 $14\mu g \cdot L^{-1}$，铜下降至 $7.5\mu g \cdot L^{-1}$，可用于钴的萃取-电积操作。

（2）深度除杂后的含钴溶液经过富集用于电积操作。浓缩的最佳条件为，皂化率 70%，含钴溶液的初始 pH 为 3.0，萃取相比为 1∶5，此条件下，钴的萃取率可达到 99.99%。负载后的有机相采用 $75g \cdot L^{-1}$ 的硫酸反萃 10min，钴可完全进入水相而达到浓缩的目的。经过浓缩后，电解质中钴离子浓度可达到 $37.42g \cdot L^{-1}$。最终形成的电解质中铁离子浓度为 $0.875mg \cdot L^{-1}$，铜离子浓度为 $0.178mg \cdot L^{-1}$。

（3）由于钴萃取剂 P507 及含钴电解质对生物质的良好润湿性，浸出液中的生物质通过溶剂萃取-反萃进入钴电积流程并吸附于阴极表面，这不仅增加了钴电积过程的阴极过电位增加，同时也改变了钴的电积过程。经电化学及 X 射线衍射技术证实，钴的沉积过程在生物质的影响下发生改变。生物质可削弱钴沉积过程中主生长晶面的优势地位，使钴由极板上开裂脱落。

（4）钴电解质中的生物质是影响阴极钴形貌的一个重要原因。其参与的电积过程获得的钴产品表现为晶粒尺寸大，表面粗糙。并且当含钴电解质中生物质含量达到 $30mg \cdot L^{-1}$ 以上时，原本平整的钴板表面会出现钴板开裂及穿孔等现象。因此，钴电积前可采用适当的手段予以消除。

（5）硫酸溶液中的钴电积研究结果表明，在钴浓度为 $60g \cdot L^{-1}$，硫酸钠浓度高于 $25g \cdot L^{-1}$，电解质溶液温度为 60℃，沉积过程溶液 pH 维持在 3.5～4.0，阴极电流密度为 $400A \cdot m^{-2}$ 的条件下，钴的沉积可获得 98% 以上的电流效率。

（6）细菌蛋白可随含钴溶液的深度净化除杂、钴的浓缩富集进入最终的钴电积流程，并且在最终的钴电积过程中存在一定的累积。累积的细菌蛋白可以在其达到一定浓度后，通过提高阴极电流密度的方法予以分解。

参 考 文 献

[1]　Wilkinson G，Gillard R D，Mccleverty J A. Comprehensive Coordination Chemistry[M]. Oxford: Pergamon Press，1987：1301-1305.

[2]　Boone D R，Castenholz R W. Bergey's Manual of Systematic Bacteriology: Volume One: The Archaea and the Deeply Branching and Phototrophic Bacteria[M]. New York: Springer Science & Business Media，2012：545-548.

[3]　Crundwell F K，Moats M S，Ramachandran V，et al. Chapter 25-separation of nickel and cobalt by solvent extraction[A]. Oxford: Elsevier，2011：315-326.

[4]　武战强. 添加剂对阴极铜质量影响的分析与探讨[J]. 中国有色冶金，2011，（2）：20-23.

[5]　Ahmed A M，Mohamed G B. Effect of surface active substances on the rate of copper electrowinning and electrorefining[J]. Journal of the Electrochemical Society of India，1989，38（1）：33-37.

[6]　Huang J H，Kargl-Simard C，Alfantazi A M. Electrowinning of cobalt from a sulfate-chloride solution[J]. Canadian Metallurgical Quarterly，2004，43（2）：163-172.

[7]　Subbaiah T，Slngh P，Hefter G，et al. Electrowinning of copper in the presence of anodic depolarisers-a review[J]. Mineral Processing and Extractive Metallurgy Review，2000，21（6）：479-496.

[8]　何焕华，蔡乔方. 中国镍钴冶金[M]. 北京: 冶金工业出版社，2000：576-610.

第 11 章　钴产品制备

11.1　引　　言

钴的产品主要有钴的基础化工产品、钴的金属态产品（钴片等）和钴粉体材料。随着产品加工技术深化，产品升级，钴产品附加值不断提升。

电池材料是钴的最主要消费材料，占钴总消费的 60%左右，含钴锂电池主要用于手机、笔记本、电动自行车和新能源领域[1-3]。未来新能源汽车已成为带动金属钴需求的主要增长点。磁性材料是金属钴的又一用途。磁性材料在电子工业和其他高科技领域起着非常重要的作用[4,5]。钴可以作为高档的玻璃和陶瓷的色彩染料。作为国内传统的钴的消费领域，钴在玻陶行业的使用量一直比较平稳。钴还广泛用于石油冶炼中的各种加氢催化剂，钴基催化剂如乙酸钴在合成催化剂中具有重要地位[6-9]。

为了提高钴产品附加值，提升生产效率，分别制备了碳酸钴、四氧化三钴、草酸钴、硫化钴、乙酸钴等产品。

11.2　碳酸钴及四氧化三钴制备

碳酸钴的分子式是 $CoCO_3$，相对分子质量为 119，是一种红色单斜晶系结晶或粉末。其密度为 $4.13g \cdot cm^{-3}$，几乎不溶于水、醇、氨水，可溶于酸，但不与浓硝酸和浓盐酸起作用。加热至 400℃开始分解，放出 CO_2。空气中或弱氧化剂存在下，逐渐氧化形成碳酸高钴，可以用来生产钴盐。周健等[10]用 $CoCl_2$ 作为原料，Na_2CO_3 作沉淀剂，Co^{2+} 浓度为 65.0～70.0$g \cdot L^{-1}$，$CoCl_2/Na_2CO_3$（摩尔比）比值在 0.63～0.72，将沉淀剂加入 $CoCl_2$ 溶液中，沉淀 pH 控制在 9.0～9.5，制备锂电池级碳酸钴盐。在上述条件下，可以获得较好的前驱体锂电池级碳酸钴盐。同时 $CoCO_3$ 也是生产 Co_3O_4 的原料，张明月和廖列文[11]通过在真空中将 $CoCO_3$ 加热到 350℃，所得到的产物再吸收空气中的 O_2，即得到黑色的 Co_3O_4。另外，$CoCO_3$ 可在采矿业上用作选矿剂，陶瓷工业用作着色剂，有机工业中用于制造伪装涂料、催化剂和化学温度指示剂，分析化学中用作分析试剂，农业上用作微量元素肥料等。

目前，$CoCO_3$ 主要由金属钴或钴废料与盐酸生成 $CoCl_2$ 后，再与 Na_2CO_3 溶液反应而得。朱贤徐[12]以 $CoCl_2$ 和 Na_2CO_3 为原料，按一定配比称取 $CoCl_2$ 和 Na_2CO_3，并分别溶解，以一定的加料速度将 Na_2CO_3 溶液加入 $CoCl_2$ 溶液中，控制反应温度在 60~70℃、pH 8.5~9.0，恒温高速搅拌 2~3h，陈化 2h 后，过滤、洗涤，将滤饼于 105℃烘干后得到的物质（前驱体）放入马弗炉中经二段煅烧，得到黑色粉末状 Co_3O_4。

11.2.1　碳酸钴的制备

将钴浓度为 $0.772g·L^{-1}$、铁浓度为 $0.0256g·L^{-1}$ 的含钴溶液用 Na_2CO_3 调节 pH 在 10.0~11.0 范围内，随后在 50℃下保温。1h 后将沉淀物进行过滤、洗涤、干燥，可获得碳酸钴结晶。对碳酸钴晶体进行 XRD 分析（图 11-1），可知沉淀物主要成分为碱式碳酸钴。

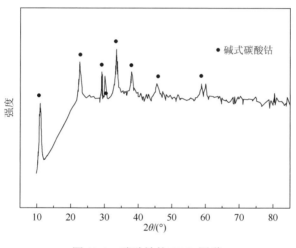

图 11-1　碳酸钴的 XRD 图谱

1. 高浓度溶液碳酸钴的制备

试液钴浓度、铁浓度及钴铁比对碳酸钴的制备有重要影响。对于表 11-1 中试液进行碳酸钴沉淀研究。由表可知，试验试液属于高浓度钴溶液，沉淀过程分别测定碳酸钠用量与溶液 pH、钴回收率及钴铁比率关系，结果如图 11-2 和图 11-3 所示。

表 11-1　钴产品制备试验溶液（A）

试验生物浸出液样号	钴含量/（mg·L^{-1}）	铁含量/（mg·L^{-1}）	试液钴铁比
1#	831	664	1.25
2#	1318	225	5.87
3#	2434	121	20.1

　　试验可观察到，随着碳酸钠用量的增加，溶液颜色经历从黄色到橙色再到红色的颜色变化。黄色是由于溶液中 Fe^{3+} 的连续水解聚合引起。图 11-2 为溶液 pH 随碳酸钠用量的变化情况，根据碳酸钠用量对溶液 pH 的影响将图像划分为三个阶段。第一阶段，溶液的 pH 随着碳酸钠用量增加而增加；第二阶段，碳酸钠用量对溶液 pH 改变较小，可近似为一平台；第三阶段，溶液的 pH 随碳酸钠用量增加而继续增加。碳酸钴的沉淀出现在第三阶段。

　　平台的出现是由铁的多聚反应引起的。铁的水解过程需要消耗溶液中的羟基，碳酸钠可为铁的水解提供羟基环境。试验开始后，随着碳酸钠添加量提高，溶液酸度降低。铁开始水解。溶液中铁离子浓度对平台出现的位置和宽度影响较大，铁离子浓度越高，铁离子的活度越大，铁水解出现得越早，平台也出现得越早。并且铁水解过程消耗的碳酸钠越多，平台越宽。

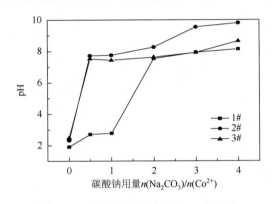

图 11-2　碳酸钠用量对溶液 pH 的影响

　　随着碳酸钠的添加，溶液中铁含量及钴含量变化结果如图 11-3 所示。试验结果表明，试液的钴铁比对碳酸钠的用量影响较大。钴铁比越高，出现碳酸钴沉淀时所需的碳酸钠用量越少，最终产品钴铁比也越高。如当碳酸钠用量与溶液中的钴摩尔比为 4∶1 时，1#试液制得的钴产品回收率仅为 84.5%，钴铁比为 1.05；2#试液制得的钴产品回收率则达到 99.6%，钴铁比为 5.86；而 3#试液制得的钴产品回收率已经了达到 99.7%，钴铁比为 19.5。

　　沉淀过程钴回收率及钴产品钴铁比均随着碳酸钠用量的增加而升高。试液的钴铁比越高，相应的试液钴回收率越高。同时我们也发现，碳酸钴形成的同时总伴随着铁的沉淀，并且产品的钴铁比值均小于试液的钴铁比，这说明铁较钴更容易由溶液析出。

　　由 3#试液得到的碳酸钴产品具有高的钴沉淀率及钴铁比。对 3#试液获得的碳酸钴产品进行形貌分析、元素分析，结果如图 11-4 所示。碳酸钴产品粒度在 2～5μm，呈实心粒状，且粒度较为均匀。

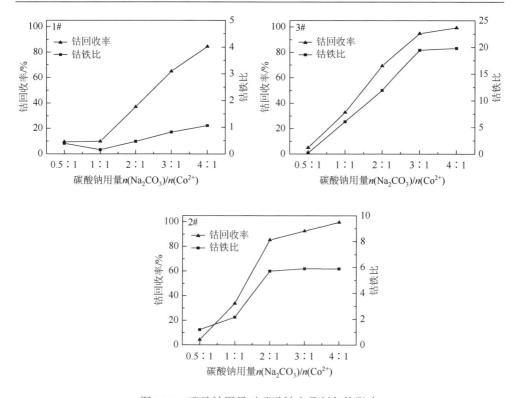

图 11-3　碳酸钠用量对碳酸钴产品制备的影响

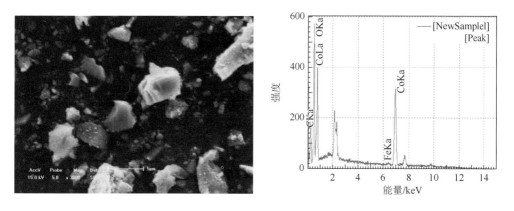

图 11-4　碳酸钴的 SEM（×3000）及 EDX 图

由能谱图可以看出，碳酸钴的特征峰尖锐，沉淀含钴量为 45.7%，钴铁比为
19.7，参照金川集团公司碳酸钴产品的质量标准（表 11-2），表明制备的碳酸钴纯
度高，已经达到一级品的标准。

表 11-2　金川集团公司碳酸钴产品质量标准

原料品级	一级品	二级品	三级品
钴含量（不小于）	30	25	20
钴铁比（不小于）	15	8.3	5

2. 低浓度溶液碳酸钴的制备

低浓度含钴溶液制备碳酸钴过程中碳酸钠用量将有所提高。采用表 11-3 所示的试液进行钴沉淀研究。沉淀过程碳酸钠用量与溶液 pH、钴回收率、钴铁比的关系如图 11-5 及图 11-6 所示。

表 11-3　制备钴产品所用的试验溶液（B）

试验生物浸出液样号	钴含量/（mg·L^{-1}）	铁含量/（mg·L^{-1}）	试液钴铁比
1#	290	231	1.25
2#	389	66.3	5.87
3#	811	40.4	20.1

溶液 pH 随碳酸钠用量的变化规律如图 11-5 所示。与高浓度溶液类似，曲线也分为三个阶段，中间为一平台，并且钴铁比越小、铁浓度越高，平台的出现越早。

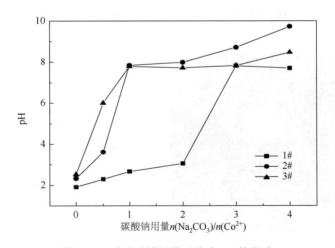

图 11-5　随碳酸钠用量对溶液 pH 的影响

碳酸钴沉淀过程中，伴随着铁沉淀，对于高钴铁比的溶液，采用相同量的碳酸钠可获得更高的钴回收率。如当碳酸钠用量与溶液中的钴摩尔比为 4∶1 时，1# 试液制得的钴产品回收率为 58.6%，钴铁比为 0.775；2# 试液制得的钴产品回收率则达到 99.4%，钴铁比为 5.84；3# 试液制得的钴产品回收率已经了达到 99.6%，产品钴铁比为 19.3。

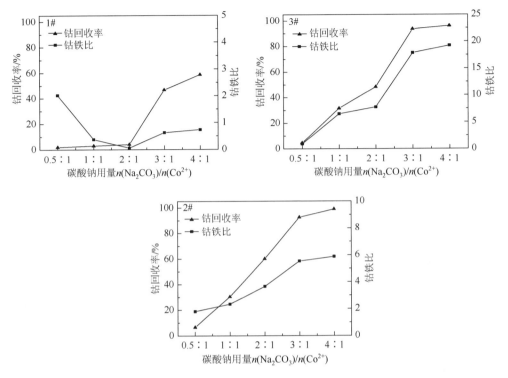

图 11-6　碳酸钠用量对碳酸钴产品制备的影响

为了考察制备的碳酸钴产品的质量，分析了 3#碳酸钴产品（碳酸钠与钴的摩尔比为 4：1）的形貌和及其元素含量，如图 11-7 所示。由图可知，制备的碳酸钴产品粒度在 2μm 左右，呈实心粒状，且粒度较为均匀。

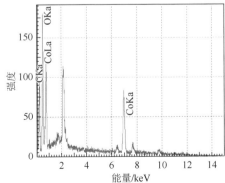

图 11-7　低浓度时制备碳酸钴的 SEM（×5000）及 EDX 图

　　能谱图显示出碳酸钴尖锐特征峰，产品的含钴量为 39.6%，钴铁比为 18.2，参照金川集团公司碳酸钴产品的质量标准（表 11-2），产品纯度高，已经达到一级品的标准。

11.2.2　四氧化三钴的制备

　　将上述制得的碳酸钴在 500℃下煅烧 6h，可获得四氧化三钴产品。经 X 射线衍射分析（图 11-8），产品纯度高。

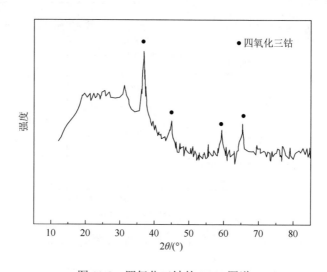

图 11-8　四氧化三钴的 XRD 图谱

11.3　草酸钴制备

　　草酸钴主要指二价草酸钴，分子式是 CoC_2O_4，相对分子质量为 147，它是钴与草酸或草酸盐化合而形成的一种重要的钴盐。二价钴的草酸盐呈浅粉红色的结晶粉末状，含有两个结晶水，它的理论含钴量为 32.2%，此外也有含四水的结晶草酸钴。二价草酸钴几乎不溶于水但溶于浓氨中。三价钴草酸盐不稳定，仅存在于水溶液中。

　　此外，对制得的草酸钴进一步加工，可制得氧化钴或钴粉[13-15]。对草酸钴进行加热，当温度高于 120℃，草酸钴开始脱除结晶水；当温度达到 400℃以上时，草酸根也开始分解，并在空气中燃烧而最终生成氧化钴粉末；在 480～520℃的温度下，草酸钴可以用氢气直接还原成单质的金属钴粉[16-18]。因此，采用草酸钴制备钴粉的方法主要有三种：

（1）煅烧还原法[19]。在煅烧前先加热脱去水分，然后在 600～700℃下煅烧 3.0～3.5h，使 CoC_2O_4 分解成 Co_2O_3，分解提纯的氧化钴经直热式四管还原炉逆氢还原制得钴粉。

（2）高温热离解法[14]。草酸钴在密闭条件下，将草酸根裂解成 CO_2 并以气体形式溢出，在密闭式裂解还原炉中直接将草酸钴裂解成金属钴粉。此外，对草酸钴进行进一步处理后的产品可以用于制造硬质合金。

（3）氢气一步还原法。还原得到的钴粉容易氧化，成品采用真空包装。

50℃下，向钴浓度为 $0.772g\cdot L^{-1}$、铁浓度为 $0.0256g\cdot L^{-1}$ 的钴溶液加入 $1mol\cdot L^{-1}$ 草酸溶液，并用氨水调节 pH 到 2.0，恒温反应 1h，陈化 3h。可获得粉红色晶体，对其进行过滤、洗涤、烘干，即可制得草酸钴产品，其产率达到 91.0% 以上。对该草酸钴产品进行 XRD 分析，如图 11-9 所示，经图谱分析确认该产品为晶形较好的草酸钴，其分子式为 $Co_2C_2O_4\cdot 2H_2O$。

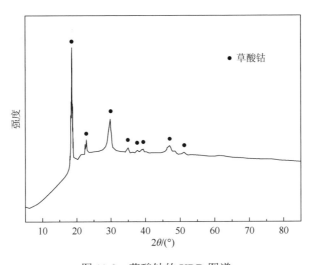

图 11-9　草酸钴的 XRD 图谱

草酸盐（草酸钠和草酸铵）的种类和用量对钴产品的制备影响很大，下面分别对草酸钠和草酸铵的用量进行了研究。取 100mL 试验溶液，加入不同摩尔比的草酸盐溶液，搅拌反应 30min，静置，然后测定溶液中的钴和铁含量，加入的草酸盐与溶液中的 Co^{2+} 的摩尔比分别为 0.5:1、1:1、2:1、3:1、4:1。

11.3.1　草酸钠制备草酸钴

1. 高浓度溶液草酸钴的制备

试验采用的溶液组成见表 11-1 所示。向其中分别加入相应量的草酸钠后，溶液经历从黄色到橙色再到红色的一系列颜色变化。由于聚合作用最终得到的红色溶液中含有多聚的 Fe^{3+} 水解产物。图 11-10 为高浓度时溶液 pH 随草酸钠用量的变化曲线，可以看出，溶液中铁的浓度对平台影响较大，铁浓度越高，平台出现得越早。平台的出现表明溶液经历多聚反应，平台的位置因条件而异。Fe^{3+} 的多聚反应过程可以分为两步[20]。第一步是通过羟桥化作用，简单水解产物聚集成具有特大小的高正电荷的多聚络合物；第二步是羟桥化多聚物进一步聚集形成更大的多聚物，并通过氧桥化作用降低电荷。此后就是增长、成核的过程。

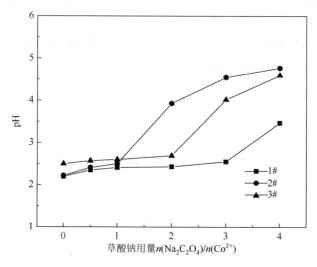

图 11-10　溶液 pH 随草酸钠用量的变化

对溶液中的钴和铁含量进行测定，结果如图 11-11 所示。从图 11-11 可以看出，沉淀过程中，加入少量草酸钠（草酸钠与钴的摩尔比为 0.5∶1）钴即开始沉淀，而此时铁基本不沉淀，故此时 1#和 2#试液制得的钴产品的钴铁比很高，分别达到5670 和 230，但钴回收率分别只有 25.6%和 40.3%。而后 1#试液随着草酸钠加入量的增加，由于 Co^{2+} 和 Fe^{3+} 的离子半径相近（分别为 0.274nm 和 0.355nm），故 Fe^{3+}进入 CoC_2O_4 晶格与之共沉淀除去，即发生了吸附共沉淀。影响共沉淀的因素[21-23]主要有：①沉淀物的性质；②共沉淀物的性质与浓度；③温度；④沉淀过程的速度和沉淀剂的浓度。沉淀剂浓度过大、加入速度过快，一方面导致沉淀物颗粒细，另一方面在溶液中往往造成沉淀剂局部浓度过高，使某些从整体来看未饱和的化合物在某些局部过饱和而沉淀，这是形成共沉淀的主要原因。由于共沉淀的发生，造成 1#试液钴回收率升高的同时钴铁比呈下降趋势。2#试液当草酸钠的加入量达到钴量的 2 倍后，加剧了多聚反应的发生，使沉淀下来的草酸钴发生一定量的溶解，导致钴产品的钴回收率略有下降。多聚反应非常复杂，多聚过程是一个速率相当慢的过程，体系行为不仅受溶液中金属离子浓度、溶液 pH、共存阴离子的种类和浓度以及温度等的影响（高离子强度及高温都对多聚物的生成起促进作用），而且与加入碱的性质和加入方式、速率等都有关，所以制备草酸钴过程中的多聚反应情况较制备碳酸钴过程要明显得多。3#试液的钴铁比最高，随着草酸钠加入量的增加，钴沉淀量增多，同时发生共沉淀而吸附微量的铁，制得的钴产品的钴回收率和钴铁比均随着草酸钠加入量呈上升趋势。制得的钴产品的钴回收率达97.0%以上时，1#～3#试液制得的钴产品的钴铁比分别为 1.42、7.23、744。试液的钴铁比对钴产品的制备影响较大，试液中的钴铁比越高，沉钴所需的草酸钠相对用量越少，且铁相对沉淀得越少，制得的钴产品的钴铁比也相应越高。与碳酸钴制备过程显著不同的是，无论是钴铁比高还是低，钴都比铁沉淀得快，而且钴产品的钴铁比远高于试验溶液的钴铁比，甚至超过 750，说明铁杂质形成的沉淀极少，草酸钴的纯度较高。

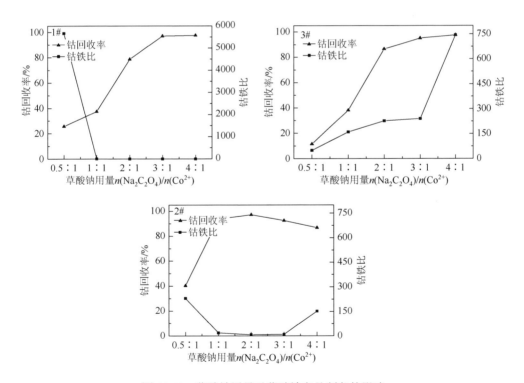

图 11-11　草酸钠用量对草酸钴产品制备的影响

对该草酸钴产品过滤、干燥、研磨后进行 XRD 分析，如图 11-12 所示，经图谱分析确认该产品为晶形较好的草酸钴，其分子式为 $Co_2C_2O_4·2H_2O$。

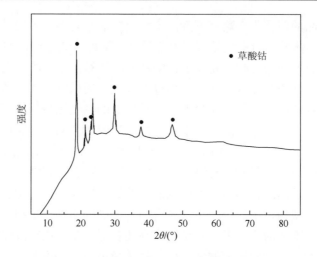

图 11-12　高浓度时制备草酸钴的 XRD 图谱

　　为了考察制备的草酸钴产品的质量，分析了 3#草酸钴产品（草酸钠与钴的摩尔比为 3∶1）的形貌和及其元素含量，如图 11-13 所示。由图可知，制备的草酸钴产品呈片状或管状，长度在 3μm 左右，且粒度较均匀。从能谱图可以看出，草酸钴的特征峰较尖锐，而且 EDX 分析结果表明草酸钴产品的含钴量为 34.5%、铁含量接近于零，表明制备的草酸钴纯度极高，可以作为最终钴产品。

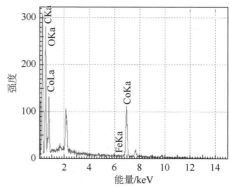

图 11-13　高浓度时制备草酸钴的 SEM（×5000）及 EDX 图

2. 低浓度溶液草酸钴的制备

　　试验采用的溶液组成见表 11-3 所示。向其中分别加入相应量的草酸钠后，溶液同样经历从黄色到橙色再到红色的一系列颜色变化。由于聚合作用最终得到的红色溶液中含有多聚的 Fe^{3+} 水解产物。图 11-14 为低浓度时溶液 pH 随草酸钠量的变化图，可以看出，溶液中铁的浓度对平台的出现影响较大，铁浓度越高，平台出现得越早。平台的出现表明溶液经历多聚反应，平台的位置因条件而异。

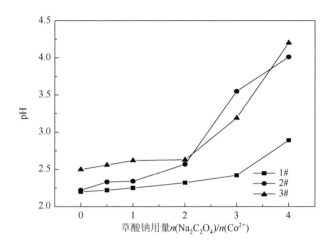

图 11-14　溶液 pH 随草酸钠量的变化

对溶液中的钴和铁含量进行测定后，试验结果如图 11-15 所示。从图 11-15 可以看出，沉淀过程中，加入少量草酸钠（草酸钠与钴的摩尔比为 0.5∶1）钴即开始沉淀，而此时铁基本不溶，故此时 1#试液制得的钴产品的钴铁比很高，达到 568，但钴回收率只有 20.0%。而后 1#试液随着草酸钠加入量的增加，钴沉淀的同时发生共沉淀而吸附一定量的铁，钴回收率升高的同时钴铁比呈下降趋势。2#和 3#试液随着草酸钠加入量的增加，制得的钴产品的钴回收率开始时呈增加趋势，当草酸钠的加入量达到钴的量的 2 倍后，加剧了多聚反应的发生，使沉淀下来的草酸钴发生一定量的溶解，导致钴产品的钴回收率略有下降。钴溶解的同时伴随着铁的溶解，导致 2#试液制得的钴产品的钴铁比后期上升较快。3#试液在钴发生沉淀过程中铁的含量基本不发生变化，故 3#试液制得的钴产品的钴回收率和钴铁比趋势基本相同。当草酸钠的加入量达到钴的量的 2 倍时，1#至 3#试液制得的钴产品的钴回收率分别为 69.5%、94.5%、99.1%，钴产品的钴铁比分别为 2.45、13.9、354。试液的钴铁比对钴产品的制备影响较大，试液中的钴铁比越高，沉钴所需的草酸钠相对用量越少，且铁相对沉淀得越少，制得的钴产品的钴铁比也相应越高。与碳酸钴制备过程显著不同的是，无论钴铁比高低，钴都比铁沉淀得快，而且钴产品的钴铁比远高于试验溶液的钴铁比，甚至超过 360，说明铁杂质形成的沉淀极少，草酸钴的纯度较高。

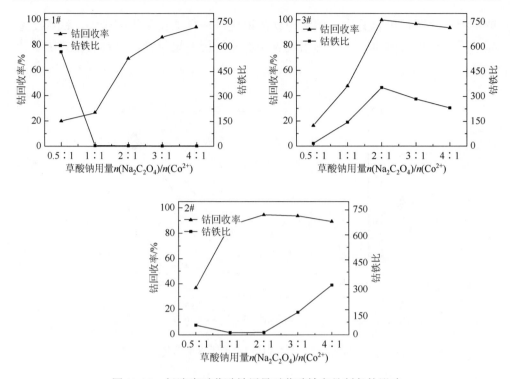

图 11-15　低浓度时草酸钠用量对草酸钴产品制备的影响

对该草酸钴产品过滤、干燥、研磨后进行 XRD 分析，如图 11-16 所示，经图谱分析确认该产品为晶形较好的草酸钴，其分子式为 $Co_2C_2O_4 \cdot 2H_2O$。

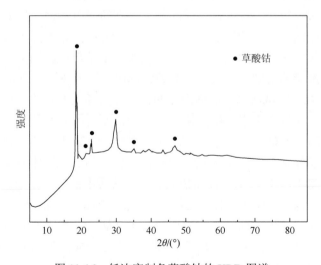

图 11-16　低浓度制备草酸钴的 XRD 图谱

为考察制备的草酸钴产品的质量，分析了 3#草酸钴产品（草酸钠与钴的摩尔比为 2∶1）的形貌和及其元素含量，如图 11-17 所示。由图可知，制备的草酸钴产品呈片状或管状，长度在 2μm 左右。从能谱图可以看出，草酸钴的特征峰较尖锐，而且 EDX 分析结果表明草酸钴产品的含钴量为 35.4%、铁含量接近于零，表明制备的草酸钴纯度极高，可以作为最终钴产品。

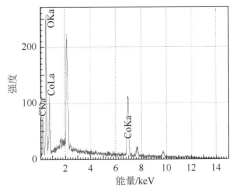

图 11-17　制备草酸钴的 SEM（×5000）及 EDX 图

加入草酸钠的速度对沉淀的草酸钴粒度有很大影响。其他条件不变得情况下，加入草酸钠的速度快，沉淀生成的速度快，晶核多，形成的草酸钴的颗粒就细，反之，沉淀颗粒就粗。钴溶液和草酸钠溶液的浓度大，则晶核生成和沉淀析出的速度也越快，生成的晶核多，颗粒越细。

11.3.2　草酸铵制备草酸钴

1. 高浓度溶液草酸钴的制备

试验采用的溶液组成见表 11-1 所示。向其中分别加入相应量的草酸铵后，溶液同样经历从黄色到橙色再到红色的一系列颜色变化。由于聚合作用最终得到的红色溶液中含有多聚的 Fe^{3+} 水解产物。图 11-18 为高浓度时溶液 pH 随草酸铵用量的变化图，可以看出，溶液中铁的浓度对平台的出现影响较大，铁浓度越高，平台出现得越早。平台的出现表明溶液经历多聚反应，平台的位置因条件而异。

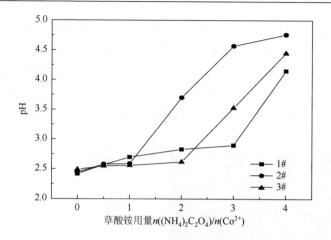

图 11-18　溶液 pH 随草酸铵用量的变化

对溶液中的钴和铁含量进行测定后，试验结果如图 11-19 所示。从图 11-19 可以看出，随着草酸铵加入量的增加，制得的钴产品的钴回收率呈上升趋势，只是由于 2#和 3#钴浓度较大，当加入一定量的草酸铵后，沉淀下来的草酸钴发生部分溶解，导致随着草酸铵的加入，钴产品的钴回收率后期略有下降。这可能是由于离子转化为弱电解质或有配合物生成导致溶液中阳离子或阴离子与加入的草酸铵发生化学反应，从而降低了离子浓度，致使沉淀发生部分溶解，铁沉淀也伴随着钴的溶解发生部分溶解。沉钴过程中钴的沉淀也会吸附一定量的铁，故 1#试液制得的钴产品的钴铁比随着钴回收率的快速升高而缓慢上升。2#试液沉钴过程中，随着草酸铵的加入，开始时钴即发生沉淀而铁只被少量吸附，故此时钴铁比随着草酸铵的加入而增加；当草酸铵的加入量达到钴的量的 1 倍后，随着草酸铵的加入，钴沉淀的同时发生共沉淀而吸附一定量的铁，导致钴产品的钴铁比下降；随着草酸铵量的继续增加，加剧了多聚反应的发生，使沉淀下来的草酸钴发生一定量的溶解，钴溶解的同时铁也发生部分溶解，导致钴产品的钴回收率略有下降的情况下反而钴铁比略有上升。3#试液的钴铁比最高，随着草酸铵加入量的增加，钴沉淀量增多，沉淀同时吸附微量的铁，制得的钴产品的钴回收率和钴铁比均随着草酸铵加入量呈上升趋势。制得的钴产品的钴回收率达 95.0%以上时，1#至 3#试液制得的钴产品的钴铁比分别为 1.59、9.95、762。试液的钴铁比对钴产品的制备影响较大，试液中的钴铁比越高，沉钴所需的草酸铵相对用量越少，且铁相对沉淀得越少，制得的钴产品的钴铁比也相应越高。与碳酸钴制备过程显著不同的是，无论是钴铁比高还是低，钴都比铁沉淀得快，而且钴产品的钴铁比远高于试验溶液的钴铁比，最高达到 762，说明铁杂质形成的沉淀极少，草酸钴的纯度较高。

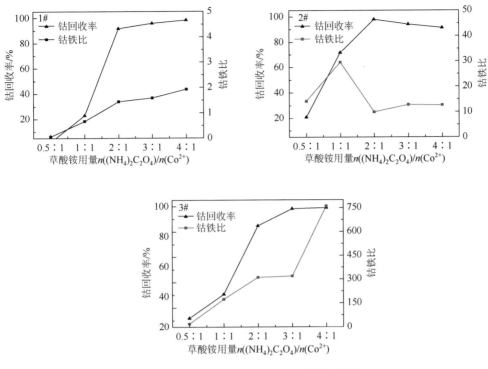

图 11-19　草酸铵用量对草酸钴产品制备的影响

对该草酸钴产品过滤、干燥、研磨后进行 XRD 分析，如图 11-20 所示，经图谱分析确认该产品为晶形很好的草酸钴，其分子式为 $Co_2C_2O_4·2H_2O$。与草酸钠制得的草酸钴的 XRD 图谱比较发现，该法制得的草酸钴的晶形要优于用草酸钠制得的草酸钴。

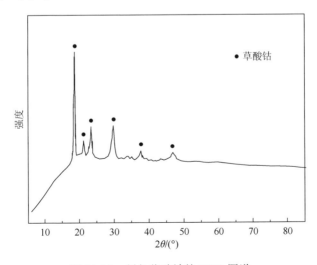

图 11-20　制备草酸钴的 XRD 图谱

　　为了考察制备的草酸钴产品的质量，分析了 3#草酸钴产品（草酸铵与钴的物质的量的比例为 4∶1）的形貌和及其元素含量，如图 11-21 所示。由图可知，制备的草酸钴产品呈片状或管状，长度在 3μm 左右。从能谱图可以看出，草酸钴的特征峰较尖锐，而且 EDX 分析结果表明草酸钴产品的含钴量为 46.3%，铁含量接近于零，表明制备的草酸钴纯度极高，可以作为最终钴产品。

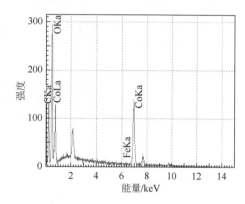

图 11-21　制备草酸钴的 SEM（×5000）及 EDX 图

2. 低浓度溶液草酸钴的制备

　　试验采用的溶液组成见表 11-3 所示。向其中分别加入相应量的草酸铵后，溶液同样经历从黄色到橙色再到红色的一系列颜色变化。由于聚合作用最终得到的红色溶液中含有多聚的 Fe^{3+} 水解产物。图 11-22 为低浓度时溶液 pH 随草酸铵用量

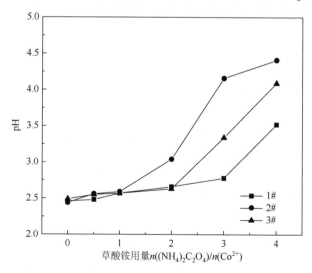

图 11-22　溶液 pH 随草酸铵用量的变化

的变化图,可以看出,溶液中铁的浓度对平台的出现影响较大,铁浓度越高,平台出现得越早。平台的出现表明溶液经历多聚反应,平台的位置因条件而异。

对溶液中的钴和铁含量进行测定后,试验结果如图 11-23 所示。从图 11-23 可以看出,随着草酸铵加入量的增加,制得的钴产品的钴回收率均呈上升后下降趋势。当加入一定量的草酸铵后,溶液中的钴即与加入的草酸铵发生沉淀反应;继续增加草酸铵的量,沉淀下来的草酸钴发生部分溶解,导致随着草酸铵的加入钴产品的钴回收率后期略有下降。这可能是由于离子转化为弱电解质或有配合物生成导致溶液中阳离子或阴离子与加入的草酸铵发生化学反应,从而降低了离子浓度,致使沉淀发生部分溶解,导致后期钴产品中钴的回收率略有下降。1#试液随着草酸铵加入量的增加,钴沉淀的同时发生共沉淀而吸附一定量的铁,钴回收率升高的同时钴铁比呈下降趋势。2#试液开始时随着草酸铵加入量的增加,钴沉淀的同时吸附一定量的铁,钴回收率升高的同时钴铁比下降;继续增加草酸铵的加入量,加剧了多聚反应的发生,使沉淀下来的草酸钴发生一定量的溶解,钴溶解的同时铁也发生部分溶解,导致钴产品的钴回收率略有下降的情况下反而钴铁比略有上升。3#试液的钴铁比最高,在沉钴过程中,随着草酸铵的加入,开始时钴即发生沉淀而铁只被少量吸附,故此时钴铁比随着草酸铵加入量的增加而增加;当草酸铵的加入量超过钴的量的 3 倍后,随着草酸铵的加入,钴沉淀的同时发生共沉淀而也吸附一定量的铁,导致钴产品钴回收率上升的同时钴铁比下降。制得的钴产品的钴回收率达95.0%以上时,1#至 3#试液制得的钴产品的钴铁比分别为2.06、25.6、395。试液的钴铁比对钴产品的制备影响较大,试液中的钴铁比越高,沉钴所需的草酸铵相对用量越少,且铁相对沉淀得越少,制得的钴产品的钴铁比也相应越高。与碳酸钴制备过程显著不同的是,无论是钴铁比高还是低,钴都比铁沉淀得快,而且钴产品的钴铁比远高于试验溶液的钴铁比,甚至达到 395,说明铁杂质形成的沉淀极少,草酸钴的纯度较高。值得注意的是,用草酸铵制备草酸钴的效果明显优于草酸钠制备草酸钴。

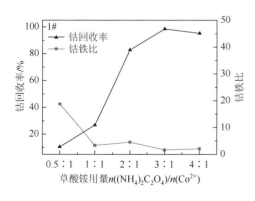
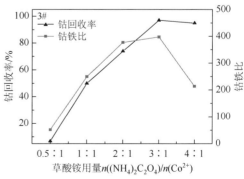

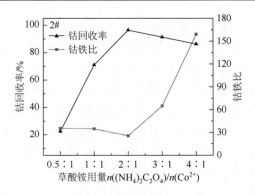

图 11-23　低浓度时草酸铵用量对草酸钴产品制备的影响

对该草酸钴产品过滤、干燥、研磨后进行 XRD 分析，如图 11-24 所示，经图谱分析确认该产品为纯度为晶形很好的草酸钴，其分子式为 $Co_2C_2O_4·2H_2O$。与草酸钠制得的草酸钴的 XRD 图谱比较发现，该法制得的草酸钴的晶形要优于用草酸钠制得的草酸钴。

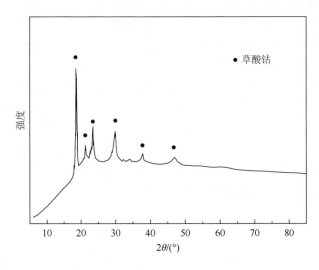

图 11-24　制备草酸钴的 XRD 图谱

为了考察制备的草酸钴产品的质量，分析了 3#草酸钴产品（草酸铵与钴的摩尔比为 3∶1）的形貌和及其元素含量，如图 11-25 所示。由图可知，制备的草酸钴产品呈片状或管状，长度在 5μm 左右。从能谱图可以看出，草酸钴的特征峰较尖锐，而且 EDX 分析结果表明草酸钴产品的含钴量为 39.9%、铁含量接近于零，表明制备的草酸钴纯度极高，可以作为最终钴产品。

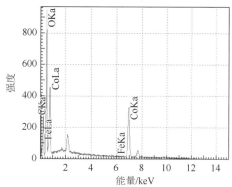

图 11-25　低浓度时制备草酸钴的 SEM（×3000）及 EDX 图

　　加入草酸铵的速度对沉淀的草酸钴粒度有很大影响。其他条件不变得情况下，加入草酸铵的速度快，沉淀生成的速度快，晶核多，形成的草酸钴的颗粒就细，反之，沉淀颗粒就粗。钴溶液和草酸铵溶液的浓度大，则晶核生成和沉淀析出的速度也越快，生成的晶核多，颗粒越细。

11.4　硫化钴制备

　　硫化钴分子式是 CoS，相对分子质量 91.0。有两种变体：α-CoS：黑色无定形粉末，可由硝酸钴溶液通入硫化氢而制得，溶于盐酸。在空气中可生成羟基硫化高钴[Co（OH）S]；β-CoS：灰色粉末或红银白色八面体结晶，其密度 5.45g·cm^{-3}、熔点 1135℃，易溶于酸而不溶于水。由化学计量的钴粉和硫粉在真空石英封管内加热至 650℃而得，也可以由钴硫精矿经焙烧、酸浸、蒸发、结晶而制得。可用作有机化合物的氢化催化剂。

　　向钴浓度为 0.772g·L^{-1}、铁浓度为 0.0256g·L^{-1} 的钴溶液中加入不同量的 Na$_2$S 溶液调节反应的 pH，分别控制在 4.0、5.0、6.0、7.0。50℃下搅拌反应 30min，静置并过滤。当用 Na$_2$S 沉钴时，其用量超过理论值近一倍，这是因为沉淀过程中发生副反应，部分 Na$_2$S 直接与钴反应，另有少部分钴与 Na$_2$S 水解生成的 NaHS 和 H$_2$S 反应而沉淀[24]。

　　对溶液中的钴和铁含量进行测定。试验结果如图 11-26 所示。从图中可以看出，随着沉淀 pH 的提高，钴产品的钴回收率有所提高，但钴铁比却显著下降。pH 为 4.0 时，钴产品的钴回收率和钴铁比分别为 93.7% 和 93.5，此时钴回收率和钴铁比均较高；pH 为 7.0 时，钴产品的钴回收率有小幅度上升，提高至 97.7%，但此时钴产品的钴铁比却大幅度下降，降至 29.6%。低 pH 时，溶液中的钴即开始大量沉淀，同时伴随着微量铁的沉淀，故此时沉淀中的钴铁比较高；随着 pH 的逐渐升高，而溶液中的钴已基本沉淀完全，此时溶液中的铁大量沉淀，导致高 pH 时钴产品中的钴铁比下降。

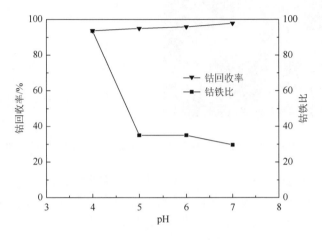

图 11-26　沉淀 pH 对硫化钴产品制备的影响

为了考察制备的硫化钴产品的质量，分析了 pH 4.0 条件下的硫化钴沉淀硫化钴产品的形貌和及其元素含量，如图 11-27 所示。由图可知，制备的硫化钴产品粒度在 2μm 左右，呈实心粒状，且粒度较为均匀。

图 11-27　硫化钴的 SEM（×5000）及 EDX 图

从能谱图可以看出，硫化钴的特征峰较尖锐，而且 EDX 分析结果表明产品的含钴量为 49.31%、铁含量接近于零，表明制备的硫化钴纯度极高，可以作为最终钴产品。

11.5　乙酸钴制备

乙酸钴晶体分子式是 $Co(CH_3COO)_2·4H_2O$，相对分子质量 249，密度 1.70g·cm^{-3}，为暗红色结晶，易溶于水。乙酸钴可用作二甲苯氧化的催化剂、玻璃钢固化促进剂和生产涂料的干燥剂，也用于陶瓷或玻璃的着色，颜料等。

向含 Co^{2+} 的溶液中缓慢加入水溶液形态的 Na_2CO_3，以避免生成包有 Na_2CO_3 粒在内的 $CoCO_3$ 沉淀而最后污染乙酸钴产品，获得一定粒度的 $CoCO_3$。将制得的 $CoCO_3$ 溶于冰醋酸，便可制得 $Co(CH_3COO)_2$ 溶液。将此溶液过滤冷却，蒸发浓缩，母液蒸发到开始形成结晶时冷却，可得到一定量的制剂[25]。

钴浓度为 0.772g·L^{-1}、铁浓度为 0.0256g·L^{-1} 先预热到 50℃，缓慢加入 Na_2CO_3 粉末以中和溶液中的酸。当溶液 pH 为 5.0～6.0 时，将温度升高到 60℃，此时缓慢加入水溶液形态的 Na_2CO_3，以避免生成包有 Na_2CO_3 粒在内的 $CoCO_3$ 沉淀而最后污染乙酸钴产品。当溶液 pH 达 8.0 时钴沉淀完全，获得一定粒度的 $CoCO_3$。

沉淀出的 $CoCO_3$ 经洗涤完全脱除其中的 Na_2SO_4 后，压滤得纯 $CoCO_3$，先用水将此滤饼浆化，在搅拌情况下将浆液加热到 60℃左右，加入细流状的冰醋酸。加完后将温度升高到 80℃左右，恒温 0.5h，可根据具体情况补加一些水、冰醋酸或 $CoCO_3$。

上述溶液冷却至室温后过滤，即得纯乙酸钴溶液，将其蒸发浓缩，冷却结晶，将晶体过滤、干燥，过筛即为产品。对烘干过的沉淀渣进行 XRD 分析，如图 11-28 所示。经过图谱分析确认沉淀物为 $Co(CH_3COO)_2·4H_2O$。

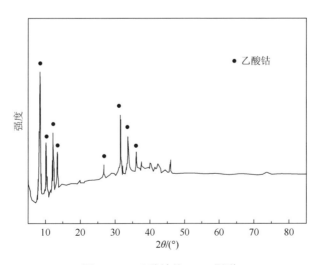

图 11-28　乙酸钴的 XRD 图谱

为了考察制备的乙酸钴产品的质量，分析了其形貌和及其元素含量，如图 11-29 所示。由图可知，制备的乙酸钴产品呈实心块状，长度在 2～10μm。从能谱图可以看出，乙酸钴的特征峰较尖锐，而且 EDX 分析结果表明乙酸钴产品的含钴量为 23.2%，铁含量为零，表明制备的乙酸钴纯度极高，可以作为最终钴产品。

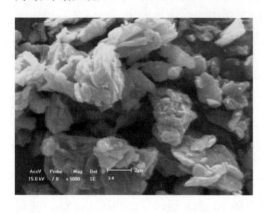
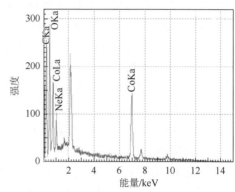

图 11-29 乙酸钴的 SEM（×5000）及 EDX 图

11.6 小 结

（1）由浸出液制备出的碳酸钴产品粒度在 2μm 左右，呈实心粒状，且粒度较为均匀，钴产品回收率已经了达到 99.6%，钴铁比为 19.3。将制得的碳酸钴产品在 500℃下煅烧 6h 获得四氧化三钴产品，经过 XRD 图谱分析，确认该产品为晶形良好。

（2）选择不同的草酸盐沉淀剂制备了草酸钴产品。pH 2.0 条件下，向 50℃除铁后液加入 $1mol·L^{-1}$ 草酸溶液，恒温反应 1h，陈化 3h。可获得草酸钴产品，钴回收率可达 91.0%以上。制备的草酸钴产品呈片状或管状，长度在 3μm，颗粒均匀。分析表明，产品含钴量为 34.5%，产品纯度较高。

当采用草酸铵作为沉淀剂时，则钴回收率达 95.0%以上。采用草酸铵制备的草酸钴产品呈片状或管状，平均长度在 5μm。分析结果显示，产品中钴含量为 39.9%，产品纯度高。

此外，研究中发现，沉淀剂的加入速度对沉淀的草酸钴粒度有很大影响。加入草酸盐的速度快，沉淀生成的速度快，晶核多，形成的草酸钴的颗粒就细小，反之，沉淀颗粒就粗大。

（3）采用 Na_2S 制备了硫化钴产品，pH 为 4.0 时回收率达到 93%以上，产品钴含量达到 49.31%，产品呈现出实心球体结构，粒度较均匀。

（4）以除铁后液为原料，制备了醋酸钴产品，钴含量达到 23.2%，纯度较高。产品呈现为实心块状结构，长度为 2～10μm。

参 考 文 献

[1] 陈小娟. 锂电池级碳酸钴盐的制备研究[J]. 中国化工贸易，2012（4）：163-164.

[2] 雷圣辉，陈海清，刘军，等. 锂电池正极材料钴酸锂的改性研究进展[J]. 湖南有色金属，2009，25（5）：37-42.

[3] 吴济今，孙乾，傅正文. 脉冲激光沉积掺杂二氧化硅的钴酸锂正极薄膜材料[J]. 无机化学学报，2009，25（7）：1262-1266.

[4] 梁志梅，王如，崔春翔，等. Sm_3（Fe，Co，Ti）$_{29}$ 合金 HD 和 HDDR 处理研究[J]. 功能材料，2006，37（6）：959-962.

[5] 李建梅，张昭，李劲风，等. 含硼、磷添加剂对电沉积 CoNiFe 软磁薄膜的影响[J].中国有色金属学报（英文版），2013，23（3）：674-680.

[6] 李俊杰，高建军，何雨洋，等. 改性介孔材料用于可见光催化降解染料[J]. 石油学报（石油加工），2008，24（z1）：51-57.

[7] 卓志美，赵志勇. 磺化酞菁钴光催化降解甲基橙染料的试验研究[J]. 环境科学与管理，2011，36（3）：64-68.

[8] 娄向东，韩珺，楚文飞，等. 用 Co_3O_4 催化剂光催化氧化活性染料[J]. 化工环保，2007，27（2）：117-120.

[9] 曹婷婷，邹彩琼，吴双，等. 紫外光照射下钴钼杂多酸降解有机染料 SRB[J]. 三峡大学学报（自然科学版），2011，33（1）：94-98.

[10] 周健，李立君，刘旭，等. 锂电池级碳酸钴盐的制备研究[J]. 中南林业科技大学学报，2010，30（2）：116-120.

[11] 张明月，廖列文. 均匀沉淀法制备球链状纳米 Co_3O_4[J]. 化工装备技术，2004，25（4）：39-42.

[12] 朱贤徐. 湿法制备电池级四氧化三钴的研究[J]. 精细化工中间体，2010，40（3）：60-63.

[13] 袁平. 草酸钴沉淀工艺对钴粉粒度影响的研究[J]. 硬质合金，2001，18（1）：12-15.

[14] 陈宏. 草酸钴密闭裂解制取钴粉工艺技术研究[D]. 成都：四川大学：2002.

[15] 廖春发，梁勇，陈辉煌. 由草酸钴热分解制备 Co_3O_4 及其物性表征[J]. 中国有色金属学报，2004，14（12）：2131-2136.

[16] 田庆华，郭学益，李钧. 草酸钴热分解行为及其热力学分析[J]. 矿冶工程，2009，29（4）：67-69，73.

[17] 傅小明，薛珊珊，刘照文. 二水草酸钴在氩气中热分解过程及其形貌演变的研究[J]. 硬质合金，2011，28（3）：148-151.

[18] 湛菁，周涤非，张传福，等. 热分解含氨草酸钴复盐制备纤维状多孔钴粉[J]. 中南大学学报（自然科学版），2011，42（4）：876-883.

[19] 谢志刚，秦海青，王进保，等. 铁钴铜复合草酸盐的热分解、煅烧和还原过程[J]. 粉末冶金材料科学与工程，2010，15（5）：445-449.

[20] 马莹，何静，马荣骏. 三价铁离子在酸性水溶液中的行为[J]. 湖南有色金属，2005，21（1）：36-39.

[21] 崔晓芳，郗雨林. 共沉淀法制备纳米 ITO 粉末影响因素[J]. 热加工工艺，2013，42（8）：66-68.

[22] 王琳，施永生. 铁硒共沉淀方法除硒影响因素研究[J]. 给水排水，2005，31（7）：45-47.

[23] 王琳，徐冰峰，张梅，等. 铝硒共沉淀体系除硒影响因素研究[J]. 昆明理工大学学报（理工版），2004，29（6）：104-107.

[24] 姚健萍. 关于 Na_2S 和 K_4[Fe(CN)$_6$]反应的讨论[J]. 绍兴文理学院学报（自然科学版），2001，21（8）：99-100.

[25] 安格洛夫尤里卡里亚金. 纯化学物质的制备[M]. 太原：山西科学教育出版社，1986：177-180.

展　望

　　我国是世界上第三大钴资源消费大国，仅次于美国与日本。近年来，随着我国经济的飞速发展，金属钴的需求快速增长，年需求量已达 9000t 以上，并有继续上升的趋势。但是，我国钴产品的产量一直增长缓慢，近几年我国钴产品的年供需缺口已达 2000t 以上。利用传统火法钴冶炼工艺回收钴矿石中的金属钴时，在冶炼过程中金属钴的走向复杂，分散到整个流程的各个单元中，难于富集回收，其经济效益和社会效益均不理想。而利用传统酸、碱湿法浸出的效果也不佳。同时，我国的钴矿产资源具有富矿少贫矿多、易处理矿少难处理矿多的特点，传统提钴工艺对这类矿产的选冶具有回收率低、经济效益差、环境污染严重等缺陷。因此，我国的钴冶炼行业急需一种高效、绿色环保的，适合处理此类矿产资源的提钴工艺。

　　微生物浸出技术是一种绿色的冶金工艺，特点是条件温和、易于操作、无高温高压作业、无有毒气体产生，适合处理低品位、难处理矿产资源。采用微生物浸出技术回收钴矿石中的金属钴，金属回收率高，生产设备简单，投资成本低，环境污染小，与传统工艺相比具有明显的优势。在环境问题日益严重的今天，细菌浸钴工艺是一种极具竞争力的工艺，具有十分广阔的发展前景。